中国社科

技术的民族性与民族化

吴致远◎著

光明日报出版社

图书在版编目（CIP）数据

技术的民族性与民族化 / 吴致远著 . -- 北京：光
明日报出版社，2025.4. -- ISBN 978 - 7 - 5194 - 8612 - 9

Ⅰ . N092；C955.2

中国国家版本馆 CIP 数据核字第 20255US340 号

技术的民族性与民族化

JISHU DE MINZUXING YU MINZUHUA

著　　者：吴致远

责任编辑：李壬杰　　　　　　　　责任校对：李　倩　李海慧
封面设计：中联华文　　　　　　　责任印制：曹　净

出版发行：光明日报出版社

地　　址：北京市西城区永安路 106 号，100050

电　　话：010-63169890（咨询），010-63131930（邮购）

传　　真：010-63131930

网　　址：http：// book. gmw. cn

E - mail：gmrbcbs@ gmw. cn

法律顾问：北京市兰台律师事务所龚柳方律师

印　　刷：三河市华东印刷有限公司

装　　订：三河市华东印刷有限公司

本书如有破损、缺页、装订错误，请与本社联系调换，电话：010-63131930

开　　本：170mm×240mm

字　　数：228 千字　　　　　　　印　　张：16

版　　次：2025 年 4 月第 1 版　　　印　　次：2025 年 4 月第 1 次印刷

书　　号：ISBN 978 - 7 - 5194 - 8612 - 9

定　　价：95.00 元

前　言

技术使人类走上了一条不同于动物的生存之路。通过创制活动，技术一方面为人类提供了自然界原本不存在的物品，另一方面也衍生出复杂多样的社会关系，从而开启了人类发展的无限可能性。回看技术本身，无论是作为创制活动还是作为人造物品技术都具有可观察、可记录、可追溯等特征。因此通过技术认识人类，认识不同民族的社会结构和文化现象，是一条合理且可行的道路。

人类学诞生之初，学术界确实首先关注到技术现象。路易斯·亨利·摩尔根（Lewis Henry Morgan）在《古代社会》（1877）、爱德华·伯内特·泰勒（Edward Burnett Tylor）在《人类学——人及其文化研究》（1881）中都以较大篇幅对古代社会和原始部落中的生存技术进行了探究，如用火、渔猎、弓射、制陶、磨钻、畜养等，对这些技艺的先后演化关系进行了初步梳理，把它们与不同文明阶段对应起来，确立了以技术为尺度的社会进化观。在此之后先后出现了"播化论""特殊演化论""二次发明论""多线进化论"等多种技术—文化演进学说，甚至还有考古学家基于考古材料而提出的技术进化理论，如法国史前考古学家安德烈·勒鲁瓦-古尔汉（André Leroi-Gourhan）的技术趋势、技术风格、技术环境、操作链理论。20世纪80年代以来，"物质文化研究"的兴起标志着人类学的技术研究走向"微观化"。

回顾人类学的技术研究史，可以发现已有研究还存在以下缺憾：其一，无论是作为"器物"还是作为"造物活动"，技术通常都被作为文化整体中的一个要素去看待，技术作为自变量对文化的生成与塑造研究不够，技术自身的内部结构更是被视作无须探究的"黑箱"；其二，长期以来，人类学着重于对传统社会中技术器物和活动的观察、记录、整理、描述以及文化意蕴的揭示，鲜有针对技术发明、创新、传播、推广和社会化动态过程的研究，聚焦于现代技术及其社会作用机理的研究更是少见；其三，从技术角度对中国式现代化的实质及其进程的研究也显单薄，特别是从技术传播与技术本土化角度剖析中国现代技术创新体系的研究阙如。由此，本书试图在上述方面有所作为，从微观到宏观、从个案到理论、从古代到当代就技术的"民族性"和"民族化"问题进行系统性剖析，在上述学术荒地开辟出新畦苑。

技术的民族性是指技术在发明、创新和使用过程中获得的人文—地理属性，包含着特定民族的生活方式、行为习惯、价值观、审美观及所在地自然环境信息等，具有特定民族的专属性和标识性。技术的民族性体现在技术知识的地方性、自然资源的独特性、本地需求的特色性、文化制度的约束性等方面。技术的民族化是指技术在跨文化传播过程中，获得新的民族属性的过程，即技术通过在材料、形制、结构、功用、组织方式等方面的改变而与新的文化生态、技术生态和自然生态相适应的过程。这一过程的实质是技术在新环境中重新"社会化"和"情境化"，实现"二次创新"的过程。技术的民族化包含技术资源在地化、技术知识在地化、技术功用在地化、技术制度在地化等方面的内容。

通过对技术的民族性与民族化规律的揭示，可以发现：其一，任何一种技术都有与生俱来的民族属性，这种属性可能会在多民族交往、交流与交融中变得杂糅难辨，甚至完全融入新的、更大的民族文化基因中，但不会消失。其二，任何技术都有一个原生的自然—人文环境，是主、客观性兼有的人类创制活动，具有场域性、异质集成性和超越性特征。技术"无中生有"的创制功能和"解蔽开新"的认知功能是其作为自变量对原生文化或其他文化产生影响的根本原因。其三，技术交流传播是民族"三交"中的主要内容之一，它作为工具手段、物质财富以及其他文化形式的载体对于确立各民族之间的联系，消弭民族间的隔阂，缩小位势上的落差起着重要的基础性作用。其四，中国式现代化之所以能彪炳于世界，主要是由于中国的现代化充分吸取了世界其他国家的现代化经验和教训，从本国国情出发，把技术引进与自主创新结合起来，在自立自强理念下构建起中国特色的技术创新体系，通过"创新驱动"来实现民族复兴。

通过上述内容，笔者试图表达下面两个基本观点：一、技术除发挥生产力的功能外，还以媒介、沟通、表征、指示等方式联结起人类生活的各个领域，成为弥散于人类社会各部分的神经系统，从整体上引导、调控、塑造着人类社会的形态结构和整体面貌。因此，技术应该成为协调民族关系、解决民族问题的关键之钥。二、民族国家的现代化应建立在技术现代化基础之上，而技术现代化内在地包含着技术的民族化，是技术的时代化、科学化与民族化的统一。技术现代化是吸收各民族优秀文明成果进行再创新的过程，而不是全面西化和唯科学化；技术民族化是吐故纳新、融会创新的过程，而不是泥古教条、循规蹈矩。民族国家及其内部各民族的现代化均要立足于本土化、特色化、差异化的技术体系之上，照搬其他模式的同质化发展是不可持续的。上述观点能否成立或者如何深化细化，诚就教于学界同行！

目　录
CONTENTS

第一章

技术的人类学解读

技术的历史同人类的历史一样悠久，从人猿相揖别的那一天起，技术就成为人类从蒙昧走向开化、从依赖走向独立、从贫瘠走向富裕的舟楫。正是依靠技术，人类才跨越了漫长的岁月，实现了超自然的进化，将自身不断提升到更高级的文明形态，最终成为地球的主人。今天，我们以石器时代、青铜时代、铁器时代、蒸汽时代、电气时代、原子时代、信息时代等标识人类社会演化的不同阶段，就是对技术之于人类发展作用的认可。

尽管技术长期以来一直作为一种客观的"实际性（物质性）"力量起作用，但是并没有得到思想界的足够重视和认可。古代社会的思想家普遍认为，人与动物的根本区别在于人的理性、智慧和精神生活，思想和精神生活是人超越动物的关键所在。物质生活是精神生活的衍生物，前者从属于后者，并为后者服务。因此，创造物质生活的技术，只不过是工具和手段而已，是一种低级的人类活动。这种认识最终被马克思颠覆，马克思指出："物质生活的生产方式制约着整个社会生活、政治生活和精神生活的过程。不是人们的意识决定人们的存在，相反，是人们的社会存在决定人们的意识。"[①] 由此，技术的作用凸显了出来，因为正是技术创造了人类的物质生活条件，提供了社会得以不断前进的物质基础，所以技术所构筑的物质生活框架是人类思想和精神生活得以存续发展的"居所"。马克思及其

---

① 中共中央马克思恩格斯列宁斯大林著作编译局 . 马克思恩格斯选集：第 2 卷 [M]. 北京：人民出版社，1995：32.

历史唯物主义使技术从历史的"幕后"走向"前台"，使技术成为思想界关注的主题。

1877年，德国学者恩斯特·卡普（Ernst Kapp，1808—1896）出版了《技术哲学纲要》一书，以技术为主题进行了哲学追问。也是在1877年，人类学的开创人路易斯·亨利·摩尔根（Lewis Henry Morgan，1818—1881）出版了《古代社会》一书，以工具发明和生存技术为线索，揭示了人类社会由低级到高级、由蒙昧到开化的历程。上述两本书的出版虽有时间上的巧合，但表明技术已经成为一个时代主题，成为人文社会科学普遍关注的对象。

第一节　技术的界定

当技术成为人文社会科学关注的对象后，"技术是什么"的问题就产生了。对此，一百多年来，学术界给出了各种各样的答案。美国学者玛丽·泰尔斯（Mary Tiles）在20世纪末统计，英语世界已有上百种对"technology"的定义[①]，考虑近二十年来技术哲学、技术社会学、技术人类学在世界范围的蓬勃发展，关于技术的定义会更多。这里笔者不打算对每种技术定义进行讨论，仅小结一下在技术定义讨论中形成的几种共识，以供进一步探讨。

（一）技术是一个历史性概念，需要考虑其不同阶段的"词"与"物"

1985年出版的《简明不列颠百科全书》（中文版）中，对技术（technology）做了如下描述：

---

① NEWTON-SMITH W H. A Companion to the Philosophy of Science [M]. Oxford: Blackwell Publishing Ltd, 2000.

    技术一词出自希腊文 techne（工艺、技能）与 logos（词、讲话）的组合，意思是对造型艺术和应用技术进行论述。当它17世纪在英国首次出现时，仅指各种应用技艺。到20世纪初，技术的含义逐渐扩大，它涉及工具、机器及其使用方法和过程。到20世纪后半期，技术被定义为"人类改变或控制客观环境的手段或方法"。人类在制造工具的过程中产生了技术，而现代技术的最大特点是它与科学相结合。①

    与英文的"technology"一词类似，汉语中的"技术"一词也经历了大致相似的演变过程。在中国先秦时期，与今天技术一词相近的词汇有"工""巧""技""术""艺""机"等词。以庄子的文本为例，在他的多篇讲述工匠技艺的文章中使用了上述词汇。如在《庄子·达生》篇梓庆为鐻一章中有"臣工人，何术之有"，其中"工"指做工，也就是制作营造活动（在其他文本中，有时候也做名词"匠人""工具"使用），"术"指方法、手段；在《庄子·天道》篇中有"覆载天地刻雕众形而不为巧"，其中"巧"指智巧、机妙；在《庄子·养生主》中"臣之所好者道也，进乎技矣"，其中"技"，显然指本领、技能；在《庄子·天地》篇中"能有所艺者，技也"中，"艺"指才艺、艺术；也是《庄子·天地》篇丈人圃畦故事中"有机械者必有机事"，"机"指机械、装置。②"技""术"二字的合用，最早见于《史记·货殖列传》，其中有"医方诸食技术之人，焦神极能，为重糈也"。其后见于《汉书·艺文志·方技略》中"汉兴有仓公，今其技术暗（晻）昧"。不过以上合用的"技术"一词不可等同于今日的"技术"。今天的"技术"一词是由康有为、梁启超等人于19世纪末20世纪初从日文中引入的，在此前，日本启蒙思想家西周在翻译西方书籍时把"technology"一词翻译成了汉语的"技术"。所以今天我们所理解的技术，

---

① 中国大百科全书出版社《简明不列颠百科全书》编辑部. 简明不列颠百科全书：第4卷［M］. 北京：中国大百科全书出版社，1985：233.

② 李耳，庄周. 老子·庄子［M］. 北京：北京燕山出版社，2009：157，142，296，321，332.

应是关于"工艺的学问",是科学化的技术。

（二）对技术的本质主义定义总是不完备的，难以穷尽所有技术现象

21世纪初，中国技术哲学界关于"技术是什么"的问题展开争论。论辩的一方是以陈昌曙、远德玉为代表的"技术实体论"者，另一方是以张华夏、张志林为代表的"技术工具论"者。双方虽未就"技术是什么"形成共识，但一致认为，"属加种差"①的本质主义的定义方式是不适用于"技术"的，通过描述特征给出一个准（非）本质主义的定义是恰当的。

张华夏、张志林经过物类论分析，认为"技术"一词指称的物类属于"建构型家庭相似类"，可以通过列举某些主要特征而给出一个准本质主义的定义（非本质主义定义）。他们认为"技术也是特殊的知识体系，一种由特殊的社会共同体组织进行的特殊的社会活动。不过技术这种知识体系指的是设计、制造、调整、运作和监控各种人工事物与人工过程的知识、方法与技能的体系"②。

陈昌曙先生认为，"给技术下定义，正像给科学、物理、文明、信息等'大概念'下定义那样，是相当困难的事情，至少是难于把它们包容到一个'更大的'概念中去，难以用通常的'种加属差'的方式表述……技术定义的困难，还在于它本身就是多义的……"③。因此，陈昌曙先生"不大主张给技术下一个简明的定义，而倾向于描述技术，描述技术有哪些基本的特征"④。在《关于"技术是什么"的对话》一文中，陈昌曙先生给出了技术的三个基本特征：一是技术是物质、能量、信息的人工化转换（技术的功能特征和最基本的特征）；二是技术是人们为了满足自己的需要而

① 原文中，用的是"种加属差"，鉴于"属加种差"更适合于亚里士多德逻辑学的原意，我们采纳了后者。

② 张华夏，张志林. 关于技术和技术哲学的对话：也与陈昌曙、远德玉教授商谈 [J]. 自然辩证法研究，2002（1）：49-52.

③ 陈昌曙. 技术哲学引论 [M]. 北京：科学出版社，1999：92.

④ 陈红兵，陈昌曙. 关于"技术是什么"的对话 [J]. 自然辩证法研究，2001（4）：16-19.

进行的加工制作活动（技术的社会目的特征和过程特征）；三是技术是实
体性因素（工具、机器、设备等）、智能性因素（知识、经验、技能等）
和协调性因素（工艺、流程等）组成的体系（技术的结构性特征或内部特
征）。① 基于此，陈昌曙、远德玉认为：

> 技术（尤其是现代技术）不仅包含着知识体系，还需要有物质
> 手段，不仅有智能要素与实体要素，同时是它们的结合，而且是这些
> 要素结合起来的动态过程。或者说，我们以为不能把技术归之于是设
> 计、制造、调整、运作和监控人工过程的知识体系，技术就是设计、
> 制造、调整、运作和监控人工过程或活动的本身……在技术活动过程
> 中有知识，但不应该把技术就看作是知识。②

（三）技术由不同的异质要素组成，不同要素的组合可以形成不同类
型的技术

对技术定义进行分类，可以发现"物质手段说""实用知识说""器具
说""经验技能说""自然改造说"等不同主张。这些不同的定义表明技术
由不同的要素构成，这些要素可能具有完全不同的性质，因而不可互相归
约。中国古代技术典籍《周礼·考工记》中有云："天有时，地有气，材有
美，工有巧。合此四者，然后可以为良。"这启发学者们去探索技术的要
素构成。

关于技术的要素构成，有二要素说、三要素说、四要素说和五要素
说。由于对要素的理解不一致，各种要素构成说表述不尽相同。这里我们
以三要素说、四要素说和五要素说为例予以说明。

三要素说：可见于陈昌曙、远德玉，以及陈凡、张明国的著述中。上

---

① 陈红兵，陈昌曙. 关于"技术是什么"的对话 [J]. 自然辩证法研究，2001（4）：16–19.
② 陈昌曙，远德玉. 也谈技术哲学的研究纲领：兼与张华夏、张志林教授商谈 [J]. 自然辩证
法研究，2001（7）：39–42，52.

文中可知，陈、远二位教授认为技术由实体性因素（工具、机器、设备等）、智能性因素（知识、经验、技能等）和协调性因素（工艺、流程等）组成，是这三种要素组成的系统；陈凡、张明国在《解析技术》一书中提出的三种技术要素：经验形态的技术要素（经验技能）、实体形态的技术要素（生产工具）和知识形态的技术要素（事实知识、定律知识），认为技术要素具有独立性、互补性、自稳性和变异性特点。这些认识对于理解技术结构、了解技术的多种构成形态、清晰说明技术的历史演变具有重要的理论意义。

四要素说：陈昌曙先生认为"技术有其目的性要素是合理的，在人们的技术活动中，动机、愿望、打算、需要和意志乃是不可缺少的成分"[①]，如是，上述的三要素说加上"目的因"便成为四要素说。事实上，早在2300多年前的古希腊时期，亚里士多德（Aristotle，公元前384年—公元前322年）就提出过技术制作的"四因说"，即质料因、形式因、动力因和目的因，深刻地解释了人造物实体的可能性问题。更早些时候中国的《考工记》所提出的天时、地气、材美、工巧，也可以看作一种"四要素说"（而且是最早的），其中的工巧显然是一种主观因素，其中囊括了人的目的、动机、知识、经验、行动等因素。

五要素说：基于以上理论，笔者提出一种技术的五要素说，即时空要素（时间、地点）、实体要素（各种工具、器械、机器、人工材料和原材料）、知识要素（理论知识、规则知识、经验知识和个体内在的技能）、目的要素（目的、意图、计划、功用）、行动要素（操作、行为）。这五种要素不是对以上要素说的简单拼凑，而是一种完善和深化。其依据在于：其一，技术要素对技术而言须充分、全面，不能缺少关键性因素。如前面的学说大多没有考虑到时空因素（《考工记》除外），而技术在何时发生、在何处进行是必不可少的条件。其二，要素必须足够简单、独立，不能有相互包含和重叠的内容。陈昌曙、远德玉两位先生提出的三要素中，智能

① 陈昌曙. 技术哲学引论［M］. 北京：科学出版社，2012：82.

性因素（知识、经验、技能等）和协调性因素（工艺、流程等）就存在着相互包含和交叉的情况，因为工艺、流程的所谓协调因素无非就是一系列规则性知识。陈凡、张明国提出的三要素中，"经验形态的技术要素"和"知识形态的技术要素"也存在交叉、包含的情况，因为知识本身就分为理论知识和经验知识两种形态。其三，要素之间须要建立关联机制，所以需要加入人的"行动"（action）或"操作"（operation）。笔者所提出的"五要素说"可以认为是亚里士多德的"四因说"再加上时空要素。运用这一理论，可以更合理地分析技术的内部结构、不同形态和动态演变机制等问题。

（四）技术与人的本质具有同构性

由于难以在"物"的层面达成对技术的一致性理解，有的学者开始从"人"的层面去定义技术。吴国盛教授提出"技术是人的存在方式"，这虽然称不上是一个技术定义，但指引了一个从人的本质、人的规定性去理解技术本质的方向。"把技术与人的存在方式放在一起就意味着，你如何理解技术就会如何理解人。反过来也一样，有什么样的人性理想，就有什么样的技术理念。"[①]李伯聪教授说"我造物故我在"，这一命题突破了勒内·笛卡儿（René Descartes，1596—1650）从"思"的角度去定义人的局限，从历史唯物主义的角度确认了人与技术相互定义、本质相通的实质。[②]而人的本质是什么呢？人的本质就是其创造性，创造的工具则是技术。所以，笔者认为，技术的本质就是人之创制。这一认识并非笔者的创意，而是对前人思想的再确认。德国哲学家马丁·海德格尔（Martin Heidegger，1889—1976）由于不满通行的"工具的和人类学的技术规定"，而提出了"技术乃是一种解蔽方式"，"它揭示那种并非自己产出自己并且尚不眼前现有的东西，后者因而能一会儿这样一会儿那样地表现出来"。[③]亚里士多德在《尼各马可伦理学》中也早已阐发过创制论的技术本质观，"一切技

① 吴国盛. 技术哲学讲演录 [M]. 北京：中国人民大学出版社，2009：2.

② 李伯聪. 工程哲学引论：我造物故我在 [M]. 郑州：大象出版社，2002：27.

③ 海德格尔. 海德格尔选集：下 [M]. 上海：生活·读书·新知三联书店，1996：931.

术都和生成有关，而创制就是去思辨某种可能生成的东西怎样生成。它可能存在，也可能不存在。这些事物的开始之点是在创制者中，而不在被创制物中。凡是由于必然而存在或生成的东西都与技术无关，那些顺乎自然的东西也是这样，它们在自身内有着生成的始点"①。

第二节　人类学家对技术的关注

如果说哲学家对技术的本质、技术的形而上意义给予了较多关注的话，那么人类学家则对技艺、器具、生产方式及其在人类生活中的作用过程给予了较多关注。他们不是从概念分析出发，而是从各民族的田野调查出发来研究技术的。因此，相比之下人类学家的技术探索之路显得更接地气。

一、早期人类学的技术进化学说

摩尔根对于技术在人类社会发展中的作用给予了充分关注，在《古代社会》第一编"各种发明和发现所体现的智力发展"中，他以技术为主线勾勒出文明演进的历程。摩尔根把人类文化（社会）发展划分为七个由低级到高级的阶段，每一阶段对应着不同的技术标识：①低级蒙昧社会，始于人类的幼稚时期止于鱼类食物的获取和火的使用；②中级蒙昧社会，始于鱼类食物获取和火的使用，止于弓箭的发明；③高级蒙昧社会，始于弓箭的发明止于制陶术的出现；④低级野蛮社会，始于陶器的制造，终止的标准在东、西半球情况不同：在东半球，以饲养动物为标志，在西半球，是用灌溉法种植玉蜀黍和用土坯、石头建筑房屋；⑤中级野蛮社会，在东半球始于饲养动物，在西半球始于用灌溉法种植玉蜀黍和建筑房屋，止于

---

① 苗力田. 亚里士多德选集·伦理学卷［M］. 北京：中国人民大学出版社，1999：133.

冶铁术的发明；⑥高级野蛮社会，始于铁器的制造，止于标音字母的发明和文字书写；⑦文明社会，始于标音字母的发明和文字的使用，直至今天。基于对美洲印第安易洛魁人其他土著民族的研究，摩尔根还详细揭示了制陶技术的起源及其在不同原始部落中的使用情况，阐明了制陶在技术史和社会史承前启后的作用。以各种发明和发现为起点，摩尔根确立了以技术为尺度的社会进步观，"人类从发展阶梯的底层出发，向高级阶段上升，这一重要事实，由顺序相承的各种人类生存技术上可以看得非常明显。人类能不能征服地球，完全取决于他们生存技术之巧拙"①。

爱德华·伯内特·泰勒（Edward Burnett Tylor，1832—1917）给予了技术更多的关注。在其后期重要著作《人类学：人及其文化研究》一书中，泰勒用了四章的内容来研究古代技术，加上其在第一章的有关论述，约占总篇幅的1/4（在连树声翻译的汉译本中约有120页的相关内容，全书正文部分共有413页）。上述研究集中体现了其技术—社会进化的思想。与摩尔根相同，泰勒也把人类社会划分为蒙昧期、野蛮期和文明期，蒙昧期对应的是石器技术，野蛮期对应的是农业技术，文明期对应的是文字书写技术。虽然这种划分标识不具有绝对的意义，但是其对理解各种文明过程提供了一种基本参考。"一般的是，无论在哪里发现制造出来的技术设备、抽象的知识、复杂的制度，它们都是从较早的、较简单的和粗野的存在状态中逐渐发展的结果，没有一种文明阶段不是自然而然地存在的，但是又总是从前一阶段中成长或发展起来的。这是每一个研究者都应当很好掌握的重要原则……让我们来看看这对于古代和人类早期阶段具有怎样的意义吧。"②在此后面以"技术"为题的四章内容中，泰勒分别考察了各种原始工具、武器、轮车、磨具、钻子（床）、狩猎技术、农耕技术、防护技术、军事组织技术、建筑技术、服饰、纺织、航行技术、取火技术、烹调术、

---

① 摩尔根. 古代社会：上册［M］. 杨东莼，马雍，马巨，译. 北京：商务印书馆，2012：21.
② 泰勒. 人类学：人及其文化研究［M］. 连树声，译. 桂林：广西师范大学出版社，2004：19.

酿制技术、照明技术、制陶、青铜器和铁器的铸造技术以及钱币的发明等的演化过程。这些研究除体现出进化论的技术演化观外，还揭示了技术的"局部退化"现象，即环境对技术发展的限制作用。更主要的是，泰勒详细揭示了多种古代技术之间前后相承、改进创新的关系，揭示了技术对于人类社会其他文化形式的影响。这为后来的技术史研究提供了新思路。

二、20世纪初期的技术播化论

初创阶段的人类学正处于达尔文和赫胥黎进化论思想蓬勃兴起之时，自然界中的生物都是由低级到高级次第进化的认识深刻影响了早一代的人类学家。他们在观察到人类社会的技术工具和制度的等级序列后，自然而然地把进化的思想引入人类学中。但是，进化学说过于理想化的描述随后即遭到质疑。以德国的罗伯特·弗里茨·格雷布纳（Robert Fritz Craebner，1887—1934）和英国的格拉夫顿·埃利奥特·斯密司（Grafton Elliot Smith，1871—1937）为代表的学者认为，如果每个民族都像生物物种一样能够独立地从低级向高级演化，那么世界上不同民族之间何以会在技艺、器物、风俗和信仰上存在大量的相似和相同之处？难道会有如此多的"不谋而合"吗？由此，他们认为就单一民族而言，谁都并不具备持续的文化创新能力，人们今天所看到的技术、器物和风俗习惯都是各民族之间不断交流、借鉴、学习的结果。这种以"传播—教化"为文明发展主要机制的理论被称为播化论。

格雷布纳的播化思想主要体现在其"文化圈"理论中。1905年，他发表了《大洋洲的文化圈和文化层》一文，首创文化圈理论；1911年出版的《民族学方法论》系统阐述了文化圈判定的两个标准，即"形的标准"和"量的标准"，所谓"形的标准"是指包括技术物在内的各文化要素在形制和结构上的相似度；所谓"量的标准"是指诸文化要素特质的数量多少。依据这样的标准就可以比较客观地判断文化传播中的借鉴关系，追溯文化传播路线，复原文化演化的图景。格雷布纳的文化圈思想在奥地利民族学家威廉·施密特（Wilhelm Schmidt，1868—1954）那里得到进一步完善。斯密司把文明播化思想发挥到更加极端的地步。其在著作《文化的传播》中认为，发明创造需要一些特殊的环境和机遇，"每种发明一在某处产生，随即向外传播；整个文明的传播亦如它的个别成分"①。由于古埃及文明是迄今所知最早、最成熟的文明形式，所以世界各地的古文明都是古埃及文明向外播化的结果。尼罗河流域的特殊条件孕育了最早的农业技术，在此基础上衍生的木乃伊和造船技术，也先后传播到周边区域，被其他文明吸收和借鉴。斯密司提供了诸多不同文明中技术物的一致性和相似性证据，以支持其播化论观点。斯密司的思想被他的学生佩里（W.J.Perry）进一步发挥。

三、英国功能学派的技术演化观

播化学派否定人类普遍、持续的创新能力，把传播作为文明演进主要动力的思想也很快遭到其他学者的反对。勃洛尼斯拉夫·马林诺夫斯基（Bronislaw Malinowski，1884—1942）、赫伯特·约瑟夫·斯宾敦（Herbert Joseph Spinden，1879—1967）、亚历山大·戈登维塞（Alexander Goldenweiser，1880—1940）等人都曾著文反对。这里以马林诺夫斯基为例，呈现其以物质文化为依据进行的反驳。在《文化之生命》一文中，马林诺夫斯基以现代的技术发明为例，说明任何发明创新都是一个连续不断的过程，其中既有个别人物、个别群体或事件的独特贡献，又有诸多前人的已有成就。我们既不能把某项发明创造完全归功于某人，也不能无视知识的借鉴与传播。所以，"每一种文化上的成就，传播与发明之力各占其半。传播与发明绝不能单独存在；你既不能单独从脑海中创立一个观念，也不能完全把这观念传给他人。传播与发明往往混合为一，不可分离"②。传播绝不像

---

① 斯密司，等. 文化的传播［M］. 周骏章，译. 上海：上海文艺出版社，1991：5.
② 马林诺夫斯基. 文化之生命［M］// 斯密司，等. 文化的传播. 周骏章，译. 上海：上海文艺出版社，1991：16.

"传播派"所认为那样，是一种漂洋过海、机械转运的过程，而是一种文化之间的"二次发明"。因为一种观念或事物不能脱离它的文化系统而独立存在，当一种观念和事物遭遇新的文化系统时，必须经过一定程度的"改造"，使其适应新文化系统，才能被接受。由于文化体系的封闭性，许多发明创造甚至很难传到其他文化之中，如古代音乐。考古和历史证据表明，如指南针、文字、化学和日历都是各处单独发明的，器具、艺术或社会制度可以在不同的文化区域内单独发展。所以，文化的传播并不像自然界的传播病一样，可以被轻易"感染"。勃洛尼斯拉夫·马林诺夫斯基认为，一方面，其功能派对于人类的进化虽然不"妄下断言"，但并没有抛弃进化论，而是主张一种"健全的有限度的进化概念"；另一方面，功能派也没有否认和轻视文化的传播及其影响，而是主张一种"重新适应"的传播观。

四、法国实地民族学派的技术观

马塞尔·莫斯（Marcel Mauss，1872—1950）被尊为法国实地民族学派创始人。虽然被认为是埃米尔·涂尔干（Émile Durkheim，1858—1917）的学术继承人，但他在许多方面开创了自己的新领域，技艺（技术）就是一个他进行了深入思考的新领域。莫斯不赞同涂尔干把技术作为宗教生活附产物以及把技术物作为精神表征的看法，也不同意格拉夫顿·埃利奥特·斯密司对文化（技术）传播过于简单化的解释（如"模仿说"）。在《社会学的分工（1927，摘要）》一文中，莫斯对于技艺在人类社会中的作用给予了极高评价，他认为技艺是"所谓文明的起因、方式和目的的最重要的因素，也是社会和人类进步中最重要的因素"。[1] 技艺作为应对周围环境的物质性手段，在人类与自然之间起建立起一种互相适应的关系。在实践技艺中，人类超越了他们的自身局限，摆脱了其生物性束缚，把其自身提升到"超社会地位"，"人类行动者通过事物的机械、物理、化学方面的原

---

① 熊彼特. 经济发展理论［M］. 何畏，易家详，等译. 北京：商务印书馆，1990，中译本序言：iii.

理来获得自身的认同。他在创造技艺的同时创造了自身；他创造自己的生活方式，纯粹的人造物，但是他的思想又深刻地嵌入这些造物中"。[①] 如果说语言、宗教、法律和经济通常局限于单个社会，它们只在一个文明区域内传播；技艺则更容易跨越文明和社会的边界，因其物质手段的有效性而更容易被学习和借鉴。但是技艺及其产品的传播不是简单的模仿，而是在"文明形式"调适下实现的。在《诸文明：其要素与形式（1929 / 1930）》一文中，莫斯专门讨论了包括技术在内的文明诸要素的传播可能性问题。他认为通过"追踪一门艺术或者一个制度的传播，而去定义整个文化"会导致两种危险：一是关于主导性特征的标准难以确定；二是共时性文明要素共时传播的必然性无法证明。因此，他认为"文化圈方法是很糟糕的"。[②] 在"身体技术（1935）""技术学（1935 / 1947）"中，莫斯阐述了技艺与作为"总体的人"之间的本质性关联，以及从"总体的人"去研究技艺（技术）的基本思路。所谓"总体的人"是生物的、心理的和社会的因素交结。人的身体是承载这些因素的客体，在这些因素的驱使下，人的身体成为"第一个，也是最自然的工具"，它是技术的手段也是技术的对象，因此技术应该在"物理工具"出现之前就已经产生。从"总体的人"出发，可以制定出一整套研究技艺（技术）的人类学方法：所有的技艺行为都应该作为一个总体被观察、拍摄、取样、收集、记录和理解，即谁做的、什么、何时、与谁、如何使用工具、工序、如何被评价和认可，等等。追随这个动态的过程，可以获知物质的、社会的和象征性的因素是如何在此过程中被建构、协调和复合的。也就是说，一件工具唯有把它放在与之关联的总体中，才能理解它。依此思路，在"技术学"中莫斯列出了40余种不同技艺的研究内容和方案。

---

① 莫斯，涂尔干，于贝尔. 论技术、技艺与文明 [M]. 蒙养山人，译. 北京：世界图书出版公司，2010：53-54.

② 莫斯，涂尔干，于贝尔. 论技术、技艺与文明 [M]. 蒙养山人，译. 北京：世界图书出版公司，2010：66.

安德烈·勒鲁瓦－古尔汉（André Leroi-Gourhan，1911—1986）曾师从莫斯，是法国重要的史前人类学家、民族学家，他对史前时期的人类石器技术进行了长期的、系统的研究，形成了关于技术与人类进化的技术史理论。他的技术史理论主要体现在《人与物质》（1943）、《环境与技术》（1945）、《手势与语言》（1964）等著作中。勒鲁瓦－古尔汉认为，技术是人类的基本特征，它是唯一可以追溯到遥远的过去，贯穿人类演化历程并延续到今天的人类事业，因此他把自己的首要研究目标定位于物质文化和技术之上。勒鲁瓦－古尔汉通过对不同时期、不同地区人类石器的调查研究，试图建立一种比较技术学的分析方法，以辨识不同技术物，确定因变量和协变量的关系，进而识别整个技术系统的变化及其与社会系统之间的关系。为此，他把注意力集中于物质行为的技术模式上。这导致他形成了关于技术过程、演化、创新和扩散的基本概念和理论，这些理论不仅适用于简单的史前石制技术，也同样适用于复杂的现代机器技术。如技术事实、技术趋势、技术风格、技术环境、操作链等概念（理论），对当代技术史、技术社会学、人类学产生了重要影响。

技术事实与技术趋势是两种相对的技术现象。前者是指各种类型的技术物和技术遗存，它们可以被实际观察到，可以在特定的时间与空间中予以确认；后者是指一种长时段的演化过程，能够说明工具和技术的持续改进（这些改进可能是为了更好地完成任务，可能是对某种客观制约的反应，也可能是为了获得更高的效率）。技术趋势是技术在物质条件约束下不断寻求解决方法的演变过程，类似自然选择。作为一种客观趋向，人们不可以对其进行任何主观的价值判断。通过技术趋势概念，勒鲁瓦－古尔汉表明技术的统一性普遍存在于世界各地，并以一种相似的方式进行演化。

在对技术事实进行系统的分类和比较的基础上，勒鲁瓦－古尔汉发现很多技术物的特性（traits）与不同地域的族群相关，也就是说，必须用不同人群的社会文化才能进行解释，此类技术特性即技术风格。技术风格较好地表征了技术的多样性和差异性的社会文化根源。

　　技术环境是表示技术创新中多因素作用关系的概念，与其相关的是族群的内部环境和外部环境。内部环境是指特定族群的智力因素，包括一整套不断调整的精神传统和思维方式；外部环境是指包括自然环境和其他族群的物质文化和观念的一系列外在因素。技术行为既是对外部压力的反应，也是对技术环境的有意识的扩展。当条件具体时，技术环境中的创新行为是通过内部改进和从外部借鉴产生的。技术环境的一个基本特性是它的持续性和连贯性（这源于其内部每一要素与其他要素总体的持久联系和要素间稳定的作用关系），这意味着存在于其中的各种技术要彼此兼容。兼容不仅是物理功能方面的，更是社会规范和社会心理方面的。因此，从其他族群借鉴技术与本族内的自我发明就具有了相似性，因为这要求重新组合既有的多种要素，并且创建技术要素之间的新关联。外引技术的成功需要有一个和谐包容的环境，包括被当地的文化所接纳，满足当地原材料方面的要求等。外来技术的持续积累会导致技术环境的突变，进而使族群内部环境发生改变。因此分析技术创新的恰当的层面不是在个体层面，而是在集体层面，即在技术环境之中进行分析。

　　操作链（chaine operatoire）是勒鲁瓦－古尔汉后期工作的一个核心概念，借助此概念他获得了一种通过石器制造、了解史前人类心理过程及其表现的手段。对于操作链，勒鲁瓦－古尔汉进行了这样的表述——"技术同时是动作和工具，它们被真正的语法有序地组织起来，语法赋予操作系列稳定性和灵活性。操作的语法虽然来源于记忆，但诞生于大脑和物质世界之间的对话"。[①] 皮埃尔·莱蒙尼尔（Pierre Lemonnier）将其进一步定义为"操作链是将原料从自然状态转化为制造状态的一系列操作行为，这些操作由作用于物质的行为、筹备阶段、休息阶段组成，并且与一门知识和技能相联系"。[②] 今天，操作链仅指一种分析网格方法，操作链网格非常复

①　LEROI-GOURHAN A. Gesture and Speech［M］. Cambridge：The MIT Press, 1993：114, 230-234.

②　LEMONNIER P. The Study of Material Culture Today：Toward an Anthropology of Technical Systems［J］. Journal of Anthropological Archaeology, 1986, 5（2）：147-186.

杂，它允许将不同生产阶段彼此相连，将相关因素一起排序，这些因素包括物理和经济因素、术语、地点、社会关系、符号等。过去几十年间，操作链方法在考古界和技术史界得到广泛的认可和重视，数百篇研究论文表明了这种方法的有效性——它可以在制造过程的每一阶段有效识别战略的和战术的技术选择，并且可以作为处理认知问题（如意向性）的一种有效手段。

勒鲁瓦－古尔汉的学术生涯虽然主要与史前石器和人类化石打交道，但其视野开阔，思想深远，创立的有关技术理论和方法远远超越了史前考古界，对于整个人类学、民族学、社会学、技术史和技术哲学产生了广泛的影响，所以，法国学者弗朗索瓦·奥杜兹（Francoise Audouze）称其为"一位技术演化哲学家"。①

五、美国新进化论学派的技术观

莱斯利·怀特（Leslie A.White，1900—1975）被认为是美国新进化论学派的代表之一。怀特充分肯定了摩尔根、泰勒等人类学创始人的文化进化论思想，认为文化研究必须专注于"文化特质"（工具、神话、礼仪、社会习俗等社会事实），而不能求助社会心理和生物学因素②。技术和工艺的创造发明是文化进化的根本原因，所以技术也是理解文化成长与发展的钥匙。怀特从能量与文化进化的关系给予了技术新的解释：人类文化系统是一个利用能量水平不断提升的动态系统，它由技术系统、社会系统和思想意识系统三个亚系统组成。技术系统由物质、机械、物理、化学诸手段，连同运用它们的技能构成，人通过技术系统与自然环境相联结；社会系统由表现于集体与个人行为规范之中的人际关系构成；思想意识系统由语言

① AUDOUZE F. Leroi-Gourhan, A Philosopher of Technique and Evolution [J]. Journal of Archaeological Research, 2002, 10（4）: 277-306.

② 在这一点上，他认为20世纪30年代之后，美国人类学"大幅度"倒退了。参见：怀特. 文化的科学：人类与文明的研究 [M]. 沈原，黄克克，黄玲伊，译. 济南：山东人民出版社，1988：102.

及其他符号形式所表达的思想、信念、知识等构成。其中，技术系统具有"原始的和基本的重要性，全部人类生活和人类文化皆依赖于它"[1]；社会系统具有次级重要性，它依附于技术系统，可以看作技术系统的功能；思想意识（或哲学）系统则表达技术力量，反映社会制度。三个亚系统中，既存在着技术→社会→思想的正向作用，也存在着思想→社会→技术的反向制约。文化系统的整体演进表现为能量利用规模和效率的不断提高，这一点是通过技术手段的发明和创新来实现的，怀特将其表述为文化进化的基本规律：在其他因素不变的情况下，$E \times T \to C$，其中，E 代表每年人均利用的能量，T 代表能耗过程中所使用工具的质量与效率，C 代表文化发展程度。考虑 E 事实上也直接受到工具的影响，技术进步对文化系统的推动作用就更显著了。正是由于能量对文化系统的支持，后者才能维持一种背逆热力学第二定律（熵增定律）的有序结构。这样，怀特通过能量的利用给文化系统的进化提供了一种动力学解释，也阐明了技术在能量利用进而是文化成长中所发挥的关键性作用。[2]

朱利安·斯图尔德（Julian Haynes Steward，1902—1972）也是美国新进化论学派的代表之一，他公开表示"反进化论"思潮流行太久了，以致阻碍了文化科学的发展。但是他认为摩尔根的进化论是单线进化论，怀特的进化论是普遍进化论，这两种进化论都过于理想化，因而他提出了文化生态学和多线进化论的主张。他的上述思想主要集中在《文化变迁论》（1955）、《进化和生态：社会变迁文集》（1977）两部著作中。下面我们以第一部著作为例简述之。斯图尔德文化生态学把生态环境作为文化变迁中的一个关键性因素，但是其"文化生态"并非"文化＋生态"，而是指特定民族文化与其所处的自然生态经过长期的互动、磨合形成的"文化生态实体"。技术在民族文化与自然生态之间起着中介性作用，技术的作用取

---

① 怀特. 文化的科学：人类与文明的研究 [M]. 沈原，黄克克，黄玲伊，译. 济南：山东人民出版社，1988：352.

② 怀特. 文化的科学：人类与文明的研究 [M]. 沈原，黄克克，黄玲伊，译. 济南：山东人民出版社，1988：355.

决于社会文化的功能与环境的潜力，先进技术的采用要以这些先决条件为前提。所以，"文化生态学概念关注的不是技术的起源与传播，而是技术在每个环境中可以有不同的利用方式和需要不同的社会布局等事实"[1]。技术在文化生态学中的作用主要体现在后者的如下三个基本研究程序中：①分析生产与生活的技术与环境之间的相互关系；②分析因特定的技术开发特定地区所导致的行为模式；③弄清开发环境所需要的行为模式在何种程度上影响了文化的其他方面。[2]文化生态学的思路引申出多线进化论的主张。因为各民族处于不同的自然生态环境中，地形、资源、气候等条件的不同会导致人们采用不同的技术手段和社会组织。在大规模工业技术出现以前，世界各民族文化就是这样并行多线地发展，他们各有各的特殊性，各自演化出有独特传统的文化类型，它们可能表现出阶段性的"进步"，也可能仅是不明显的"变化"，所以不能用一套标准化的模式去裁量它们。在此意义上，斯图尔德并不认同经典进化论者的"进化"概念。综观斯图尔德的文化生态学，技术虽然是他无法回避的文化现象，但并不占据中心地位，他更感兴趣的是"社会文化系统"。这是因为，在他看来技术是从属于环境和文化的，如果一种技术没有实质性地影响了一个社会的文化结构，那么它的意义就不大。所以，斯图尔德并不以技术标准作为时代划分的依据。

第三节　两个理论基础

一、技术的社会建构理论

多学科的理论透视为人们理解技术的本质、技术在社会发展中的作

---

[1] 斯图尔德. 文化变迁论 [M]. 谭卫华，译. 贵阳：贵州人民出版社，2013：27.
[2] 斯图尔德. 文化变迁论 [M]. 谭卫华，译. 贵阳：贵州人民出版社，2013：29-30.

用，以及技术与社会的互动机制等复杂问题提供了可能。可是，直到20世纪70年代，学术界对技术的认识还停留于表观层面，即把技术作为一个整体进行外部关系的探究，而不涉及技术的内在结构、技术的发明与创新过程，以及技术形成与演进过程中与社会其他因素之间互动作用的微观机理。这不免有"隔靴挠痒"之感。20世纪80年代初，一场致力于打开"技术黑箱"的学术运动兴起，人类学田野调查方法的运用是这场学术运动的利器，而社会建构理论是这场学术运动的灵魂。

（一）SST 理论的源起

目前，学界一般用 SST 理论指称技术的社会建构理论这样一个大的学派。但是需要说明的是，SST 理论原本是技术的社会形塑理论（The Social Shaping of Technology）的简称，与 SST 理论一同兴起的还有技术的社会建构（The Social Construction of Technology，SCOT）理论，但是由于多数学者认为 shaping 一词比 construction 更能准确表达该学派的基本立场和方法，所以 SST 理论便成为技术的社会建构理论的代称，SCOT 反而成为其中的理论之一。①

SST 理论形成于20世纪80年代，它是在建构主义（constructivism）思潮兴起的背景下产生的。建构主义是一系列具有相似理念和方法的理论总称，其基本思想：人类不是发现了这个世界，而是通过引入一个结构而"制造"（make）了这个世界。②建构主义具有哲学、认知科学和社会学方面的起源和主张。在哲学领域，建构主义意味着知识是人类的先天认知结构"构造"出来的。这一思想最早可以追溯到古希腊哲学家苏格拉底（Socrates）那里，近代可以追溯至维科（Giambattista Vico，1668—1744）、伊曼努尔·康德（Immanuel Kant，1724—1804）、格奥尔格·威廉·弗里

---

① MACKENZIE D，WAJCMAN J. The Social Shaping of Technology［M］. London：Open University Press，1999.

② 任玉凤，刘敏. 社会建构论从科学研究到技术研究的延伸：以科学知识社会学（SSK）和技术的社会形成论（SST）为例［J］. 内蒙古大学学报（人文社会科学版），2003（4）：3-7.

德里希·黑格尔（Georg Wilhelm Friedrich Hegel，1770—1831）等人那里，20世纪下半期托马斯·库恩（Thomas Samuel Kuhn）是其代表；在社会学领域，建构主义的基本思想是：人类社会的知识和思想是社会生活的产物，不同群体的社会生活实践产生了不同类型的知识观念和社会意识。其源头可以追溯至卡尔·马克思（Karl Marx，1818—1883）、涂尔干和卡尔·曼海姆（Karl Mannheim，1893—1947）那里。在认知心理学领域，建构主义认为，人类的认知是既有的认知"图式"与周围环境相互作用而确立起来的。瑞士心理学家让·皮亚杰（Jean Piaget）是其代表人物。20世纪70年代之后，建构主义因其在"知识观"和"科学观"方面的巨大成功而成为人文社会科学领域中的主流思想和方法，SST 理论在此背景下产生，但其直接来源是英国爱丁堡学派创立的科学知识社会学（Sociology of Scientific Knowledge，SSK）。

　　SSK 理论是对之前曼海姆提出的"知识社会学"和罗伯特·默顿（Robert Merton，1910—2003）创立的"科学社会学"的创造性结合和发展。[①]SSK 理论认为，不仅日常的社会观念和意识形态是社会因素建构而成的，而且科学知识也是各种社会因素构造形成的，并不存在能够脱离社会而独立存在的必然性知识。为了寻求证据，布鲁诺·拉图尔（Bruno Latour，1947—2022）、史蒂夫·伍尔伽（Steve Woolgar，1950—）、安德鲁·皮克林（Andrew Pickering，1948—）等人甚至采用人类学的田野调查方法，深入科学实验室中，通过观察、访谈、记录等形式考察科学知识的产生过程。他们的研究结论虽然未必完全令人信服，但是客观上填补了传统知识社会学的研究空白，突破了默顿学派"外部式"研究的局限，还把人类学的方法引入对科学实践的研究中，在基本概念和研究思路上都有重

---

① KUKLA A. Social Constructivism and the Philosophy of Science [M]. London：Routledge，2000.

大创新。[①] 这对同时期的"技术"研究起到了示范作用。

从事 SSK 研究的爱丁堡学派成员很快意识到，如果说现代科学知识是现代社会因素构造而成的话，那么大量应用科学知识的现代技术肯定也是现代社会建构的产物，如果科学的"自然纯粹性"和"价值中立性"都无法保障的话，那么从始至终都存在于社会场域中的技术则毫无疑问是纯粹的"社会性"产物，SSK 理论的基本原理、概念和方法可以得到更加充分的应用和施展。20世纪80年代，爱丁堡学派成员纷纷转向 SST 理论研究。1982年，在欧洲科技研究协会（EASST）举办的学术会议上，特里弗·平齐（Trevor Pinch，1952—2021）和维比·伯灰克（Wiebe E. Bijker，1951—）呼吁用 SSK 的建构主义方法研究技术；1985年，唐纳德·麦肯齐（Donald MacKenzie）和朱迪·瓦克曼（Judy Wajcman）合编的论文集 The Social Shaping of Technology 出版，标志着 SST 理论的正式诞生。

SST 理论作为 SSK 理论向技术领域的延伸，承袭了建构主义的理论视角，坚持从社会的角度去分析、考察研究对象，注重案例研究和经验解释，借助人类学的田野调查方法寻求实证支持。在理论概念和分析工具方面，SST 理论也基本上借用了 SSK 理论的已有成果，如大卫·布鲁尔（David Bloor，1942—）在《知识和社会意象》中提出的 SSK"强纲领"的四项原则：因果性、无偏见性、反身性、对称性，以及哈里·柯林斯（Harry Collins，1943—）在其"经验相对主义纲领"提出的核心概念：解释的灵活性、结束机制、协商、稳定等都为 SST 理论所吸纳。在 SST 理论发展中，其独特的分析方法也不断被创立出来。迄今，SST 理论的三个分支影响较大：平齐和伯灰克提出的"技术的社会建构理论"、托马斯·休斯（Thomas P.Hughes，1923—2014）提出的系统分析理论（System，SYS）和米歇尔·卡隆（Michel Callon，1945—）、拉图尔等人提出的行动者—网络理论（Actor-

---

① 注：科学知识是现代社会所有知识的典范，其系统性、逻辑性、客观性、可靠性是其他类型知识所无可比拟的。但是以知识为研究对象的早期知识社会学并没有把科学作为分析对象，这不可不说是一个巨大缺憾。默顿创立的"科学社会学"致力于从社会建制方面研究科学共同体的结构、互动机制和行为规范，但是并未触及科学知识本身的属性和形成过程。

Network Theory，ANT）。[①] 此三种理论具有相同的出发点和理论视角，但是在分析方法、概念和侧重点上各有特色。

（二）SST 理论的学术进路

1. 技术的社会建构理论（SCOT）

1984 年，平齐和伯杰克首次在技术研究中引入了柯林斯的"经验相对主义纲领"（Empirical Programme of Relativism，EPOR），在随后的案例研究与理论分析中，逐步提出了 SCOT 理论的分析框架。在 *Of Bicycles, Bakelites, and Bulbs: Toward a Theory of Sociotechnical Change*（1995）一书中，伯杰克对这一分析框架做了完整的表述。[②] 其包含三个步骤：①用相关概念界定影响技术发展的因素。比如，在影响技术发展的因素中，那些赋予技术人造物意义的社会群体被称为"相关社会群体"（relevant social group）。他们可以是一些组织机构，也可以是无组织的利益群体，其个体特征是具有相同的利益需求，并赋予技术人造物相同的意义。相关社会群体以不同的方式影响着技术的发展方向。与此相关的是，人造物所具有的不同的社会意义被称为"解释柔性"（interpretative flexibility）。②分析解释柔性的消失。技术的解释柔性意味着不同社会群体在该项技术上存在着分歧和冲突，技术处于一种不稳定的"待确定"的状态。这一状态不会无限持续下去，最终会以某种不可预知的方式结束，从而达到一种稳定状态。"结束"（closure）和"稳定化"（stabilization）是描述这一过程的关键概念。"稳定化"是社会群体之间冲突制衡的过程，也是技术的建构过程；"结束"意味着冲突制衡的结束，也可以表述为意义协商的完成。③以"技术框架"分析技术与社会环境之间的相互关系。伯杰克以"技术框架"概念表示冲突结束后所形成的新的技术图景，其中包含了不同社会群体对技术的新的

① 肖峰. 技术的社会形成论（SST）及其与科学知识社会学（SSK）的关系 [J]. 自然辩证法通讯，2001（5）：36-42，25.

② BIJKER W E，CARLSON W B，PINCH T. Of Bicycles，Bakelites，and Bulbs：Toward a Theory of Sociotechnical Change [M]. Cambridge：The MIT Press，1995.

理解和解释。技术框架意味着一种与该技术相关的新的结构和秩序，其中不同的因素被重新排序和定位。

2. 系统分析理论（SYS）

技术系统分析理论是技术史家休斯提出来的。该理论初步形成于20世纪80年代，在 *Systems，Experts and Computers：the Systems Approach in Management and Engineering，World War II and After*（2000）一书中得到完整的表述和运用。[①] 休斯的理论虽然受到社会建构论的影响，但其基础建立在长期的技术史案例研究之上，因而也可以看作一种技术史解释理论。

休斯认为技术必须以系统的方式去理解。技术史的研究不是关注单个的发明物或发明家，而是考察整个技术系统的演化。技术系统的构成要素是多样的、复杂的，它们以多种方式联系着，并联系着系统外的其他要素，以至于难以清楚界定技术系统的结构。[②] 在技术系统的组分（component）中，休斯特别强调了两类，一类是人工制品，一类是系统的建造者。前者是技术系统的实体要素，是系统存在的"硬件"；后者是系统创立、组织、建造与维持中的个人或组织。值得注意的是，"在技术系统中，并不是技术活动涉及的每一个人都是系统的构造者，只有那些能够将多样化的因素纳入一个整体，将多元的发展方向归为一个中心区域，在凌乱的要素中排列整合出一个有序结构的技术操作者，才能被看成系统建造者"[③]。除此两类组分外，技术系统还包括自然物、法律制度、科学研究、教育培训等。但是，不管哪类组分，休斯认为它们都是受到社会形塑或社会建构的。

休斯对技术系统的结构分析旨在说明技术系统的发展阶段、发展动

① HUGHES A C，HUGHES T P. Systems，Experts and Computers：the Systems Approach in Management and Engineering，World War II and After［M］. Cambridge：The MIT Press，2000.

② BIJKER W E，HUGHES T P，PINCH T. The Social Construction of Technological Systems：New Directions in the Sociology and History of Technology［M］. Cambridge：The MIT Press，1987：49.

③ 郑雨. 技术系统的结构：休斯的技术系统观评析［J］. 科学技术与辩证法，2008（2）：71-15.

力、演进机制关键问题。休斯把技术发展过程划分为发明、开发、革新、转移、成长、竞争与固化等阶段，这些阶段是交叉重叠、反馈递进的，并不具有严格的时间规定性。在系统动力方面，"技术系统的建造者"（system builder）和技术"动量"（momentum）是两个重要概念。技术系统的建造者可以是发明人、企业家、管理者、咨询师等，他们是系统形成的第一推动力，是不同异质因素的组织者、结合者和驱动者，是活动在社会场域中的"异质工程师"。一旦系统形成，系统自身的"动量"就成为技术发展的动力。系统的"动量"不是指脱离社会而存在的技术内在"逻辑"，而是指结合了经济、文化、政治等社会要素的技术系统的自组织能力。对于技术的演进机制，"反向突起"（reverse salient）是 SYS 理论提出的一个基本模型。"反向突起"原是一个军事术语，借用这一概念，休斯意在揭示技术系统内部发展的不平衡性。在技术系统演进过程中，总是会有个别技术落后于其他技术的发展，从而形成一个滞后的区域，图形上表现为一个反向的突出锐角。消除这个突起，只能通过两种方式：一种是突起被淘汰（用新技术取代旧技术）；另一种是突起的瓶颈线被拉平（旧技术本身被改进，在效能上得到提高），系统整体得以前进。休斯认为这一概念比其他概念如拉动、内在局限、摩擦、系统潜能等能更好地表达技术演进状态。[①]

社会因素参与下的系观整体观是 SYS 理论的基本立场。在此视域下，技术发明、创新、转移、竞争、成熟等问题具有了与传统观念不一样的内涵，如发明并不总是受到鼓励，创新是组织对发明的选择，技术转移本质上是环境的适应性问题，成熟的技术就是系统的固化与合理化等。

3. 行动者—网络理论（ANT）

ANT 理论的代表人物有卡隆、约翰·劳（John Law, 1946—）、拉图尔等人。拉图尔把 ANT 理论的源头追溯到卡隆与他发表的 *Unscrewing the Big Leviathan; or How Actors Macrostructure Reality, and Hows Ociolagists Help*

---

① BIJKER W E, HUGHES T P, PINCH T. The Social Construction of Technological Systems: New Directions in the Sociology and History of Technology [M]. Cambridge: The MIT Press, 1987: 73.

*Them to Do So？*一文中①，并且认为，1986年卡隆的文章②和劳的文章③以及1988年拉图尔本人的专著④标志着这一理论正式形成。

ANT理论也许是SST理论中最为激进的一支⑤，也是理论构造最为精致的一支。其激进之处在于，SCOT理论和SYS理论尽管认为社会因素是解释技术的最终原因，但是它们的思维方式和用语总是无法摆脱"技术—社会"二元论，而且其所理解的社会因素也是先在的、静态的（"技术是被社会建构起来的"这个判断很明显地体现出这种认识论特征）。ANT理论彻底摈弃了这种二元论的分析方式和解释方式，以"行动者—网络"的动态过程模型来分析和描述技术的形成过程。在ANT理论看来，"社会"是由多种异质要素构成的联结，是在技术实践中被建构起来的关系，而不是一种已存在物。所以它是需要被解释的对象，而不是被用于解释的工具。ANT理论的精致性充分体现在"行动者—网络"模型中。该模型中的"行动者"指参与技术发展过程的任何因素——可以是人也可以是物（"actor"一词通常指人，"actant"一词通常指物），可以是过程也可以是事物，可以是单独的也可以是群体的。它不对指称对象做任何假定，而只是一个被抽象的结点。现实的技术发展就是由若干个结点以不确定的方式联结而成的网络。在这个网络中，没有"中心"与"边缘"、"主体"与"客体"之分，行动者彼此处于一种平权的位置（非人的行动者是通过有资格的"代理人"产生作用的）。"翻译（translation）""简化（simplification）""并置

---

① CALLON M, LATOUR B. Unscrewing the Big Leviathans；or How Actors Macrostructure Reality，and How Sociolagists Help Them To Do So？［M］// KNORR K. Advances in Social Theory and Methodology. London：Routledge，1981：277-303.

② CALLON M. Some Elements of a Sociology of Translation：Domestication of the Scallops and the Fishermen of St. Brieuc Bay［J］. The Sociological Review，1984，32（S1）：196-233.

③ LAW J. Power，Action and Belief：A New Sociology of Knowledge?［M］. London：Routledge Kegan & Paul，1986.

④ LATOUR B. Reassembling the Social：An Introduction to Actor-Network-Theory［M］. New York：Oxford University Press，2005：10.

⑤ 邢怀滨. 社会建构论的技术观［M］. 沈阳：东北大学出版社，2005：34.

（juxtaposition）"等一系列概念被用于描述行动者（结点）之间的作用关系。这样，技术的发展过程就被描述为一个网络的编织、构造、变形、移位的过程，自然与社会中的各种要素可能在此会聚、整合、调适，以不可预测的方式影响着技术的发展。① 由此可以看出，行动者—网络不仅被用于描述技术结构，还可用于分析"行动者"之间的相互作用和权力分布。这种模型化处理方式，试图为技术—社会分析提供一个理想化的普适模式。

以上对 SST 理论三个分支的介绍有过分简单之嫌，一方面其理论结构的许多特点难免遗漏（而且其理论也处于不断创新变化中，如近年来的"后 ANT"理论），另一方面有许多学者和理论难以划归于某个学派（事实上不同分支的学者存在着大量的合作研究）。尽管如此，对 SST 理论进行轮廓式的勾画仍有必要，一定程度的归类区分有助于我们更好地把握其趋势和进展。总体来看，SCOT 理论主要承袭了爱丁堡学派的利益分析纲领（interests analysis programme），技术主体之间的利益关系是其分析的起点。SYS 理论认为，并不存在一个居于优先地位的"终极因素"，因此认为利益分析存在视角上的偏执。ANT 理论试图彻底打破技术与社会、自然与非自然、主体与客体之间的二元区分，以广义的"对称性原则"② 来分析和解释技术实践。

（三）SST 理论的政策蕴含与实践指向

STS 理论具有丰富的政策蕴含和明晰的实践指向。

（1）技术不是科学的简单应用，政策上应把技术开发活动与科学研

---

① 吴致远. 后现代技术观研究［M］. 南宁：广西人民出版社，2014：101.

② 拉图尔把布鲁尔在《知识和社会意象》中提出的对称性原则称为"第一对称原则"，他认为这一原则实际上是不对称的，因为"它抛弃了自然，而使社会一极承载了所有的解释重量"。（LATOUR B. We Have Never Been Modern［M］. Cambridge：Harvard University Press，1993：94.）这显然是一种新的不对称。为了彻底消除这种不对称，拉图尔提出以"行动者"及其形成的"网络"来取代此前的"自然"与"社会"二元划分，以在实践情境中发生实际作用的因素分析来取代空洞的抽象思辨。这样，行动者—网络所揭示的技术的形成过程，同时也是社会的形成过程，两者是同一过程。"追随行动者"是拉图尔提出的研究纲领。

究活动区分开来，针对其不同特点分别对待。技术与科学在研究目标、对象、方法、过程、构成要素、活动结果、评价标准等方面具有根本性差异。鉴于主题所限，这里不拟展开。笔者认为需要强调的是，技术的"社会建构"特征远比科学明显，就二者与社会的联系而言，技术与社会的联系是全方位的，其本身也构成了社会的主要现象，而科学只是少数人的活动，只是社会诸多活动中的一种。技术作为直接的生产力与社会的经济和日常生活密不可分，技术政策直接体现了国家和社会的发展战略、施政理念和意识形态；而科学改造世界的功能是间接的。

（2）技术的异质因素集成性本质和建构性本质要求技术政策具有民族性和地方性特征。SST 理论充分揭示出技术对社会情境的依赖性和嵌入性。现实中的技术总是因受到多种人文和自然地理环境因素的规约和引导而具有自身的特殊性，技术活动因此不能完全复制，技术政策也不可以"一刀切"，必须根据本国、本地的实际条件，提出有针对性的、切实可行的技术政策。这方面我国在"大跃进"以及"改革开放"初期都有过惨痛的教训，"特色化"的发展思路是从实际教训中得来的，而不是一个理论自觉的过程。

（3）技术的应用与转移应充分考虑接受方的"适应性"。技术从发达地区向落后地区转移，从高技术领域向中、低端领域扩散是经济和社会发展必不可少的机制，如何顺利实现这一机制是社会管理和技术政策制定需要解决的主要问题之一。长期以来，由于受旧技术社会学观念的影响，人们一度认为技术与社会之间的关系是直接的，即存在一项技术就必然会产生相应的技术产品以及相应的社会经济文化效应（这实质是一种技术决定论的思维模式）。但是这种理想化的模式在现实中总是会大打折扣，甚至彻底失败。原因是其忽略了该技术与技术接收地其他产业、资源、技术及文化的"匹配性"，没有考虑该技术系统与技术接受地社会系统的"适应性"问题。SST 理论中的"异质系统"理论和"行动者—网络"理论为这一问题的解决提供了更为科学的思路。

（4）技术决策和技术设计中需引入"民主化"程序。技术活动不能为技术专家所垄断，要让相关社会群体或其代言人参与其中。技术发展既然是一个社会过程，自然因素（技术因素）只是其中的个别因素，那么其他相关社会群体有权把自己的利益和诉求表达在技术设计中，成为技术主体而不是旁观者、局外人。由此，涉及所谓的"技术微观政治学"，即作为外行人的相关利害方，如何参与技术过程，技术系统的建造者如何甄别、选择、动员、组织相关社会群体，如何平衡和协调相关利害方的关系。在技术发展呈现规模化、系统化、集成化的今天，这一点尤其重要。西方发达国家在这方面已经走在了实践的前列，如20世纪80年代中期由荷兰、丹麦等国开发的"建构性技术评估"（Constructive Technology Assessment，CTA）政策分析工具，就是基于SST理论提出来的。该模式超越了传统的预警性技术评估，将重点从技术后果的预测转向技术过程的社会介入，通过动员和组织利益相关方的早期参与，使技术最大限度地实现了与社会的契合。[①]

（5）技术政策应该具有持续性和系统性。SST理论视野下的技术是系统的、动态的、演进的，由此对技术活动、技术系统的干预协调也应该是系统的、动态的、持续的。长期以来，在我国技术政策制定和执行中，重视对技术项目的规划和引进，而轻视对项目的监测和引导，更疏于对技术项目的效果评估。这种"虎头蛇尾"的做法，不仅无法落实原来的规划，达不到预期的效果，而且造成巨大的社会浪费，导致出现大量"烂尾"工程。事实上，作为政府管理方，有责任也有能力对重要技术项目进行持续的监管和系统的介入，及时发现和解决技术系统中的"瓶颈"问题，使技术朝预期的、健康的方向发展。

二、地方性知识理论

"地方性知识"概念，是美国人类学家克利福德·吉尔兹（Clifford

---

① SCHOT J, RIP A. The Past and Future of Constructive Technology Assessment [J]. Technological Forecasting and Social Change, 1997, 54（2-3）: 251-268.

Geertz，1926—2006）给思想界的一大贡献。这一概念走出人类学领域，在哲学、社会学甚至文学艺术领域扎根开花，显出其强大的学术生命力。时至今日，基于这一概念衍生出来的各学科理论，我们不妨称为"地方性知识理论"。鉴于本课题主旨，这里主要论述其在人类学和哲学领域中的影响。

（一）"地方性知识"概念的提出与演变

地方性知识的观念可以追溯到弗里德里希·威廉·尼采（Friedrich Wilhelm Nietzsche，1844—1900）、马克思、维科，甚至是亚里士多德时期，但是"地方性知识"概念被广为接受以至成为人文社会科学领域中的一个高频词，却是美国人类学家吉尔兹的功劳。

吉尔兹虽然以《地方性知识：从比较的观点看事实和法律》（1983）为名出版了专著，但没有对"地方性知识"做出清晰的表述，联系吉尔兹"阐释人类学"理论的其他文本，我们认为吉尔兹所理解的"地方性知识"是指各民族在其自身的生存实践中所形成的特有的认知方式和思维方式，以及与此相联系的语言、神话、宗教、艺术、民俗等文化，其本质是"文化持有者的内部眼界（the native's point of view）"[①]。这一理解与其他人类学家所提出的类似概念有相通性，如1980年美国人类学家迈克尔·沃伦（Michael Warren）、博肯色（D. Brokensha）、沃纳（O. Werner）提出了"本土知识"（indigenous knowledge）概念，以代替之前人类学家常用的"traditional knowledge"，以此表示"一个社区解决问题的富于活力的贡献，这种贡献建立在他们自己的理解、概念以及他们辨识、分类和界定事物的基础之上"[②]。上述人类学家对"他者"和"异文化"的关注，对"深度描写"方法的强调，迎合了诸多后现代主义者的主张，迅速被借用为理论工具和思想资源。

---

① 吴致远. 科学实践哲学视域下的民族医药［J］. 科技管理研究，2010，30（13）：289-293.

② 吴致远. 英美应用人类学视角下的本土知识研究［J］. 中央民族大学学报（哲学社会科学版），2017，44（6）：73-85.

　　"地方性知识"被广泛接受,成为各种"后学"的研究主题,主要缘于以下四方面:其一,人文思想界对现代西方文化"中心论"和科学知识"一元论"的反思与批判。其二,现代科学主导下的现代技术给自然界造成了巨大的破坏,人类的可持续发展能力受到严重威胁,这使人类不得不反思现代技术创新和经济增长模式的合理性。其三,后殖民主义时代各原居民族要求更多地参与到国家和国际事务中,以维护自身的权力,表达自己的诉求,改变旧殖民时代形成的不合理的世界格局。为此,就需要在文化价值体系中确立本民族不可取代的地位。其四,学科发展的内在逻辑。致力于结构化和体系化的传统学科理论逐渐失去活力,面对全球化时代不断涌现的新事物和新问题需要有灵活有效的应对思路和措施。下面,我们以哲学为例说明这一概念在内涵上的拓展和深化。

　　美国科学哲学家约瑟夫·劳斯(Joseph Rouse,1949—),是当代关注"地方性知识"最多的哲学家之一。不过其着眼点是现代自然科学的"本性"问题,由此展开的理论建构被称为"科学实践哲学"。对劳斯而言,"地方性知识"不是指存在于特定地域和文化时空中的知识类型或体系,而是一种新型的知识观,即任何知识的生成都依赖于特定的实验手段和辩护环境。这些特定的技术和理论条件决定了知识都是情境性的、局域性的、有限的,因此不存在脱离语境(context)的、放之四海而皆准的普遍性知识。他说:"理解是地方性的、生存性的,指的是它受制于具体的情境,体现于代代相传的解释性实践的实际传统中,并且存在于由特定的情境和传统所塑造的人身上。"① 劳斯的矛头显然指向现代自然科学知识。他认为现代自然科学之所以能取得普遍性知识的形式,完全是学科规训、技术条件和资本逻辑扩张的结果,由于把现代自然科学生成的条件移植到全球任何地点,使本来与西方地域文化相联系的地方性知识具有了"普世化"特征。沿着劳斯的思路,其追随者甚至走得更远,如清华大学吴彤教授认为,"从

---

　　① 劳斯. 知识与权力:走向科学的政治哲学 [M]. 盛晓明,邱慧,孟强,译. 北京:北京大学出版社,2004:66.

实践活动论的视角看，根本不存在普遍性知识，一切知识包括科学知识都是地方性知识，科学知识在本性上就是地方性的"[①]。

限于主题，这里我们不展开对"地方性知识"概念拓展的评述，只是表明，通过对"地方性知识"重新解释，劳斯及其追随者试图消除人们对"普遍性知识"的幻想，打破现代自然科学知识的垄断地位和话语霸权，从而使人们把注意力放在知识产生的情境和实践机制上，给多种形式的知识提供生存和发展空间。

（二）地方性知识的人类学意义

从学科发展逻辑看，吉尔兹使用"地方性知识"概念是为了对抗当时在人类学界趋向僵化的科学实证主义传统，为其"阐释人类学"提供理论逻辑支点。从这个角度看，吉尔兹的理论也可以视作人类学中"后学"的发端。在阐释人类学的理论框架下，"地方性知识"具有以下三方面的意义。

其一，表明了知识对文化的依附性。知识不再是对事物和事态的客观描述，而是文化的一种表达途径。人们对事物的认知总是在既有的社会心理和理解模式中发生，这些地域性模式决定了你能看到什么、理解什么和接受什么，因此，知识总是"文化的"，附属于文化的知识又总是具体的、地域的和特殊的。在此意义上，吉尔兹认为"地方性知识"不是相对"普遍性知识"而言的另一类知识，而是不同文化背景下的各种知识体系，它们具有不同的生成机制和背景视野，因而不可能成为一种普遍化的标准模式。他说："这种对立不是'地方性知识'与'普遍性知识'的对立，而是一种地方性知识（如神经病学）与另一种地方性知识（如民族志）的对

[①] 吴彤. 两种"地方性知识"：兼评吉尔兹和劳斯的观点 [J]. 自然辩证法研究, 2007, 23（11）：87-94.

立。"① 由此支持了一种认知相对论和文化相对论。

其二，地方性知识要求一种对解释的解释。地方性知识的独特性事实上包含着两个逻辑难题：一个是如前所述，地方性知识的获取是如何可能的？另一个是对跨文化的地方性知识的认识是如何可能的？这两个困境可以表述为对"理解的理解"，或者"再理解"问题。之前的人类学志在达到对异文化的理解，却忽略了这种再理解。阐释人类学通过"贴近感知"和"遥距感知"② 来完成这种认知超越，从而达到"文化持有者的内部视界"。由此可以看出，阐释人类学试图以这种方法消除人类学研究中主、客位对立的鸿沟。阐释人类学所持的文化相对论主张不是机械的和绝对的，而是辩证的和相对的。

其三，地方性知识指示了文化解释的多元性和开放性。克利福德·吉尔兹视文化为一张"意义之网"，在文化中生成的地方性知识自然成为这种意义的载体。对此载体意义的解读，显然不是唯一的、固定的，而是多元的、动态的和开放的。究其原因，一方面是知识"文本"本身的复杂性，另一方面是受到认识主体"阅读"能力的局限。"每一次个案研究实践所做出的突破及其所留下的局限，都为下一次实践提供了可供借鉴的经验以及可待超越的空间；每一次对特定文化对象的成功解读都可能读出前所未有的新意；每一次有价值的认识经历都会对以往的人类学知识框架构成冲击。"③ 如是，文化的意义在认识者不断探索追问中被一次次创造出来，认识者主观能动性的发挥使文化的阐释和知识求索成为没有止境的过程，人类学也因此成为一门生机勃勃的学科。

---

① 格尔茨. 烛幽之光：哲学问题的人类学省思 [M]. 甘会斌，译. 上海：上海世纪出版集团，2013：124. 参见：罗意. 地方性知识及其反思：当代西方生态人类学的新视野 [J]. 云南师范大学学报（哲学社会科学版），2015，47（5）：21-29.

② 贴近感知是信息提供者的直接感知，遥距感知是观察者或研究者的课题性认知。

③ 王邵励. "地方性知识"何以可能：对格尔茨阐释人类学之认识论的分析 [J]. 思想战线，2008（1）：1-5.

（三）地方性知识在技术形成中的作用

1.地方性知识是技术产生的摇篮

现代"科学化"的技术产生之前，各民族都是在自己的本土文化土壤中进行创造发明，以自己的本土知识和实践智慧创造了适合自身生存发展的、有特色的技术体系。所以，地方性知识自古以来就是技术诞生的摇篮。值得注意的是，地方性知识中的自然知识部分包含着当地人对所生活的地理空间的精确认知，这种认知来源于世代积累的生活经验，来源于从不间断的、贴近自然的生产生活实践，是当地人安排自己生计方式的凭依。所以，由此展开的技术活动必然是因地制宜的、个性化的、内在和谐的、有诗意的。直到今天，我们仍然会惊讶不同民族所创造的传统技术体系与自然生态系统的完美和谐（如依山傍水的侗楼苗寨），会感叹不同民族的技术风格与特色（如层层叠叠的哈尼梯田），会惊叹其生存发展的永续性和可循环性。可以预见的是，在全球化问题和可持续发展问题日益突出的今天，充分发挥地方性知识的作用，使各地域的生态智慧融入技术发明创造活动中，是不二的选择。

2.地方性知识是技术再创新的智力源泉

去地方化、去技能化是现代技术发展的一大趋势，即使在这样的趋势下，地方性知识也仍然在技术创新中发挥着自身的优势。我们可以看到各种各样的民族技术品牌经久不衰，同时也成为现代技术从中汲取知识养分、找到技术诀窍、发现知识灵感的源泉。如中国传统的青蒿制备工艺、云南白药、砒霜、宣纸工艺等都是相关领域中技术创新发展的源泉。甚至连吴文俊院士开创的"数学机械化证明"也是从中国传统数学方法中得到的启发和灵感。事实说明，现代实验室中产生的知识永远只是人类知识总库中的一部分，甚至只是其中的一小部分，而生生不息的浩瀚的人类生产生活实践是知识和智慧的永恒源泉，地方性知识在技术创新和再创新活动中始终起着基础性作用，它们是现代科学知识发挥作用的媒介，也是现代科学知识孵化的温床。

3. 地方性知识是技术转移和扩散的润滑剂

伴随着文明间的交流、交往，技术的转移、扩散是不可避免的，毕竟人类文明的活力不能没有新技术的支持。但是一项技术如何才能成功地在另一个地方生存发展下去，如何才能实现技术转移的本土化和再情境化，这既是一个实践问题，也是一个理论问题。地方性知识理论为我们解决这一问题提供了新的思路。技术作为人、自然与社会之间物质、能量和信息的转换器，作为联结人、自然与社会的发明物，除要具备功能结构上的优越性，满足人类的特定现实需求外，还必须能很好地嵌入当地已有的"技术系统"①，实现与既有技术体系的匹配，与当地社会风俗习惯和价值规范的匹配，与当地自然资源和生态环境的匹配。这三个方面的"匹配"从根本上决定着一项技术的可持续性，决定着其未来的生命力。可是长期以来，这些因素没有引起足够的重视，人们一味看重的是技术本身的"科技含量"，即技术的"先进性""有效性"。其结果往往是付出了巨额成本移植过来的技术成为没有根基的"瓶中花"，因缺乏各种自然、社会与人文方面的资源支持而很快枯萎凋谢。

为了有效避免这种情况的发生，对技术移入地应该进行充分全面的调查，主动寻求地方性知识的帮助，获取与该技术活动相关的自然、人文与社会方面的知识，实现与新环境的多方位"对接"。人类学家在这一过程中发挥着不可替代的作用，他们以自己的专业特长，正在成为大型技术活动前期规划的咨询者和调研者，他们所获取的地方性知识以及与当地人沟通协商的能力，往往成为技术转移过程中的关键因素。这一点在当代技术投资和大型工程活动中日益凸显。

4. 地方性知识规范与引导技术发展的方向

资本的全球性流动、交往的国际化和技术研发的科学化使当代技术创

---

① SST 理论中的 SYS 理论提出的核心概念。参见：HUGHES T P. From Deterministic Dynamos to Seamless-Web Systems ［M］// National Academy of Engineering，SLADOVICH H E. Engineering as a Social Enterprise. Washington，DC：The National Academies Press，1991：7-25.

新的速度不断加快，加速发展的技术反过来使原有的社会结构和生态关系不断遭受冲击，平衡不断被打破，人类的身心和谐、文化归属和自然的完美都成为难以企及之物。在这种情况下，人们不禁要问，发展究竟是为了什么？我们应该怎样发展？我们需要的是什么样的技术？技术应该怎样发展？这样的终极追问最核心的一点就是技术的发展方向和发展模式问题。在《技术的后现代诠释》一书中，笔者曾提出了技术发展的民主化、生态化、人性化的总体思路。现在看来，要实现这种方向性转变就离不开地方性知识的参与和引导。

上述分析表明，地方性知识包含着精确可靠的自然知识，包含着朴素的生态平衡观，包含着生存智慧，更重要的是包含着当地人的生活理念和价值理想。所以，地方性知识参与和引导下的技术活动必然更富有民主性、生态性和人性。

第二章

技术的民族性

技术是属人的行为，总是表现为某时某地具体的人类活动，因此总是与特定的人群相关联，具有鲜明的区域性和民族性。这一点从人类史的角度看，似乎是不言而喻的。历史上，不同地域空间中生活的民族在衣、食、住、行等方面有着迥然相异的风格，他们的技术实践为自己创造了一个不同于其他族群的生存空间，技术活动方式与技术物也成为相互区别的标识。但是，当历史的车轮行进到18世纪中期，第一次工业革命在西欧兴起后，近代工业技术迅速向世界各地传播，所及之处，传统受到挑战，社会遭遇变革。这个过程即所谓的"近代化"或"现代化"过程，其实质是西方科技文明向全球扩张的过程。资本和科学支持下的技术扩张给现代人造成了一种认识假象，似乎强大、先进的技术总是与普遍有效性和标准化联系在一起的，只有完全"科学化"的技术才是技术的理想形态。这样，技术的民族性与地方性特质就淡出了人们的视域。

第一节　技术的民族性含义

一、何谓"技术的民族性"

技术的民族性是指技术在发明、创新和使用过程中获得的人文—地理属性，包含着特定民族的生活方式、行为习惯、价值观、审美观及所在地自然环境信息等方面的内容，具有与特定族群相联系的专属性和标识性。

从技术的创制发明过程看，技术的民族性是题中应有之义。某一项技术总是诞生于某一个具体的场所。技术所需要的知识来源于发明人的生活实践，具有对发明地自然物体的认知，其所用的材料也是就地取材，其结构形制来自已认知的某种自然秩序或社会礼制，其用途总是指向当下的生活，为某种合法的社会需求服务。因此蕴含了诸多自然、社会和人文信息。在此意义上，我们完全可以说，技术与其被创制和使用的环境具有同构性。特定的民族创造和使用某种（类）特定的技术，反过来，某种（类）特定的技术也塑造着一个特定的民族身份。在大规模民族交往、交流和融合以前，这种技术的民族性标识是非常清晰的。莫斯在《社会学的分工》（1927，摘要）一文中这样说道："技术现象不仅呈现出人类一般活动和社会活动特定形式里的本质兴趣，它也呈现出一种普遍的兴趣。……首先，它们是一个社会所特有的，或者至少是一个文明所特有的，独特到足以标示一个社会或文明，或者说如同它的一个象征。没有什么能够比两个社会间的工具和工艺的差别更能呈现出两个社会间的差别了，这种差别即使在我们的时代依然很深。"① "表2.1是上述观点的一种佐证。

表2.1 历史上汉族与蒙古族的技术风格差异

领域	汉族	蒙古族
衣服	丝绸、棉麻	毛织品
食物	米、谷、菜	肉、乳
食具	筷子	刀、手
建筑	砖、瓦、飞檐	毛毡、毛绳、柳条、蒙古包

---

① 莫斯，涂尔干，于贝尔. 论技术、技艺与文明 [M]. 蒙养山人，译. 北京：世界图书出版公司，2010：52–53.

续表

领域	汉族	蒙古族
医疗	中医	蒙医
文字	汉字：象形文字	蒙文：拼音文字
乐器	二胡	马头琴

在此需要强调的是，技术不是孤立的个人行为，而是一种社会群体行为。技术虽然总是为个别人所发明，也为个体所改进、创新和使用，但技术的推广、传承一定不是在个体间进行的，而是在一个群体内实现传播共享和继承发展的，塑造着该群体的行为模式，成为群体进化的内在动力。因此，技术构筑了一个社会群体的生产生活基础，群体的知识、观念、价值、信仰与审美等都会以某种方式熔铸于技术之中。

与此同时，技术也不能被个别地、孤立地理解，而必须在"系统"中被认知。一项具体技术往往只具有单一的结构功能，其与其他配套技术结合起来，才会完成一项整体功能。多项技术系统共同组成一个民族的生活方式，形成一个民族的技术—文化体系。所以，我们要以"体系"的视角去考察单项技术的功能和演变。当我们孤立地看待某个技术物的时候，其使用方法和意义往往无法被理解，而放到一个相关的技术体系中时，其意义就会豁然明了。① 所以，多层级的技术体系才是各民族赖以生存的物质性架构。这一点是马克思主义的一个基本观点。

二、技术民族性的本质

技术的民族性是技术社会性的表达，是技术文化特质的集中体现。长期以来，人们认为技术只是一种中性的工具或手段，可以服务任何目的，

---

① 笔者在调研中发现，贵州布依族编制的藤甲主要用于上山狩猎时防护身体，其中隔离荆棘和预防野兽是主要功能，而格斗防护只是其附属功能，这可能与多数人对于藤甲用途的认识不一致，但合乎生产、生活的实际逻辑。参见：吴致远，樊道智，陈凤梅. 中国古代藤甲制作工艺管窥：基于贵州安顺歪寨村的调查 [J]. 中国科技史杂志，2020，41（1）：43-55，2.

其社会属性只是在使用中才体现出来，因此"技术"本身是与价值无关的。但是技术的现象学分析表明，技术一开始就负荷着人的目的和意图，技术物本身是天生具有意向性的。所谓意向性，就是"为……而用"，是主观指向性，为技术的使用限定了一个可能的范围。在此范围之外，则是不"合用"的。这表明技术从一开始就是具有社会性的，是社会意识的表达，是各民族文化的承载者。

从技术的构成要素看，社会属性也是其内在属性之一。技术中包含有自然与社会两类因素。自然因素包括有物质、能量、信息和各种自然规律，社会因素包括目的、意图、认知、设计方案、标准规范、使用方法、法律规章等。自然因素是客观的"自在之物"，是物质性的前提条件，为技术的形成提供了一种可能性；社会因素则是具有能动性的"自为之物"，是操纵和驾驭自然因素的主观条件，为技术的形成提供了现实可行性。所以，自然属性与社会属性是技术的两种基本属性，前者体现的是人的受动性、非自由性、必然性，后者体现的是人的主动性、自由性和创造性。技术"化腐朽为神奇"的超越能力，正是在社会因素作用下才具有的，是社会性的能动体现，它在特殊的人文历史时期即展示为技术的民族性。

从技术的形成过程来看，技术情境性（context）和集成性（integration）是技术的社会性展示为民族性的必要条件。与科学力图排除偶然因素，简化实验条件，从而发现一般性、普遍性规律不同，技术总是要利用尽可能多的有利因素设计制造出功能完善的、能满足多方面要求的物理客体。这一过程是一个多因素集成的过程，是对"在手之物"的筹划和操控，通过对各种自然、社会因素的合理化组合与加工，从而实现对客观物质世界和生活世界的再创造。中国古代先哲荀子在谈到青铜制造工艺时说，"刑范正，金锡美，工冶巧，火齐得"[①]；中国古代技术典籍《考工记》对技术的集成性和情境再造性有更加清晰的表述，"天有时，地有气，材有美，工有巧。合此四者，然后可以为良。材美工巧，然而不良，则不时，不得地

---

① 王天海. 荀子校释［M］. 太原：三晋出版社，2015：646.

气也"①。无独有偶，古希腊哲学家亚里士多德提出了著名的"四因说"，认为在技艺制造活动中存在着质料因、形式因、目的因、动力因四种基本要素，它们的共同招致了人造物的形成。正是考虑到技术这种多要素集成特点，有人把技术定义为"满足整个公共需要的物质工具、知识和技能的集合，并保证对这种集合的控制优于其自然的环境"②。受以上思想启发，笔者提出了技术的"五要素说"，即技术由时空、实体、知识、目的、行动五种要素组成，是五种要素按不同方式进行组合、集成的结果。显然，技术在组合各种要素进行集成创新的过程，总是要受到特定的时间、空间限制，受到技术主体的生存方式和文化习俗的影响，从而使技术呈现出与特定族群相关联的民族性特性。

第二节　技术民族性的呈现

技术的民族性可以在多个维度呈现出来，从技术的构成要素看，至少存在以下四方面：技术知识的地方性、自然资源的独特性、本地需求的特色性、文化制度的约束性。

一、技术知识的地方性

对技术而言，"知识"总是一个先行的本质，没有对自然规律、自然材质、机理结构、应用场景、使用方式的预先认识，就不可能有技术活动的现实展开。所以，各种环境中的技术发明创新都以一定的知识条件为前提。在现代科学知识应用于技术活动之前，"技术知识"都具有地方性特

---

① 戴吾三. 考工记图说［M］. 济南：山东画报出版社，2003：20.

② 赫里拉. 技术的新作用［M］//中国科学院自然辩证法通讯杂志社. 科学与哲学：第5辑. 北京：中国科学院自然辩证法通讯杂志社，1980：71.

征，为特定的人群所掌握。

一方面，前现代时期大多数民族都局限于特定的地理空间中，对所生活区域内的自然现象有着独特的认知。这种认知来源于世代积累的生活经验，来源于从不间断的、贴近自然的生产生活实践，具有很强的实用性和精确性（在这方面，甚至现代科学也不能及），依此产生的技术活动也十分独特、有效。如因纽特人对不同种类的"雪"的特性认知（如落下的雪、飘动着的雪、漂流的雪、积雪、冻雪、阳光下的雪等在因纽特人看来是需要细加区分的，它们具有完全不同的含义），是其他民族望尘莫及的；公元前10世纪时的腓尼基人，对海蚌染色效果的认知。中国北宋时期的曾安止（1047—1098），写就了中国第一部水稻专著——《禾谱》，对当时江西泰和地区的水稻种类进行了深入调查，详细记载了籼粳稻21个品种、糯稻25个品种，还有被删削的品种共计56个，对各种水稻品种的生长习性、生物学特征、产地和名称进行了细致说明。《禾谱》因此成为迄今中国最早的水稻品种志，对中国水稻栽培史研究具有重要意义。[①]

另一方面，前现代时期各民族的自然知识往往与其自然观、宗教信仰、社会知识结合在一起，形成一种混杂的、综合的、有机的知识系统，更加彰显其民族文化特质。如中国古代对指南针南北指向的认知，在《管氏地理指蒙》中有这样的解释："磁石受太阳之气而成，磁石孕二百年而成铁。铁虽成于磁，然非太阳之气不生，则火实为石之母。南离属太阳真火，针之指南北，顾母而恋其子也。……阳生子中，阴生午中。金水为天地之始气，金得火而阴阳始分，故阴从南而阳从北，天定不移。磁石为铁之母，亦有阴阳之向背。以阴而置南，则北阳从之；以阳而置北，则南阴从之。此颠倒阴阳之妙，感应必然之机。"[②]这种认识充分表明了古代社会中自然、社会、人文知识相互贯通、以类比象、混合生成的特点。

---

① 彭兆荣."器二不匮"：中国传统农具文化的人类学透视 [J]. 西北民族研究，2019（4）：67–79.

② 管辂. 管氏地理指蒙 [M]. 济南：齐鲁书社，2015：20–21.

二、自然资源的独特性

在传统社会中，由于信息阻隔和交通不便，"就地取材"是绝大多数民族从事技术活动的基本方式。自然资源在世界各地的分布是不均匀的，因此"就地取材"的先民所生产的技术产品，在种类、品质和数量方面呈现出巨大的差异。自然资源的独特性可以表现在特殊的品类、稀有性、优良的品质、特殊的地理位置等方面，由此形成的技术产品也各具特色。这些有特色的技术物在长期的作用中逐步成为各民族的标识。如河南林县的石板岩屋顶、广西罗城仫佬族自治县的煤砂罐等（图2.1、图2.2）。

图2.1　河南林县石板岩乡的石板屋顶（吴致远摄）

图2.2　广西罗城仫佬族制作的煤砂罐（谭宇羚摄）

　　进入现代社会后，交通条件和运输工具得到极大的改善和提升，许多民族的技术生产不再依赖本地的自然资源，但其产品的风格和独特的工艺依然保留了下来，并在新时代条件下有了创新发展。如苗族妇女佩戴的银饰，工艺细腻精巧，构思灵动繁复（图2.3）。

图2.3　贵州黔东南自治州的苗银（文漫丽提供）

三、本地需求的特色性

　　各民族都有自己传统的生活方式和消费习惯，从而形成对特定产品的需求，进而对相应的生产技术形成稳定的需求和依赖。因此，"需求引导技术"，也是各民族特色化、差异化技术体系形成的关键因素。

　　一般而言，生产方式与消费方式之间具有对应性，二者呈现出互相依赖、互相促进、互相生成的关系。在不以域外贸易为目的的传统社会中，技术生产与产品消费之间的上述关系是稳定的、持久的，在世代间因袭传承，以致形成一种长期的习惯和风俗。在这种情况下，对特定产品的需求就会成为"刚性"，以一种难以"塑造"的方式对技术生产形成反向约束。当作为供给方的生产技术出现某种变化时，强大的需求力量会把其拉回到正常状态。与当地需求相适应的生产技术容易得到鼓励和发展，脱离传统需求的技术则难以生存。因此，需求的惯性会对各民族的技术系统进行选择，形成"适者生存，不适者淘汰"的机制。在没有外部因素强力干预的情况下，会形成风格各异、自成体系的技术格局。

四、文化制度的约束性

技术活动总是在某种文化场域中进行，因此，技术活动会受到该文化因素的浸染，从而或隐或显地呈现出某种民族文化特质。

社会文化体系一般被划分为四个层面：观念文化、制度文化、行为文化、器物文化，其中观念文化居于核心地位，对后面三个层面形成统摄和规约。技术活动一般处于行为文化和器物文化层面，所以明显受到来自传统价值观念和社会制度的影响。从事何种产品的生产，以何种方式进行生产，都受到既有观念和制度的引导、选择和约束，因此使技术活动和技术体系呈现出民族文化的印迹。例如，中国北方的四合院，其建筑形制受到传统文化中长幼尊卑、家庭伦理和风水理论的影响。

森谷正规曾经以日本的制造业为例，说明一个国家的现代技术及其产品受到该国传统文化的影响。日本陆地面积狭小，资源匮乏，一直以来存在物尽其用的传统。明治维新以后，武士开始从事生产劳动，他们勤奋敬业、求精务实，奉行亲历亲为的"现场优先"和"重行轻言"理念。这些因素的结合，使日本的近现代工业技术表现出结构紧凑、做工精密、细致精巧等特点，这种技术风格使日本的工业制成品广受赞誉，在国际上享有良好口碑。[①]

综上所述，技术活动不仅先天承载着特定的民族历史传统，也结合了

---

① 森谷正规. 日本的技术［M］. 徐鸣，陈慧琴，孙观华，等译. 上海：上海翻译出版公司，1985：26，49；小林达也，张明国. 日本引进西洋技术史中的文化对应［J］. 北京化工大学学报（社会科学版），2006（3）：63-67，46.

特定的自然地理要素，是自然与人文的"无缝"衔接。[①] 理想的技术活动和技术产品，必然是体现本民族的精神追求、符合本土人的风俗习惯、顺应当地的天时地利、荟聚当地的材美工巧、满足当地人的实际需求的技术，是对物质世界的诗意创造，也是诗意追求的物质实现。所以，"技术的民族性"是对技术之中自然与人文相互渗透、相互嵌入、彼此包含状态的一种特殊表述，其背后是知识、技能、资源、人才、管理等多重因素的有机结合，是多重因素协同作用所形成的"情境化"和"地方化"。

第三节 技术民族性的历史过程性

民族是一种历史现象，技术的民族性同样也是一种历史现象，它会随着民族的历史演变而呈现出动态性和过程性。历史上，随着各民族交往、交流与交融的进行，民族内部的要素会发生变化，要素之间的结构关系也会发生相应改变。技术作为民族构成的主要因素，在民族交流与交融中起着重要的媒介沟通作用。当技术从一个民族传入另一个民族时，两个民族之间的联系和纽带就会得到加强，它们会因某种生产、生活方式的共同性而确立起"族际性"。族际性是"你中有我，我中有你"的状态，是双向的关系。对于接受外来技术的一方，其民族性的要素因此发生了变化，具有了某种异域性特征；对传入的技术而言，其民族性的身份得以扩展，成为更多民族的标识，获得了更大范围的认同。从较长历史时期看，这种以

① 20世纪80年代，作为"新技术社会学"的技术社会形塑理论（SST）提出了"无缝之网"概念。认为技术是在社会场域中形成的，技术系统是由经济、政治、文化、科学、自然等多种因素编织而成的网络，各种因素之间的连接是无缝的，不存在"自然"与"社会"、"人"与"物"、"系统"与"环境"之间的分离与隔阂。对传统"二分法"的摈弃，揭示出技术形成过程中多种因素之间相互嵌合、互相包含的关系。这一概念首先由休斯在研究爱迪生初创电力、电灯系统案例时使用。

技术为媒介的族际交往是经常发生的，民族的演变及其技术物标识也不断地处于流变之中。

一、技术民族性的本土演进

既然技术构筑了一个民族的生存方式，技术的变迁导致了生活方式的变迁，一个民族的演进史同时也是一部技术演进史。由此，不同阶段的技术工艺和技术物就成为一个民族在历史长河中不断前行的辨识物。这一点已经成为今天历史学界和考古学界断代分期的一个基本依据。

技术民族性的本土演进主要是指本土技术在本土环境中缘于内部原创力，或受内部其他因素的影响，或受族外因素的干扰而发生的完善性进化，技术所具有的民族身份没有发生变化，但其在结构、形制、功能、材料等方面呈现出一个前后因承、革故鼎新的演化序列。如汉民族的纺织、服饰、陶瓷、建筑。一般来说，族内因素驱动下的技术演进较为缓慢，表现出明显的渐进性和连续性；族外因素驱动下的技术演进则较为迅疾，表现出剧变性和飞跃性。两种方式使技术的民族性演进呈现出量变与质变、连续与间断、渐进与跃迁交互更替的图景，从而使民族史在物质文化方面有了清晰的"年轮"。

需要说明的是，技术演进的本土环境（自然环境和人文环境）并非稳定不变的，随着各民族生存的自然地理条件的改变、政局更替、社会制度变革、族际关系的变化、风俗时尚的移易等，包括技术在内的民族内部要素也必然处于变化之中。环境变化导致的技术变化是各民族的自适应调节，是被动的，具有不可预测性。但是技术的这种适应性"进化"客观上印记了一个民族的环境演变史。

二、技术民族性的族际演进

历史上，民族间的交往、融合从没有中断过，因此一部民族史也是一部民族交流史。交往中的各民族使技术活动呈现出"族际性"。一个民族的独有技术由于被其他民族接受而得以推广，成为多民族共同的生活基础，强化了他们之间的联系，使他们联结为一个"技术共同体"，这些技术也因此成为一个"族群"的标识。此即技术民族性的族际演进。

技术民族性的族际演进一般会形成三种宏观效应：同化、异化、涵化，由此导致次生民族的诞生。

由于贸易、战争、迁徙、传教、旅行、探险等原因，一个民族的技术可能会传播到异域他乡。如果新传入的技术能够与当地的环境相适应，被当地的文化接纳，实现与当地技术体系的调适相容，那么传入技术即进入一个新的"本土化"阶段。对传出技术的民族而言，由于异民族使用了与己方相同的技术，过上与己方相似的生活，从而于一定程度上"同化"了异民族。相反，对传入技术的民族而言，由于接受了外来技术，使自己的生产、生活发生了异样的变化，呈现出"异己化"状态。与此同时，对传入技术本身而言，为了更好地满足传入地人的需求，必须在风格、形制、工序、功用、材质等方面做出调整，把更多的本土因素融入自身之中，以融入当地社会，从而会发生一定程度的改变，表现出一定程度的"异化"。同化与异化的共同作用会使民族的族性发生"涵化"，即"你中有了我、我中也有你，同时我还是我，你也还是你，但我已不是原来的我，你也不是原来的你"①的状态。涵化的结果，往往是次生民族的诞生，即原生民族在以技术为媒介的交往中因同化、融合而生成的新的民族共同体。这种民族共同体兼具族性的复合性与一体性，是一个更加开放和包容的文化空间。

次生民族一旦形成，就会使技术的民族性具有多元性、混合性和融通性。次生民族的形成主要有两种形式：一种是"同源异流"，如中国的古羌人，先后分化出现代羌族、彝族、白族、哈尼族、阿昌族、纳西族、傈僳族、普米族、拉祜族等；一种是"异源同流"，如先秦黄河流域的华夏族吸纳了周边的夷、狄、戎、蛮等不同民族成分，而发展为汉族。无论是

①　龚永辉. 民族理论政策讲习教程［M］. 北京：高等教育出版社，2017：32.

"同源异流"还是"异源同流",以技术为媒介的同化和异化过程,都使民族性呈现出重叠性、层次性、交叉性和一体性。事实上,无论次生民族是否形成,在民族"三交"过程中,技术都会因不同民族元素的渗入而呈现出混合性和多元性,最终因其多要素集成的有机性和很好的适应性而呈现出融通性。

三、技术民族性的现当代呈现

18世纪中期,英格兰揭开了第一次工业革命序幕,以蒸汽机为代表的机器大工业开始向英国全国以及欧洲各地传播,世界开始步入真正的全球化阶段。大航海运动虽然开启了洲际的直接贸易和货运,但是商贸的主要对象还是本土的动物、植物、矿产特产与初级加工产品,且其规模十分有限。以蒸汽机为动力的机器技术的传播则是一种全新的技术知识成果的传播,它作为一种通用型(普适性)技术生产能力,不仅大幅提高了生产效率,实现了人类的"自动化"梦想,而且广泛地应用到各个领域,引发了制造、运输、交通、纺织、矿冶、兵器等方面的空前变革,呈现出生产方式进而是生活方式全面"西方化"的全球性趋势。

今天,作为一种世界性现象,西方文明的科技成果已经遍布全球。在此局面下,人们不禁会问,今日社会中随处可见的"科学化"技术活动及其产品还具有民族性特征吗?在世界各国争先恐后追逐"先进技术""高技术""知识密集性技术"的时候,技术的民族性又体现在哪里?在"全球化""现代化"时代,我们还能保持自身的民族性特征吗?以上问题的回答必须引入历史比较和文化相对论的视野。近代以来的全球化,实质上是西方文明的全球化,即西方文化借助机器技术和科学知识向全球扩张的过程。原本处于北大西洋海岛和欧洲大陆的几个民族,由于较早地步入了资本主义社会,发展出了近代科学技术,从而产生了向海外寻找市场和开拓殖民地的冲动。在资本逻辑和技术逻辑双重驱动下的商品贸易以前所未有的速度向世界各地蔓延,所到之处,自然经济受到冲击,原始生计被迫丢弃，社会结构发生变革，传统观念体系遭遇崩塌的危险。所以，"现代化"一度是西方文化"一家独大"的过程，是"一元"取代"多元"、"单极"取代"多极"的过程。技术和科学一路高歌猛进，但民族文化的多样性却日渐消失。

对于现代技术的西方文化特质，早有哲学家进行了鞭辟入里的分析。海德格尔认为，隐藏在现代技术内部的是一种对力量和权力的追逐意志。这种"促逼"倾向源自柏拉图以来的西方表象主义哲学，其要点包括两个：其一，世界成为图像，即世界被"表象"为图像。"表象"乃是"挺进着、控制着的对象化"，是"对……的把捉和掌握"。在表象中起支配性作用的是"进攻""挺进"和"控制"。其二，人成为主体。"主体"意味着人获得了对"存在者全体"的支配能力。对被征服的世界的支配越是广泛和深入，客体之显现越是客观，同时主体也越是主观，世界观和关于世界的学说就蜕变成一种关于人的学说，变成"人类学"。[①] 因此，海德格尔断言，现代技术是"西方形而上学的实现和完成"。[②] 反观现代技术现象，长期以来，"技术"被理解为人类征服自然、控制自然、改造自然的手段和工具，技术被理解为是科学知识的应用，技术的效率、先进性、可靠性、经济性被作为评价选择的优先指标。这些认识充分体现出现代西方文化的偏执和狭隘。

基于以上认识，我们可以对上述问题做如下回答。当代社会中的"科学化"技术活动及其产品确实体现了西方文化的特质，西方文化由于其二百多年的全球化扩张，已经广泛参与到世界各地其他民族的发展演变之中，以至于今世之人到处看到的是相同的技术活动和技术物，承载着本民族历史和精神内涵的技术物则难觅踪迹。这种情况给人以一种这样的认识，似乎技术活动是一种与本民族传统文化无关的"中性"行为，任何人都可以在发展经济、培育产业、富民强国的目标下，去追求技术的先进

---

① 吴致远. 技术的后现代诠释 [M]. 沈阳：东北大学出版社，2007：64.

② 海德格尔. 海德格尔选集：下卷 [M]. 上海：生活·读书·新知三联书店，1996：885.

性，把科学最新成果应用于技术开发中。事实上，这只是现代的一种极端化情形。从长程历史看，民族"三交"（交往、交流、交融）中的同化作用和异化作用，必然会造成"你中有我，我中有你"的涵化状态。那些在遭遇西方科技文明后没有倒下的民族，一定会经历一个与西方科技文明调适融合、涅槃重生的过程。当民族意识觉醒后，把本土文化与西方文化融合创新，发展出有本土（国）特色的技术体系就是他们的必然选择。依此思路，现代化必然是多样化的，是各个民族国家根据自身的国情进行的现代化，决不是"全盘西化"的现成状态。这是当代"中国式现代化"之所以能历史地生成并彪炳于世界的主要原因所在。事实上，即使在微观技术层面也可以清楚地看到现代技术的民族性特征，路风教授在研究当代技术创新能力时发现，"即使在经济全球化的条件下，产品的使用系统也仍然具有明显的民族国家特征：受不同社会经济条件的影响，不同的'国家价值网络'对同一种产品的性能特性往往具有不同的要求……例如，由于道路条件、服务设施、消费者习惯甚至法律体系的不同，美国和中国的市场对于卡车的性能特性就可能有不同的要求。因此……不同的市场需求条件也能够带来重新定义产品性能特性的创新（或再创新）机会"[①]。

以上可知，民族史视野中的技术兼具有民族性和族际性，二者历史地生成并互鉴互促。任何一种技术都有产生的源头，此源头可以是一个，也可以是多个，但都与某个或某些民族身份相关。随着民族交往、交流、交融的进行，技术会不断跨越民族的"边界"，走向更加宽广的民族域，从而呈现出"族际性"或者"国际性"。技术的族际性（国际性）一方面在更大范围内确认了民族性的意义，映衬出民族性的丰富性；另一方面也不断推进着民族性的融合与进化，使新的民族共同体诞生，也可能使一些民族消亡，还可能使许多古老民族向新的社会形态演进。历史地考察二者的关系，有助于我们在民族学和历史学研究中深化历史唯物主义的理解和运用，更有助于我们深入有效地推进中国特色社会主义技术体系建设。

---

① 路风. 新火：走向自主创新2［M］. 北京：中国人民大学出版社，2020：28.

第三章

技术的本土发展

任何一项技术的产生都有一个原初的本土环境，当此项技术在本土环境中发展成熟后，才具有向周边区域或其他民族传播的可能。所以，技术如何在本土环境中产生、使用、改进、完善、推广、创新等，就是一个必须予以阐明的问题。尽管技术的种类千差万别，技术产生的本土环境也各不相同，但是技术发明、使用、改进和创新的一般机理是存在的，这是我们从事技术的人类学、社会学研究所默认的一个前提。

受达尔文生物进化论学说的影响，人类学创始人泰勒和摩尔根提出了早期的"技术进化论"，但是这种进化论是对既有技术现象的解释式说明，并非是对技术发明、演化过程的实证研究，缺乏对具体社会环境和自然地理因素的密切关注，因此具有一定程度的主观想象性。受莫斯、勒鲁瓦－古尔汉、斯图尔德等人思想的启发，加上加布里埃尔·塔尔德（Gabriel Tarde，1843—1904）和威廉·奥格本（William Ogburn，1886—1959）等人的发明社会学思想，本章将从社会系统论的角度对本土文化环境中的技术发展机理进行深入探讨，结合人类学的田野调查案例，尝试提出一个一般化的技术演进模型。

第一节 本土技术发明

长期以来，人们把是否使用工具作为区别人与动物的主要标志。但是，通过对野生动物的行为观察，人们很快发现许多高智商的动物如大猩猩、乌鸦等也可以使用简单的工具来达到某种目的。这时候有学者提出能否"制造工具"才是人与动物的主要区别。但是，动物学家和考古学家的大量野外调查研究很快动摇了这个结论，他们发现大猩猩就具有制作简单石器的能力。在这种情况下，有学者进一步提出，"用工具制造工具"才是人与动物的主要区别。[①] 显然，后一种观点比前两种观点更有说服力。它不仅揭示了发明的原创本质，而且揭示了发明的继承积累和持续进化本质。正是后一种机制，使人类走向了一条不同于动物的发展之路。

一、什么是技术发明

简单地说，技术发明就是利用已有的技术条件创造出新的、原先不曾存在的物品或方法的活动。发明活动须在人类技术活动的演变序列中去考察，首创性、可用性和先进性是技术发明所应具备的三个基本特征。

首创性，是技术发明的第一属性，是技术的价值源泉。首创意味着一个新事物的诞生，它将开启一种新的可能性，为现状的改变带来希望。一项技术是否具有首创性要通过与已有技术进行比较才能知晓。这种比较可以从原理、要素、结构、功能、外观、效果等方面进行。原理上的创新一般来说是重大创新，会开启全新的技术成长空间。原理上的创新意味着技术运行的底层逻辑和基本结构发生了改变，相应的构件及其组合方式也会

---

① 笔者于2008年在一次学术沙龙上，首次听到容志毅教授阐述这一观点。

发生改变，在此基础之上形成的系列功能部件以及产品也将迥异于之前的技术产品。除原理创新外，首创性也会体现在要素结构与外观等方面，其价值的大小要在具体应用中才能界定。

可用性，是技术发明能否被推广和使用的依据，也是技术可持续发展的保障。它包含两方面的含义：一是指技术发明物能够被制造或施行（不是"屠龙之技"）；二是指技术发明物对人类生活有改善和增益的功能（不是"镜中花"）。这两点也要放在历史发展中和共时比较中去界定。历史上有许多发明具有超前性，在当时还不具备实施的条件，因而只能停留在图纸的阶段，如文艺复兴时期列奥纳多·达·芬奇（Leonardo da Vinci，1452—1519）设计的飞机、汽车、潜水服等诸多技术模型均属此列。一项发明即使能够被制造出来，如果它不能对现实生活产生实际性功效，仍然无法得到推广和应用，以致被遗忘和埋没。

先进性，是反映技术发明水平和应用效率的一个指标。产品的首创性并不必然导致先进性，先进性却常被用来衡量技术发明的创造性。技术的先进性来源于技术原理的科学性、技术结构的合理性、技术要素的优良性，而集中体现为技术效果方面的突出优势和长处，如更高的产出效率、更低的成本、更少的劳动投入、更方便的操作、更多的功能、更好的社会和生态效益等方面。先进性体现了技术进化中的继承与创新、积累与突破的关系。

正如技术有不同的分类方式一样，技术发明也可以从不同的角度，依据不同的标准进行类别划分。比较常见的分类方式是依据发明成果的创造性大小和创造方式进行的分类：开拓性发明、辅助性发明、改进性发明、组合性发明、应用性发明和选择性发明。开拓性发明是指在技术史上从未出现过的全新的解决方案和产品，具有首开先河的意义，如指南针、火药、蒸汽机、电报、电灯、电视等；辅助性发明是指开拓性发明出现后，服务于开拓性发明而出现的附属性发明，如汽车发明后，用于车载照明的电路系统发明；改进性发明是指在原有技术成果基础上进行了局部性改良，使其具有了新功效的发明；组合性发明是把已有的某些技术要素进行新的组合，以产生新的技术功效的解决方案，如将车把、车轮、车座、脚踏板、传动轴、车厢等组合成一种新的骑行工具；应用性发明是为一项已有的技术找到新的用途，开辟新的应用领域，如放射性疗法；选择性发明是指从诸多已知的技术方案中选出某一具有特殊效果的方案。

理解技术发明（technological invention），还需要注意其与几个概念之间的区分和联系，如技术发现（technological finding）、技术创新（technological innovation）、技术改进（technological improvement）。一般情况下，人们总是把发现与科学相关联，即把发现新知识、新规律的任务归结为科学。但是在技术活动中，确实也有许多诀窍和特殊效应的发现，可能人们无法解释其科学原理，但是可以在实践中加以运用，成为重要的技术发明，造福人类。比如，中国古代的指南针、火药，道家炼丹术中的外丹和内丹，均属由发现到发明的技术实践。"技术创新"一词今天已具有了特殊的含义。在1912年出版的《经济发展理论》一书中，约瑟夫·熊彼特（Joseph Alois Schumpeter，1883—1950）将"创新"界定为"建立一种新的生产函数，把一种从来没有过的关于生产要素和生产条件的新组合引入生产体系"[①]，此概念今天已被人们普遍接受。在此概念下，技术发明就成为技术创新中的一个要素、一个环节，而技术创新是把技术发明成果商业化、产业化和社会化的一项系统工程。熊彼特指出了五种创新的形式：产品创新、工艺创新、市场创新、资源配置创新和组织创新。与技术发明相比，技术改进只是在既有技术基础上进行的优化和提升，目的在于更好地推动原有技术的发展，因此是一种渐进的累积式发展，其意义是不能与开拓性发明相比的。

二、技术发明的动因

技术发明总是由某个人首先尝试发起，这个人的发明动机可以是个人

---

① 熊彼特. 经济发展理论［M］. 何畏，易家详，等译. 北京：商务印书馆，1990，中译本序言：iii.

的欲望和目的，也可以是所在群体的集体需要和愿望的表达，其具体内容多种多样，这里我们大致分为以下八类。

1. 生理需求

饥饿、睡眠、冷热、疼痛、性欲等基本生理需求是人类行为的基本动机，也是技术活动的基本动机。文明初期，人类直接面对的是大自然，基本生理需求依靠大自然的馈赠来满足。然而，自然环境的改变常使人类的这些需求无法得到满足，这时候就需要人类主动适应这些变化，通过技术发明来为自身提供必要的生存条件，满足基本的生存发展需求。这是人超越动物的一种智慧性、创造性选择。马林诺夫斯基认为，"食欲与性欲驱策人类去寻求食物和伴侣，使人畋猎、捕鱼和侦察他的领域。它们强迫人类去克服环境，开发领土，夺取自然界的富源；又强迫人类结群而居，组织社会。在这些事业中，人类的成功全靠器具、武器、建筑、知识的发达和社会组织的程度"[①]。可以说，人类的技术手段越是发达，其应对变化、适应环境的能力越是强大。然而，在生理需求驱动下的技术动机不可绝对化。比如，把性欲解释为家庭组织、婚配风俗、亲属关系以及其他道德观念产生的唯一原因，显然失之偏颇。

2. 安全防护

大自然给了人类生存的机会，但也令人类的生存面临危险和挑战。猛兽的袭击、洪水干旱、疾病瘟疫、食物短缺等都是文明之初人类直接面对的威胁。为了应对这些可预见的挑战，人类发明了安全的居所、御寒的衣服、各种容器、医药技术、筑坝技术、畜养技术以及其他各种防身的技术。除各种日常生活中的防护外，还有从事作业生产时所需要的各种防护技术，如狩猎时所用的盾牌、甲胄[②]，烧制中的各种夹具，渔捕所用的舟

---

① 马林诺夫斯基. 文化之生命［M］// 斯密司，等. 文化的传播. 周骏章，译. 上海：上海文艺出版社，1991：21.

② 现代人多认为这些是在战争中发明出来的，实际上其可能来源于人类的狩猎活动，因此其实际诞生的时间要早得多。笔者在贵州安顺进行田野调查时发现，当地布依族人多在上山狩猎时穿戴藤甲，用于阻隔山上的荆棘和抵御猛兽袭击。

楫。现代社会中，各种产业技术的发展，使得专业化的防护技术空前完备。随着社会发展和文明的成熟，集体安全和可持续性发展变得越来越重要，因此发明创造出诸多社会性的安全工程技术，如各种法律制度、管理规章、医疗系统、水利工程、治安组织、军事组织等。

3. 审美意识

在生理需求和安全保障得到暂时满足后，人类会产生审美的需求。美是人类在安宁和谐的心境下对某些审视对象产生的愉快感受和崇高体验，它可以升华为一个超越日常生活的意象世界，兼有主观性和客观性、自然性和社会性。考古学者无数次地发现了史前文明创制的各种精美饰品，如用于装扮人体的项链、耳环、手镯、头饰，用于佩戴的各种玉件、金银件，可以把玩的玉雕、石件，可以观赏的造型、图腾，更有纯意象的图画、雕刻。除纯粹审美的技艺作品外，人们在日常生活、生产活动中还会有意识地运用审美原则去创建各种人造物，如在建筑中有意识地运用对称、平衡、协调的比例关系，在衣服上根据性别和地位加上各种花纹图案，在生产工具和产品中融入美的结构关系和造型，在各种肢体行为中塑造出优美、刚劲的动作。出于审美动机创造出的技术能够更集中地展现出一个民族的精神世界，鲜明地体现其民族风格和特色。

4. 休闲娱乐

在劳作之外，休闲娱乐是人类的一种基本需求。在人类的总时间中，有多长时间能够用来休闲娱乐，是衡量其生活质量和文明发达程度的一个标志。一个社会能有多少时间用于休闲，本质上取决于其生产工具和生产组织的效率，高效率的技术意味着劳作时间的减少、休闲时间的增多，所以，人类"好逸恶劳"的本性也是驱使人类不断改进原有技术，甚至是创造发明新技术的动力。另外，人们为了更好地享受闲暇时间，也会创造许多游戏和新奇之物，如棋牌、赌具、竞技、舞蹈、乐曲、玩具等，以供玩乐和观赏。中国河南舞阳贾湖遗址出土的8000年前的骨笛，是文明早期人类发明的最完美的乐器之一，其结构造型与今天的笛子几无差别。兴于西周盛于春秋战国时期的编钟，其形制之庞大，组合之严谨，演奏之复杂，可谓举世无双，显示出惊人的创造力，从侧面反映了当时贵族层级生活之奢华。

5.效率追求

人类对效率提升的追求几乎是无止境的，除非其遭遇社会伦理和客观条件的限制。通常情况下，人类总是希望能以较少的劳动付出取得较多的成果回报，这样可以使个人和族群有更大的安全保障，维持较多的人口数量。从竞争的角度看，高效率的技术手段，意味着在争取有限的资源方面人比其他生物更具有优势，在与其他族群的竞争中，人也更有优势。这构成了迄今为止最基本的一条经济学规律。从石器时代到现代高技术时代，对效率的追求成为技术发明创新的一个基本动力。从旧石器时期到新石器时期，石器的加工种类和精度不断增长，从功能不分的砍砸器、刮削器、尖状器发展到种类繁多、用途专一的石斧、石刀、石凿、石锛、石铲、石镰、石犁、石矛、石镞等，体现出人类对效率提升的不懈努力。近代动力技术，在输出功率、运转速度、能耗比等方面的持续提高，更是资本竞争驱动下技术效率追求的典型体现。

6.文化建设

效率和生存、安全需求虽然是技术发明创新的持久动力，但常常受到观念和制度文化的约束，从而使技术转向不同的演化方向。不考虑文化上的要求，我们很难理解不同民族在就餐的形式、餐具的使用、不同场合下的举止、餐食的意义等差异，也很难理解人们在大致相同的自然环境中为何会有截然不同的穿衣方式。事实上，文化本身也是技术发明的一种原动力，这方面可以列举较多的例子，如古代埃及金字塔的修造就是出于灵魂升天的信仰，也是显示法老地位和权力的手段；古代皇室和贵族不惜斥巨资修造的宫殿和礼器，也大多出于权力和等级制度的目的；古印度佛经中的钤印术成为后来中国印刷术的源头；中国道教的炼丹实践产生了最早的火药技术，也催生了大量具有实际功效的药方。

7. 军事需求

从史前时代开始，随着人类社会组织规模的扩大，氏族之间、族群之间、部落之间、民族之间、国家之间的冲突规模也不断升级，因此专门抵御敌人的武器技术不断发展起来，如长矛、大刀、剑、斧、戈、戟、钺、锏、弓箭、弩机、战车、抛石机等。上述兵器，虽然多数可以追溯到石器时代的狩猎工具上，但其在形制、结构和材料方面已经迥然不同，作为兵器的操控性、规范性、高效性和杀伤力被充分凸显出来。其中有些兵器甚至是专门为战争而发明的，如戈、戟、弩机、战车和抛石机等，都是为了便于搏击、格斗和大规模伤害而设计。不仅如此，生产和生活中的较为先进的技术也不断被移用到武器之中，如中国宋代，已经出现了以火药为爆炸物的石炮。至于现代战争，更是成为高科技发展的一个主要动力原，为取得军事对抗中的优势地位，各国都不惜斥巨资发展军事技术。科学中的重要发现和技术上的重要发明往往第一时间被用于军事领域，在有关军事技术得到充分发展后，才被转用于民用领域。核能技术的开发和利用就充分说明了这一点。

8. 技术自身的需求

石器时代以来，人类的任何一项技术发明都处于前后相继的技术序列之中，与其他技术之间形成相互依存、互相支持、协作配合的关系，独立发挥作用或独自完成某种功能的技术几乎找不到。技术之间的这种关系被称为"技术链""技术网"或者"技术体系"。这种关系的客观存在使得技术发展呈现出一定的"自主性"，即技术表现出自我发展、自我增长、自我繁衍的趋势。比如，内燃机发明后，对燃油质量的提升就提出了长期性要求，成为柴油、汽油炼制技术不断改进的重要因素，而油品的炼制又成为石油开采技术、油品储存技术、油品运输技术不断提升的内在动力。白炽灯发明后，对灯丝材料技术、电真空技术、输电线路分压技术、变电站技术等提出了急切的需求，成为电力技术综合发展的重要契机。

以上是对技术发明动因的大致分类，具体的技术发明动因千差万别、无限多样，很多无法归入以上类别之中，甚至很多技术纯粹是偶然发现的结果，并非出于某种目的和动机。比如，最初的制陶技术、冶金技术和酿酒技术都是在偶然发现中受到启发，经进一步改进完善才得以成熟推广。近代以来此类技术更是不胜枚举，如电动机、留声机、阿司匹林等均属此类。这表明技术无论出于何种动机被发明，其生存发展的前提都是要转化为社会的实际需求，为某个社会群体所认可，拥有一个稳定的使用人群，这样才不至于昙花一现，中途夭折。

三、技术发明的一般机理和过程

技术发明过程是一个由技术主体发起，综合运用多种要素，创制生成新的人造物的微观过程。这一过程包括技术主体、技术要素、技术结构、技术动力、社会（自然）环境等五方面的内容，大致经历需求→技术问题的形成→技术目标→设计方案→试制→测试→定型→使用等阶段。其一般机理和过程如图3.1所示。

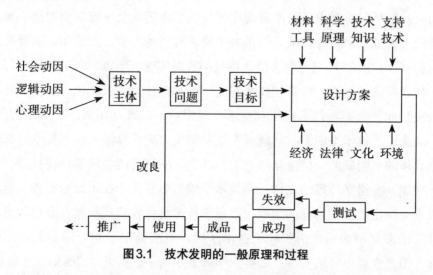

图3.1 技术发明的一般原理和过程

技术主体是指从事某项技术发明活动的个人或集体，一般由一个或多个关键性人物组成，他们是技术发明活动的发起者、从事者和责任者，处于核心地位。技术主体发明念头的出现和技术目标的初步形成取决于其自身的素质。一百多年来，对于发明家自身素质的研究可谓汗牛充栋，甚至形成了"创造学""创造心理学"等学科，通过梳理领会有关成果，可以发现发明家四个方面的基本素质受到了高度关注：一是知识结构，发明人的理论知识和经验知识储备是发明创造的前提条件；二是智力结构，直觉思维、形象思维、类比思维等思维能力在发明过程中发挥着更加重要的作用；三是心理素质，包括动机、情感、意志、心境等，合理的动机、充沛的情感、顽强的意志和专注的心境都是发明过程顺利推进的保障；四是实践阅历，技术发明是把诸多原本不相关的事物进行集成创新的过程，需要对技术条件、历史、场景、需求、问题、经济、效应、评价等方面的情况有多方位的了解，这样才能提高成功的概率。基于这四方面的素质，发明人会经历如下的"心路历程"：阅历—兴趣—认识—动机—构思—实施（意志）—完成—超我。

技术问题的形成。一般来说，各种各样需求的存在是引发创制发明的动因，但是仅有需求，而没有现实可行的手段还不会导致发明创造。如人类的飞天梦想早就存在了，但是由于缺乏航空动力学方面的知识以及必要的器材，直到20世纪初期才由莱特兄弟首次实现。所以，真正的发明开始于技术问题的形成。所谓"技术问题"就是把社会需求转化为技术上有待解决的问题，其由技术目标和技术手段组成，二者互相依赖、互相制约，共同决定了技术发明的"问题域"以及解决方案。具体来说，技术目标就是具体的、明确的、量标化的要求，其立足于已有的技术条件，且符合自然规律，有科学原理的支持；而技术手段虽然服从于技术目标需要，但从根本上决定着技术目标的形成，规定着技术目标各项指标的合理性和可行性。诸多案例表明，由于缺乏技术手段，虽然提出了相对明确的技术目标，但是也难以付诸实现。如英国学者查尔斯·巴贝奇（Charles Babbage，1792—1871）在150多年前就提出了计算机自动化的目标，设计了完整的程序自动控制方案，但是由于当时只能以卡片计数，没有可靠的硬件装置，所以该方案只能停留在图纸阶段。总体来看，技术手段的发展会推动技术目标不断提高，二者呈现出互相推进、互相转化的关系。[①]

设计方案是运用技术手段实现技术目标的初级阶段，直接决定了产品结构的合理性、工艺性、经济性、可靠性等，因此是技术发明的核心步骤，是发明能否成功的关键环节。在此阶段，技术主体运用所掌握的科学知识、工程知识和专业技能将诸多实体要素和环境要素结合起来，形成一个结构和功能最优的、可实施的产品构型。这一过程主要体现为两方面的技术设计和五方面的因素结合。两方面的技术设计：①实体设计：产品部件材质、规格型号、结构、尺寸、配合关系等；②功能—价值设计：把经济成本、社会规范、文化传统、环境要求、使用习惯等在产品中表达出来。这两方面是在同一过程中实现的，而不是前后相继的两个阶段，所以技术设计也是多方面因素结合的过程，这些因素包括自然因素、知识因素、技术因素、社会因素、文化因素等五个方面。正是认识到技术设计的多因素综合性，技术社会学家安德鲁·芬伯格（Andrew Feenberg，1943—）说，技术设计过程"是这样一种空间，其中，对发展技术感兴趣的各种社会行动者一开始就获得了发言的机会。业主、技术专家、消费者、政治领袖、政府官僚等都是合格的行动者。他们的多样化保证了设计代表了多方面的利益……技术是这些行动者的社会表达方式"。[②] 实际的技术设计过程不一定有如上人员的参与，但技术设计者却应该是这些群体的代言人。所以，技术设计"最优化原则"的背后，实际是多种因素之间的"折中兼容"，是因素间调适妥协的结果。

技术发明的动力。技术发明过程需要有持续不断的动力，这些动力可以分为三方面：主体动力、技术逻辑、社会动力。技术发明主体的兴趣爱好、好奇心、责任心和创造奇迹的成就愿望是技术发明的直接动力。在

---

① 陈昌曙. 技术哲学引论 [M]. 北京：科学出版社，1999：141.

② 芬伯格. 可选择的现代性 [M]. 陆俊，严耕，等译. 北京：中国社会科学出版社，2003：4，序言6.

这些心理因素驱使下，发明人能够持续投入，百折不挠，克服困难，开拓前行，在对未知事物的探索中和新事物的创制中实现自己的人生价值和理想。从技术自身来看，也有其内在的逻辑动力，这种逻辑动力来源于其先天的结构性。从远古时期的石器技术到现代的电子信息技术，无不是具有内在结构的有机体系。石器技术虽然简单，但从每件石器的形制到石器与石器之间的功能分工以及它们之间加工生成的关系，都可以看到石器技术的结构化、系统化的特征；现代电子技术的结构性和系统性更是空前的复杂，单看电子技术的底层元器件——集成电路，就是由百万个甚至数亿个纳米级的晶体管组成的复杂功能单元。技术的这种先天结构性是技术发明创造的内驱力。根据"格式塔"完形理论，当技术系统中缺少某个要素、某个子系统或某个环节时，技术自身为了正常发挥功能，就必然提出弥补上述缺失的需求。有关专业技术人员自然会把时间、精力和有关资源投入缺失环节的研发中。由于技术内部各部分发展的不同步性，技术体系内的平衡性会经常被打破，因此就存在着为了协同各要素或子系统而不断进行的"适应性"发明。技术内部的这种"自组织"机制也被称为技术发展的"自主性"，法国社会学家雅克·埃吕尔（Jacques Ellul，1921—1994）对此进行了特别强调，他说："自主技术意味着技术最终依赖于自己，它制定自己的路径，它是首要的而不是第二位的因素，它必须被当作'有机体'，倾向于封闭和自我决定：它本身就是目的。"[1] 技术发明的社会动力分为三方面：一是宏观社会需求，其对技术发明问题提出和技术目标形成起着引导性作用。弗里德里希·恩格斯（Friedrich Engels，1820—1895）说，社会一旦有技术上的需要，这种需要就会比十所大学更能把科学推向前进，就是这个意思。[2] 二是社会氛围的鼓励和期待，包括传统文化、政治制度、宗教信仰、社会心理等对发明创造的宽容和支持，友好的社会氛围能使发

---

① 狄仁昆，曹观法. 雅克·埃吕尔的技术哲学［J］. 国外社会科学，2002（4）：16-21.

② 中共中央马克思恩格斯列宁斯大林编译局. 马克思恩格斯选集：第4卷［M］. 北京：人民出版社，1995：731.

明人更加愉快、轻松地工作（如新教精神）。三是资源投入，技术发明活动需要有持续的资金、物资、人才投入，社会和国家对发明人在资金、信贷和税收等方面的优惠会激励发明活动持续展开。

第二节　技术的成长发育

技术发明只是技术生命周期中的第一步，被发明的技术能够进一步成长发育，发展壮大，为社会普遍接受，才是技术生命周期中最关键的阶段。技术的成长发育，既是技术自身不断成熟、趋向完善的过程，也是技术与社会互动融合、彼此接纳的过程，其中自然因素、人工因素、社会因素、文化因素次第参与，自然律、社会律、人文律交互作用，最终形成一个技术—社会系统，由此技术才算达到了一个成熟的阶段，进入稳定的发展期。上述过程构成了技术发展的微观活力机制。

一、技术的成长条件

技术发明，尤其是原理性发明（开拓性发明），就像一个新物种的出现，其能否生存发展取决于所诞生的环境条件。如果环境适宜，具备其成长发育的必要条件，那么此项新技术就可以得到应用推广，得到持续地改进和完善，衍生出相关的技术新品；相反，如果没有适宜的生长环境，那么会悄然淹没，像未发芽的种子一样消逝。技术发明的成长环境包括社会环境、自然环境和技术环境。以下则分别阐述。

1.社会环境

和平安宁的本土生活环境是民生滋养、技术发展的前提条件，战乱、迁徙、灾害则使民生困苦、百业凋敝。人类历史上，凡是国泰民安之时，都是经济和技术迅速发展的时候，如中国历史上的"文景之治""贞观之治"都是技术和经济快速发展之时，这虽与前期的技术积累有关，但更重要的是技术发明和经济活动具有了持续进行的必要条件。

经济状况直接决定了技术发明和推广应用的可能性。如果技术发明人拥有雄厚的经济实力，其所生活的社区有较好的经济基础，那么技术发明的产业化、商业化就有了重要支持。新技术一开始都需要有较多的资源投入，在没有得到回报和收益之前，如果不能有持续的资金、资源投入，那么技术发明很可能会在进入社会之前夭折。

在本土社会环境和平安宁的条件下，本土文化传统也会对技术发展产生重要影响，对技术发明形成一种"文化选择"，并引导技术发明的后续发展方向。比如，中国先秦时期的老庄哲学，对"机械""机事""机心"持贬斥的态度，对"技""能""工""巧"持褒扬的态度，这使中国的技术传统一直有重视技艺，追求"进技为道"的倾向，而对用力少而效率高的机械技术不甚关心。文化传统还会通过行为习惯和制度规范影响到技术活动，如中国延续两千多年的农耕生产和手工技艺，养成了一种依靠经验、注重工巧、恪守成规的习惯；隋唐以后的科举取士制度又把青年人才和文人阶层导向习读经典，而远离与功名利禄无关的技术生产活动。所以，一个鼓励探索发现、求实进取、包容开放的文化环境对技术发明和技术创新是至关重要的。

本土文化中的宗教氛围对于技术创新也有重要影响。与世俗观念相比，宗教意识对人精神世界的控制更为严苛，只有与宗教教义相契合的技术活动才能进行，与宗教教义相悖的技术活动则会受到惩罚。诞生于中国本土的道教，长期以来追求"修身得道""羽化成仙"，为此还进行了长期的炼丹活动，发现了许多自然知识，发明了火药、硫化汞合成工艺和多种药物配方，也使得这些知识和技艺在民间广为流传；印度的佛教在经书传抄中发明了钤印技术，成为中国雕版印刷技术的源头；15世纪中期，约翰古腾堡（Johannes Gensfleisch zur Laden zum Gutenberg，1398—1468）发明的铅活字印刷术由于天主教宣传教义的需要而得以推广，德国的宗教改革运动兴起后，印刷术成为新教徒宣传新主张的利器而大受颂扬。不过总体来看，浓厚的宗教氛围并不利于技术的发明和传播，宗教倾向于压制新思想、新观念和新事物的产生，因为后者经常会对前者形成冲击和挑战，危及既有的观念和社会秩序。

国家制度和政策也是技术创新活动顺利展开的重要条件。当代表阶级关系和权力结构的国家出现后，保障本国的安全与民生就成为执政者的头等大事，因此统治者会出台一系列奖励耕织、发展农桑等民生技术方面的政策，对于关乎国家长远发展和军事安全的技术，如农业灌溉、食盐、冶铁等也会出台专门的管控措施。时至今日，无论是处于哪个发展阶段的国家，无论是实行何种政体的国家，都会主动地改进政治和经济制度，出台新的行政和经济政策，通过"看得见的手"和"看不见的手"调控技术发明和创新行为，有意识地优化本国的产业结构，提升自身经济实力。因此制度、政策已经成为几乎所有国家调控技术创新活动的通行做法。

除以上条件外，一个社会（国家）的法律法规、教育水平、消费习惯等因素也会对技术发明的推广使用产生重要影响，因此也是技术创新行为持续展开的重要环境条件。可以设想，如果一个社会拥有相对完善的知识产权保护法律，拥有受教育程度较高的劳动人民，再加上当地人消费习惯形成的巨大市场，那么技术发明将有一片成长的沃土，技术创新行为将会有巨大的发展空间。

2. 自然环境

对硬件技术而言，由于其需要消耗一定的能量，使用一定数量和质量的原材料，技术发明后还需要有专门的使用场所，因此其对自然环境形成了某种依赖性。如古代冶金技术的发明、改进和推广，多靠近矿源地；陶瓷技术多发展于黏土和高岭土储存丰富的地区；古代造船技术多发生于江河湖海之滨。进入现代化阶段，部分机器技术也与自然地理环境有关，如蒸汽机的前身——纽可门蒸汽机最初诞生于煤矿中，用于抽排矿井渗水，同时其动力来源也是依赖于煤炭燃烧转化成的蒸汽能，所以蒸汽机的改良过程最初是围绕煤炭开采区进行的。现代石油开采技术的推广应用，也大多是在石油富集地区进行的。甚至当代的芯片加工厂，在选址时也有严苛的自然条件要求。

3. 技术环境

上一节在讨论技术发明动力机制时，曾提到技术具有先天的结构性。技术的先天结构性不仅体现在技术内部具有一定的结构构造，还指技术之间存在着分工、协作、衔接、依赖关系，各单元技术之间会形成技术链、技术群和技术体系。因此，技术内部和技术之间客观上存在彼此依赖的生态关系，这种关系对技术内部的要素和单元技术而言就是一种"技术环境"。适宜的技术环境会促使技术发明成果尽快转化为实用技术，而不适宜的技术环境会延缓甚至淹没技术发明。一般来说，当一项发明成果的应用将促进技术链、技术群中其他技术发展时，或者说其他技术为该项技术发明提供了广阔应用空间时，那么技术环境是适宜的；当一项发明成果无"用武之地"时，或者说对其他技术发展没有明显的推动作用时，那么环境可谓是不适宜的。

詹姆斯·瓦特（James Watt，1736—1819）改良纽可门蒸汽机前夕，英国工业界如采矿业（尤其是煤矿）、纺织、机器制造、冶炼、交通等对动力设备有着强烈的需求，瓦特改良的蒸汽机为这些行业提供了一种通用型的动力机，一下子大幅改进了这些行业的动力装备，极大提升了各行业的生产效率（如使英国的纺织品产量在1766—1789年提高了5倍），从而带来了第一次工业革命。这是技术发明（改良）适逢其时、适逢其地的典型案例。与此相反的案例有中国的活字印刷术，虽然毕昇发明胶泥活字印刷的北宋时期社会已经对书籍印刷有很强的需求，但是活字印刷术并没有在当时流行开来。究其原因，虽然与传统文化有关（如汉字数量很多，印刷匠人多不识字；中国的书法艺术对个性风格的强调等），更主要的是缺乏相关的支持性技术，如金属字模铸造技术、冲模机、油墨、压印机械等，而这些设备于400年后才由德国人古登堡发明出来，这使活字印刷术在被发明后的900多年里一直没能在中国本土环境中发挥应有的效能，这无疑是个巨大的遗憾。

对技术成长发育而言，环境是否适宜也是动态变化的。由于技术链、技术群中各技术的发展是不均衡的，它们之间的作用关系会呈现出动态调整的态势。原先领先的技术，可能在一段时间后变得相对落后，而原先落后的技术可能由于某项技术突破而一跃成为行业（或产业）的引领者。这种情况使技术成长的环境变得很不确定。技术发展史清楚地展示了这种不确定性。比如，在英国工业革命初期，纺织业中织布技术与纺纱技术交替前进的情形。1733—1738年，呢绒工人约翰·凯伊（John Kay，1704—约1780）发明了"飞梭"，改变了用手穿梭的织布操作，从而大大提高了织布效率。这使得纺纱技术相对落后，因为棉纱的产量已经远远不能满足织布机械的生产能力。1738年，英国人约翰·惠特（John Wyatt，1700—1766）等人研制出了滚轮式纺纱机，使纺纱生产"不再需要手指"。1764年，工人詹姆斯·哈格里沃斯（James Hargreaves，1721—1778）又发明了一种新型纺纱机——珍妮机，使纺纱的效率提高了十几倍。紧接着，工人塞缪尔·克伦普顿（Samuel Crompton，1753—1827）又发明了骡机，使纺纱的质量与效率又大大提升。纺纱技术的改进与提升使织布技术变得相对落后。1785年，埃德蒙·卡特赖特（Edmund Cartwright，1743—1823）发明了自动织布机，从而使织布技术滞后的情况得以改变。在"纺"与"织"的交替演进中，与其相关的技术也产生连锁效应，如净棉、梳棉机械化的发明与改进，漂白、印染工艺的改进，运输、起重机械的发展等。可以说，18世纪英国纺织技术的蓬勃活力拉开了第一次工业革命的序幕。

二、技术的成长机制

对人类学家和技术史家来说，一项技术的发明过程本身也许还不是最有趣的，技术发明成果在特定的环境条件下成长、发育、成熟，成为一个社会产业才是更具有学术研究价值的部分。20世纪初期以来，由于人类学家把更多的精力投入异域文明结构的研究上，对技术成长发育的研究多由社会学家和技术史家来承担。他们的研究揭示出了技术成长过程的复杂机制，发现了技术创新过程的一般性规律，因此对技术经济、产业经济和社会管理产生了重要影响。

技术的成长过程是技术与周围环境因素互动作用、融合共生的过程，通过示范推广、生效增益、改进完善、嵌入融合、编织衍生等机制实现自身繁衍生长，成为社会的一个客观组成部分。下面我们对上述机制和过程进行详细分析。

示范推广：技术发明史表明，并不是所有的技术发明都能够得到推广应用，转化为现实、可用的技术。有大量的技术发明被束之高阁，或者无人问津，或者中途夭折，从而造成巨大的智力资源浪费。所以，技术成长的第一步是要对技术发明成果进行示范推广，让潜在使用者认识到其功效和价值。在没有建立专利制度的古代社会，技术的示范推广是在传统社区的熟人群体中进行的，主要通过实际操作演示、效果呈现、游说、口口相传等方式实现。定期的集市贸易是传统社会商品交易的基本形式；在商业活动比较集中的城市，技术发明成果也可能通过行会组织得以推广；如果发明人能够成功地说服本土社会中有身份、有地位的人，如族长、乡绅、官员等，那么借助这些人的影响力，发明成果也可以较快地推广。在市场经济兴起后，技术推广传播的渠道大大拓宽，途径也更加多样化。除传统社会的推广形式外，发明人会通过实现商业化、注册专利、做广告、召开发布会、参加博览会等形式进行推广宣传。在约瑟夫·斯万（Joseph Swan，1828—1914）与托马斯·阿尔瓦·爱迪生（Thomas Alva Edison，1847—1931）为了白炽灯的优先发明权进行竞争时，二人就几乎同时运用了现场演示、做广告、注册专利、商业化应用和游说等方式，从而使这项发明在1878—1879年很快为世人所知。

生效增益：能够产生理想的效果，增加效益，是一项技术发明的生命力所在。如果技术发明仅仅停留在观赏的阶段，而没有实际应用价值，不能对生产生活有所裨益，那么此类发明注定难以推广。技术发明生效增益的方式有多种，比较常见的有以下三种：其一是比已有的同类技术在成本、效率、收益、性能等方面有明显优势（可以是其中之一，也可以是几种，或者是局部非优但综合较优），如晶体管的微型化和集成化；其二是为既有的生产生活问题提供了全新的解决方法和手段，如活字印刷术、电灯的发明等；其三是提供了一种全新的产品和服务，创造了一种新的需求空间，继而开启了一个全新的产业（生产生活方式），如电报和留声机的发明。这三种方式的基本实现路径都是商业化和市场化。相对而言，第一种情形实现商业化的过程相对容易，因为这类技术多属于改良性技术，是在既有技术基础上通过既有的营销渠道来实现的，无论生产者和消费者都有采用新技术的意愿和能力。第二种和第三种情形实现商业化和市场化的过程则相对困难一些，因为这些技术多是开拓性技术（原理性发明），是原先不曾有过的全新的技术设备和工艺方法，需要重新投资建设而不是在原有技术基础上进行较小的改动，所以需要较多的资金投入，且面临市场需求不确定的风险。对第三种情形而言，甚至还存在着推介宣传，唤起新需求，开发新市场的重任。古登堡发明铅活字印刷机后，立刻借款投资建立印刷厂，把许多精美的印刷品推向社会。虽然因本人经营不善而多有坎坷，但激发了众多社会资本投资到这个行业中，从而使西欧社会在1450—1500年的50年间诞生了1000多家印刷厂。欧洲各地的商人通过印刷厂赚取利润，而普通民众通过印刷术的普及增长了知识、开阔了眼界、提升了文化素养。[①]

改进完善：新技术尤其是原理性发明带来的新技术，一开始都是不完美的，需要在后面的使用中不断加以改进和完善，构建相应的辅助配套技

---

① 中山秀太郎. 技术史入门［M］. 姜振寰，译. 济南：山东教育出版社，2015：47.

术，同时为其核心产品找到更多的应用渠道。技术的自我改进和自我完善机制是技术成长的内在动力，隐含着技术发展的路线和成长空间。这一动力机制反映在社会层面上，就是以技术为基础的企业竞争和商业竞争，最终表现为产业的分化离合和兴衰更替。蒸汽机发明后不断改进的历程是这方面的典型案例。1705年，托马斯·纽可门（Thomas Newcoman，1663—1729）就与助手约翰·卡利（John Calley，？—1725）发明了用于提水的大气式蒸汽机，经过7年改进，1712年，在英格兰的米德兰地区投入使用。纽科门的蒸汽机相较于之前的畜力提水机虽然是巨大进步，但是仍存在重大缺陷，比如，动力部分是单缸单向直线运动，冷热交替做功，热效率极低（不足1%），且结构笨重。之后，英国机械师约翰·斯密顿（John Smeaton，？—1792）等人不断尝试对其进行改进。瓦特的改进应该是最重要的。1765年，瓦特成功研制出了同汽缸分离的冷凝器，同时在汽缸外加装绝热层，以减少热损失；1782年，又成功研制了具有连杆、飞轮和离心调速器的双向运动蒸汽机，把原来的直线运动转化为圆周运动，使之成为可以通过传动装置带动一切机器运转的通用动力机。这种通用动力机的出现为当时所有需要动力驱动的行业提供了前所未有的机遇。传统的水磨动力机械、纺织印染机械、起重吊装机械、采矿业、冶金业、各种机床等行业，因为蒸汽动力机的使用而焕发青春；新兴行业如有轨机车、蒸汽船等因为与蒸汽机相遇而蓬勃发展，一日千里。瓦特之后，蒸汽机仍不断处于改进之中，1804年，英国的亚瑟·沃尔夫（Arthur Woolf，1766—1837）造出了双缸复涨式蒸汽机，英国的理查德·特列维西克（Richard Trevithick，1771—1833）、美国的奥利弗·埃文斯（Oliver Evans，1755—1819）等人又造出了高压蒸汽动力装置，到1840年，蒸汽机热效率已从瓦特时的3%提高至8%。蒸汽动力技术的不断改进与完善除工程技术人员的贡献外，最重要的要归功于当时的资本主义竞争关系。在当时英国自由市场经济条件下，为了在经济竞争中处于有利地位，资本家们争先恐后地采用新技术，提高生产效率，降低成本，榨取更多的剩余价值，获得超额利润。所以，恰逢其时的社会条件也是技术成长的重要因素。

嵌入融合：新技术在推广之前，好像一位新生儿，还没有获得社会性身份，更没有建立广泛的社会关系。技术的示范推广，就是让新技术融入社会，建立社会关系，获得社会身份的过程。所以，技术的成长过程也可以称为"技术的社会化"过程。技术的社会化过程简单地说，就是技术嵌入社会，与社会各部分融合生长的过程，通过与社会的经济、文化、政治、宗教等部分的结合而成为社会存在的一部分。因此，技术的成长发育也可以表述为技术的社会化程度不断加深的过程。这一过程既表现为技术自身的不断发展完善（质与量的提升），也表现为经济与社会效益的不断增加，更表现为技术的社会建制化的扩展。以14世纪以后钟表在西欧社会的使用为例。欧洲最早的机械钟可以追溯到13世纪后期的修道院中，很可能起源于当时修道院中的水钟和打铃装置。[①] 14世纪30年代，以重力为驱动力具有擒纵机构的大钟已经被安装在城市的公共建筑物上，为市民提供报时服务。之后，机械钟除继续在修道院间传播外，还逐步应用到工厂、作坊、学校、政府机关等公共场所。15世纪之后，由于螺旋弹簧、发条装钟摆和游丝等部件的逐步发明，机械钟越来越小型化、精致化，这为其步入家庭成为生活必需品创造了条件。机械钟从修道院向欧洲社会各领域的渗透具有历史必然性。中世纪的欧洲笼罩在深厚的宗教氛围中，修道院的修士们过着清苦、沉闷、呆板的生活，每天都需要在固定时间里祈祷、忏悔、读书、劳动、就餐、休息等，所以客观上需要准确的报时装置来安排作息。机械钟发明后，首先迎合了修道院生活的需要，所以会在修道院之间进行传播。机械钟向社会其他部门和家庭的传播除修道院的示范性作用

---

① 吕天择. 对机械钟技术起源问题的考察 [J]. 自然辩证法研究，2017，33（12）：65-70. 在机械钟起源问题上，还存在着不同看法。以著名科学史家李约瑟（Joseph Terence Montgomery Needham，1900—1995）为代表的部分学者认为，现代机械钟的技术源头在中国，公元725年左右，唐朝的佛教僧人一行与另一位发明家梁令瓒合作发明了"擒纵器"——所有机械钟的核心部件。在此基础上，北宋时期苏颂和韩公廉等人创出当时世界上最为复杂的机械装置——水运仪象台。13世纪，这项技术经由阿拉伯人传到了欧洲。但是迄今为止，还没有充分的证据支持这种看法。

外，最主要的原因是 14 世纪后期开始的资本主义经济发展。在欧洲各主要城市兴起的各类工厂（场）、作坊，以及为经济服务的各类组织和社会管理机构，同样需要统一的计时装置来安排生产作业过程，协调有关生产、交易和管理活动。与此同时，在以雇佣关系为主的城市生活中，家庭生活也必然要求与工厂（场）和其他组织的作息制度相协调，所以机械钟表的普及应用就势成必然。当人们以机械钟来指示自己的起居作息安排时，一种新的生活方式就出现了——同步化、机械化、精确化、制度化、效率化的生活方式，旧时代散漫慵懒的生活方式逐渐远去。就这样，钟表与社会通过互相成就的方式紧密结合到一起，钟表技术深度嵌入社会机体的每一部分，社会也几乎不加抗拒地以钟表技术来规划自身的运行。钟表技术所获得的社会身份及其重要意义几乎超越了 20 世纪之前任何一种人造物。

　　编织衍生：这里的"编织"只是一个形象化的表述，用于表示技术发明之后通过与其他技术结合而衍生出新的技术与产业。人类与生物物种之间存在着繁殖壁垒不同，技术种类之间几乎不存在转移、嫁接、融合的障碍，只要在方法、原理、材料、结构、外观等方面存在相似性或互补性，原则上都是可以借用的[①]。所以，技术主体对于自己的发明成果积极地寻求"它用"或"借用"，建立广泛的技术联系，催生更多新的相关产业，构建技术群或产业群，就是一项长期性的任务。这种形式可以看作一种跨界发展，也可以看作技术嵌入社会的一种特殊机制。几乎所有现代技术都存在着这样一种扩张机制，如电子计算机技术出现后，通过与传统的光学技术、机械技术相结合，集成开发出数码相机这样一种全新的产品，给影像产业带来一次深度革命；激光技术出现后，通过与传统的金属加工业结合而开发出激光切割器、激光焊接器等，与医疗技术结合开发出激光手术刀、激光全息仪，与农业的结合开发出激光育种技术，在地理科学方面则有激光测距和激光导航等。事实上，关于技术的编织衍生机制，发明社会学家塔尔德很早就认识到了。在 1903 年出版的《模仿律》一书中，他提出

---

① 巴萨拉. 技术发展简史［M］. 周光发，译. 上海：复旦大学出版社，2000：150.

了发明的积累原理，即发明是对之前发明的模仿与组合，而发明本身又将被模仿组合为新的发明。其中存在一种逻辑联合（logical union）机制，即技术发明之间的相互利用与组合关系，例如，车辆与家畜组合成马车、磨石与明转轮结合成磨坊等，使技术发展呈现出积累性与渐进性特征，"长弓存在于弩机之中，弩机留存于火绳枪和大炮之中。原始手推车留存于弹簧马车之中，马车又留存于机车之中；机车击败了马车，但是它又吸纳了马车，同时增加了一些新成分：蒸汽和更快的速度"[1]。由于可供组合的要素越来越多，技术的编织与衍生速度就越来越快，技术发展也就呈现出加速发展的态势。

上述技术成长发育的五种机制可以用图3.2表示。

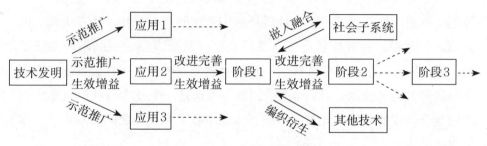

图3.2 本土技术成长发育机制

在技术发展过程中，以上五种机制是协同发挥作用的，其间参与的主体、要素、动力与时间有所差异。示范推广一般发生在技术成长的初期阶段，由发明主体来组织施行，发明人的兴趣、热情、欲望和成就感是主要动力；生效增益、改进完善、嵌入融合和编织衍生主要发生于技术成长的中后期。在中期阶段，技术的改进完善和生效增益更为迫切和关键，主要有工程技术人员和企业家来主导施行，需要引入新的知识、专业技能和工具设备，同时优化资源配置，组建高效合理的生产、销售流程。在中后期，嵌入融合和编织衍生是技术发展壮大的关键机制，需要由商界领袖联

---

① TARDE G. The Law of Imitation [M]. New York：Henry Holt and Company, 1903：180.

合政界、产业界和金融界来施行，动员的要素包括技术、政治、经济、文化等方面的因素，目的是获得长期、稳定的优势地位，确立一个跨界的强大组织系统。以上是一种技术成长发育的理想状态，实际的技术发展有多种情形。有很大比例的技术发明没有获得推广应用的机会，也有很多技术发明在沉寂多年后才引起社会的关注，也有的发明成果刚刚推出就被淘汰了。另外，技术的成长发育机制与技术所处的社会环境息息相关，在以自给自足为基础的社会和以市场交换为基础的社会中，技术传播的渠道和方式有很大不同，相应的动力机制也迥然不同，所以需要因时、因地分析。

三、技术的成熟——技术—社会系统的形成

以上可以看出，一项原理性技术发明从构思设计到实现产业化，从改进创新到融入社会，是一个与周围环境因素之间互动建构、相互生成、彼此调适的过程。在理想状态下，最终会形成从微观到宏观的不同系统结构，通过嵌套自组织的方式成为一种社会建制——技术—社会系统。我们之所以称其为"技术—社会系统"，是因为这是一个技术与社会其他因素之间复合生成的"异质元素"系统，体现了技术与社会之间密不可分、多元集成的特点。

技术发展的系统性特征，很早就引起了学者们的关注，并产生了诸多有关理论，这里我们对20世纪以来有代表性的"技术系统理论"进行简要述评，以鉴照我们的思考。

法国发明社会学家塔尔德在《模仿律》中明确提出了发明的"构成性"和"系统性"特点。他认为发明都是对已有发明的组合，是发明家借助天才的构思对既有发明成果进行创造性构建而成，因此，发明也是一种模仿。下面从其汉译节选本中引述相关观点。"即使最具有原创性的发明也只不过是过去发明的组合而已"[①]，"任何一种机器都只是将略为简单的机器、弹簧和力量加以结合而已，这些东西早就为人所知。新的构想就是从

---

① 塔尔德，克拉克. 传播与社会影响 [M]. 何道宽，译. 北京：中国人民大学出版社，2005：76.

以前的发明中衍生出来的，这些发明通过模仿推广之后在发明家一个人的脑子里交汇。任何一种发明，理论的也好，实用的也好，只不过是由许多模仿复合而成的"①。然而，仅仅靠模仿组合就能体现新发明的"创造性"吗？显然不是，新发明的"创造性"和"新颖性"来源于新组合的系统构成性。由于不同的异质要素组合成了一个具有新结构和新功能的人工系统，所以这个新的人造系统呈现出了原来单个要素所不具有的新性质，即新质的诞生。从当代系统科学的角度理解，这即"1+1>2"的效应。基于对发明的这种系统构成性的认识，塔尔德提出了技术发展的"积累原理"和"不可逆原理"。积累原理是指，由于发明的组合与创新机制，技术发展呈现出渐进积累的增长趋势；不可逆原理是指，发明的组合关系（系统构成性）具有时间上的先后顺序以及结构上的层级关系，技术发展具有内在的逻辑关系和演化谱系，从而呈现出一定的方向性。塔尔德的上述思想影响了后来的奥格本和肖恩·科拉姆·吉尔菲兰（Sean Colum Gilfillan，1889— ）等人。在奥格本看来，发明是"被界定为现存的和已知的文化因素的综合，物质的和非物质的文化的综合"②。吉尔菲兰提出了38条"发明的社会原理"，其中第1、2、3条与塔尔德的理论有高度的相似性。第1条可以表述为，发明是一个持续的改进过程，类似生物的进化，没有始点，也没有终点。第2条可以表述为，发明本质上是多种不同的要素组合成一个复合体的过程，此复合体包括"物质对象的设计，操作工序必需的科学要素；组成材料、制造方法、原料（如燃料）、积累的资本（如可被使用的工厂和船坞）；有技能、有想法的人才队伍，金融支持和管理；其他相关联的目的和用途，以及大众评价"。这些要素中的绝大多数又各自具有自己的可变要素。复合体中任何一个要素的变化将改变、激发、弱化或完全抑制技术的整体发展。第3条可表述为，发明来自先前已有的技术，是

---

① 塔尔德，克拉克. 传播与社会影响 [M]. 何道宽，译. 北京：中国人民大学出版社，2005：123.

② 奥格本. 社会变迁：关于文化和先天的本质 [M]. 王晓毅，陈育国，译. 杭州：浙江人民出版社，1989：194.

先前已知观念的新组合。①吉尔菲兰的上述观点并非只是对前人思想的复述，而是建立在他对轮船的发明史研究基础之上的，1935年完成的《轮船的发明》是他所提出的38条"发明的社会原理"的基石。

法国著名的技术史家贝特兰·吉尔（Gille Bertrand，1920—1980）在进行技术史研究时，形成了系统的"技术系统"思想。"技术系统"不仅是他技术史理论的基本概念，也是他的基本研究方法和指导原则。在吉尔看来，技术首先是以系统形式存在的一系列人造物的组合，技术系统是指技术要素之间、技术与技术之间在不同层次上进行结合而形成的静态与动态依赖关系。②这些关系遵循一定的运行规律和作用机理。技术系统的每一层次依赖于若干较低的层次，同时，它又被一个更高的层次所包含，从而形成一个相互影响、彼此协调、互动适应的有机整体。具体来说，技术系统包含三个层面：其一是技术结构（the technical structure），即一项单位技术的内在构成，可以是像锤子一样由锤头和手柄组成的简单结构，也可以是像蒸汽机一样由机械结构、动力结构和热学结构组成的复合结构；其二是技术整体（the technical ensemble），即为完成一种技术行为而由一组彼此支持的技术组合而成的整体，如冶金技术中的选矿技术、燃料技术、熔炉技术、鼓风技术形成的技术复合体；其三是技术连接（技术链，the technical concatenation），即技术整体之间由于依赖关系而形成的复合体，如由于上下游关系而组成的产业链，目的是向社会提供某一类型的最终产品。吉尔认为，只有从技术系统的角度才能准确描述技术发展变化的状态，揭示技术进化的微观和宏观过程，揭示技术与社会其他系统之间冲突调适、协同演变的机理。传统地把技术发明看作孤立、随机事件以及把技术看作必然事件并决定社会进程的观点，都会在技术系统理论下显示出其局限性。"无论我们考察哪一个层次、哪一个年代，发明家的自由总是被该发明对应的要求而严格地规范和限制的。因此，不仅发明的选择，而且

---

① GILFILLAN S C. The Sociology of Invention［M］. Chicago：Follett Publishing Company，1935：5-6.

② GILLE B. Histoire des techniques［M］. Paris：Gallimard，1978：Ⅷ-Ⅹ.

发明的年代，都是由科学的进步和一切相应的技术发展以及经济的需求等条件决定的。"①吉尔认识到，在技术系统之外，还存在着经济、科学、政治、文化等其他社会系统，这些系统同样会对技术系统形成约束和相干的关系。这样技术系统的变化和革新就不单单受体系内部协调一致的要求，还受到与其他体系保持和谐一致的要求约束。从更开阔的视野看，社会就可能不是服从于随机出现的技术发展，无条件地接受技术领域的新成就、新变化，并被动地加以应用，而是必须在包括经济、政治、文化和军事等众多领域的平衡中来安排未来。大量案例表明，新技术也可能受到排斥，如中世纪行会对新的纺织技术、染色技术、机械漂洗方法的拒绝，他们敏感地认识到新技术将会破坏他们已有的规章制度和既有的生产组织结构，进而是对社会秩序的破坏。贝尔纳·斯蒂格勒（Bernard Stiegler，1952—2020）认为，吉尔的技术史理论一方面揭示出技术系统的内在动力和内在逻辑，另一方面也揭示出技术系统与其他社会系统之间的互动关系。技术系统的这种逻辑普遍性在人类学家和民族学家勒鲁瓦－古尔汉那里以"技术趋势"理论呈现出来。

　　除吉尔外，美国技术史家休斯也独立地提出了"技术系统"理论。受到20世纪80年代兴起的社会建构论思想影响，休斯对技术人造物的系统性特征进行了全新的分析。休斯认为，技术史的研究不应是对特定发明或发明家的记录和描述，而应是考察整个技术系统的演化。这里的技术系统不仅包括具有物理客体的人造物，还包括组织机构、法律、教育、科研、自然资源等因素，它们因参与技术形成、演变过程而被纳入技术系统之中。"技术系统包括杂乱的、复杂的和致力于解决问题的组分，它们既是被社会建构而成的，又是进行社会形塑的因素。"②作为技术系统一个组分的人工制品（无论是有形的还是无形的）必定与作为组分的其他人工制品

---

① 斯蒂格勒. 技术与时间：爱比米修斯的过失［M］. 裴程，译. 南京：译林出版社，2000：41-42.

② HUGHES T P. The Evolution of Large Technological Systems［M］// BIJKER W E, HUGHES T P, PINCH T. The Social Construction of Technological Systems. Cambridge：The MIT Press, 1989：51.

处于相互作用之中，它们直接地或间接地通过其他组分服务于共同的系统目标。休斯的技术系统理论，打破了传统技术研究中"技术"与"社会"二元独立的局限，认为在技术形成的所有阶段都存在着社会因素的参与，技术的所有组分既是为社会所建构的，又是形塑社会的，因此，不可能将社会因素从技术中分离出来，二者交织形成"无缝之网"。所以，他所理解的技术系统，更确切地应该称为"技术—社会系统"。"技术—社会系统"理论有助于打开"技术黑箱"，"深描"技术形成和演化的微观过程，揭示政治、经济、科学、文化与技术因素之间相互嵌入、彼此作用的关系。除"无缝之网"外，休斯还提出了"系统建造者""技术风格""技术动量""逆向落后部"等概念用以描述技术系统的动态演化过程。通过研究20世纪初期美国的电力系统、马斯尔·肖尔斯大坝、第二次世界大战（以下简称"二战"）后计算机技术发展等案例，最终形成了其社会建构（形塑）论的技术系统观。在此视域下，技术发明、创新、转移、竞争、成熟等问题都具有了与传统观念不一样的内涵，相关内容在本书第一章第三节中已经有所表述。

　　总体来看，上述技术系统理论具有以下共识：①对于技术演化（进化）必须从系统的角度去研究，而不能局限于个别发明、个别技术、个别事件，否则就会犯"见树木不见森林"的错误；②技术系统由不同的要素组成，要素之间具有内在的联系，要素的变动决定着技术系统的性质和发展方向；③技术系统中存在着不同的层级构成关系，下层系统具有较强的稳定性，上层系统对下层关系具有约束关系，层级间不可还原；④技术系统具有生命周期，当系统中的核心技术潜能接近极限值后，系统就面临着革新、嬗变的可能。在上述共识之下，它们的差异也是明显的，通过梳理有关内容，可以看出如下理论发展趋向：①对于技术系统刻画逐步清晰，系统描述从"浅描（宏观）"到"深描（微观）"，从"静态"到"动态"；②从技术系统外部研究转向技术系统内部研究，从"技术系统"转向"技术—社会系统"；③从重视"技术本身"转向重视社会因素，从"技术→社会"单向模式到"技术—社会"双向模式；④从技术自主论、决定论到技术建构论、偶成论。以上学术回顾，为笔者清晰描述成熟阶段的技术状态、准确地揭示其基本特征提供了学术基础。

参照以上理论成果，基于笔者在上一小节中对技术成长机制的分析，可以对成熟阶段的技术状态——"技术—社会系统"进行如下描述。

系统的建造、原理性技术发展成熟的标志是形成一个稳定的技术—社会系统。该系统的要素具有多样性、异质性和情境性特点，它们可以是人工实物、自然资源、科学知识等技术因素，也可以是经济、教育、法律、社会制度、文化传统等社会因素，可以是"物"的因素也可以是"人"的因素，后者如发明人、企业家、投资人、管理者、竞争者、用户、消费者等，它们可能因某一种技术的原因而结合在一起。把这些因素结合为一个有机整体需要一位或数位"系统建造者"，建造者有动机、有能力围绕一项技术活动把上述要素动员起来，构建一个联结各方利益的结构系统。该系统通过内部的运行机制维持着各要素之间的关系，并动态调整着随时可能出现的局部性突变，把暂时性失衡拉回到正常状态。技术—社会系统的构建是一个较为长期的过程，从偶然的技术发明行为，到生产企业，从个别企业到行业联盟，从一个行业到产业集群，再到社会的一个技术部门，分别存在着不同的系统规模和结构形式。这些不同阶段的系统分别有发明人、企业家和商界领袖主导建造。随着系统层级的递进，技术与社会其他因素之间结合的广度和深度逐渐增加，最后成为社会宏观结构中的一个组成部分。这时候，技术完成了社会化的历程，在多种社会因素作用下，塑造为社会有机体不可或缺的器官，而社会也在技术作用之下，实现了局部改造，完成了一定规模和程度的革新。一个新的技术—社会有机体开始按照形成的规则和模式运转。

系统的发展，一个技术—社会系统形成一定规模后，就具有了发展的惯性，即系统的技术改进、创新表现为在既有技术原理和既有技术基础上量的扩张。这主要体现在两方面：一是技术体系内的专利、产能不断增加，辅助技术不断增加和完善，从而使关键（核心）技术的潜能充分释放，生产和服务呈现稳定提升的态势；二是技术体系外有更多的资源和领域被纳入系统中，社会生活的其他领域不断被该技术—社会系统殖民化。这样一种趋势被称为技术发展的"自主性"，学界有不同的概念来反映这种现象，如休斯的"技术动量"、乔瓦尼·多西（Giovanni Dosi）的"技术范式""技术轨道"、平奇和伯杰克的"技术框架"。这些概念虽在内涵上稍有差异，但都表示技术发展到一定阶段后所具有的"势不可当"的特征。对于技术社会—系统这种趋势形成的原因，至今还是学界讨论的一个重要课题。笔者认为，对这一现象的解释，需要从技术的内在逻辑、自然规律（科学知识的供给）、经济规律和社会系统的自组织机制方面去寻找原因，不可过多地求助于一些形而上的原因（如海德格尔的"促逼"）。当然，技术的惯性发展不是无限度的，当其技术潜能发挥到一个阈值后，就会遭遇"天花板"，技术—社会系统的变革在所难免。

系统的调节，一个技术系统的成熟首先表现为具有良好的自我调节能力，当系统内、外部因素发生变化时，能够通过内部的平抑机制，及时调整各部分之间的关系，减少局部变化造成的波动，以保持系统总体的稳定性。系统的自我调节一方面使技术—社会系统本身保持一定的发展惯性，另一方面也使技术—社会系统减小了内部突发变动和外部干扰造成的风险。技术系统之所以能够实现自我调节，减缓波动，与其内在结构有关。技术系统形成后，围绕其关键核心技术会形成一个"硬核区"，与外部环境的接触部位会形成"外层保护带"，介于二者之间的区域则是由次生技术与中游产业构成的"内层保护带"。来自系统内、外部的变动经过保护带的缓冲而使波峰变小，从而使系统总体保持稳定。[1] 正常情况下，技术系统内的改良性革新会使技术系统本身得以优化，从而促进技术系统的进化。由于技术系统内各部分之间发展速度的不同，技术革新的步伐不一致，会造成系统整体发展比例上的失调，这时候，通过价格机制、供求关系、协商机制、政策调整等可以使其恢复协调。但是，如果技术系统内出

---

[1] 郑雨. 休斯的技术系统观评析 [J]. 自然辩证法研究，2008（11）：28-32.

现某种颠覆性的新技术，有可能动摇已有的技术基础，或者此项新技术的应用有可能造成系统内较大规模的技术更替，从而付出较高的成本，那么这样的新技术是不会受到鼓励的，多数情况下会遭到行业封锁和压制，以维持其既有的利益格局。如果技术—社会系统遭遇到外部因素较大的干扰，那么系统会凭借其强大的内部凝聚力及其对国家政权（或其他社会力量）的影响力进行应对，以保持系统安全。但是任何系统的调节能力都是有限的，当系统内部出现严重失衡时，或者出现外部因素强有力的挑战时，技术—社会系统可能会因无法维持现状而发生变革。

系统的变革，这是指技术—社会系统发生的全局性、基础性变化和革新，是除旧布新的质变，而不是在既有轨道和范式下的改良性变化。当一个技术—社会系统经过较长时期的稳定发展后，关键（核心）技术的潜能已经充分释放，技术成长的空间已经非常有限，这就步入了所谓产业技术的"夕阳时期"。这时候，伴随着一系列替代性新技术的出现，原有的关键（核心）技术变得"落后"，相应的产业技术就面临着转型升级、更新换代的可能，抑或是"关、停、并、迁"为新的技术系统所代替的局面。但是在既有技术—社会系统中，技术与社会已经充分融合，相互嵌入，多种异质要素熔铸为一个命运共同体，所以系统的剧烈改变会造成巨大的社会冲击，引发较大的社会动荡。第一次工业革命以来，历次重要的技术变革和产业迭代都造成了社会结构的失衡，加上经济周期的叠加影响，往往引发严重的社会危机，甚至引发阶级冲突和社会革命。鉴于历史教训，当新的替代性技术出现，原有的产业技术出现停滞趋势，新的技术投资边际收益甚微时，技术—社会系统的主导者就应及时做出规划，有步骤、有顺序地，分期、分批地对技术系统进行改造升级，以渐进的方式实现技术—社会系统的"脱胎换骨"。经过"系统再造"后，技术与社会实现了新条件下的结合，社会生活焕发了新的活力。二战之后，新技术革命下的产业转型大多是以上述渐进的方式实现的，国家（地区）政府在技术创新、产业规划和社会转型中的作用日益增强，通过综合运用财政政策、货币政策和转移支付等手段，实现对技术—经济—社会系统的计划性调控，以实现技术、经济和社会协调发展的总体目标。

以上是对技术—社会系统的理想化描述，实际的技术情形和社会情形非常复杂。由于技术种类千差万别，技术之间既有竞争替代，又有互补共生以及交叉融合的关系，技术的应用环境又各不相同，所以技术—社会系统的存在方式和演化方式有很大的差异。例如，有的技术—社会系统有相对清晰的内核和边界，有的技术—社会系统则相对模糊，只是不同技术（部门）之间的一种松散结构关系，没有清晰的内核与边界；有的技术—社会系统有很强的自组织能力，对外界环境的变化有很强的抗干扰性，有的则组织调节能力很差，容易在外界条件改变时走向解体；有的技术—社会系统十分活跃，容易与其他子系统融合重组，生成范围更大、层级更高的系统，有的则惰性十足，几乎从不变化；等等，不一而足。

第三节　技术与社会的互动

技术—社会系统概念为我们理解技术与社会之间的互动关系提供了一把钥匙。之前，人们只是从现象上直观地认识到技术变化会引起社会的变化，而社会政治、经济、文化环境的变化也会对技术发展起到阻碍或者促进的作用。但是技术变化是如何发生的？技术变化通过什么样的机制和途径影响社会？社会反过来又是如何影响技术的？社会以什么样的途径和方式影响技术的变化？这些问题在"技术社会建构论"出现之前，还没能得到很好的解答和说明。作为"技术社会建构论"成果之一的"技术—社会系统概念"为我们回答以上问题提供了方法论指导。

一、技术的相对独立性说明

行文至此,我们已多次使用"技术与社会"这样的表述,意指技术作为社会的一个组成部分(或者子系统)与技术总体之间的关系。其言外之意还有,技术作为社会的组成部分(要素或子系统)之一具有相对的独立性,与社会其他部分相比具有质的不同,是其他社会部分所不能代替的部分。但是,有一种观点认为,技术是在社会场域中形成的,其一开始就是在各种社会因素作用下产生的,在后面发展的每一阶段也都有社会因素的参与,因而技术从本质上讲是"社会建构"而成的,可以归结、还原为社会因素。[①] 如是,那么技术的独立性就不存在了,也就无法讨论"技术与社会的关系"这样的命题了。所以,我们有必要对上述观点给予简要评析,以方便展开后续内容。

对于后一种观点,我们需要批判性地看待。一方面其正确地认识到了技术形成发展中社会其他因素的作用,技术是"为人"而存在的,时时处处表现出"人为"的特性,因此不是绝对"自主的""自足的"。另一方面也要看到,该观点忽略了技术中还包含着自然因素和自然规律,这些因素不能归结、还原为社会因素,是社会所不能完全决定的。前者如构成近代机器技术的基本材料——钢铁,它具有坚硬、耐磨、较好的导热性等物理特征,是传统的木质材料所不能替代的;后者如水的受热汽化特性、热力学第二定律、热能动能转化规律等。它们具体表现为原材料(包括自然材料和进行过加工的材料)和科学知识。二者虽然某种程度上都受到特定时代社会因素的影响,但影响的方式和效果是有限的。就原材料而言,表现为供应量的多少、成本多少以及部分质量指标(如不同时代生产工艺所影响的物理、化学性能指标),但对于钢铁材料本身和制造机器(如蒸汽机)所要求的关键性质量指标(如蒸汽机缸体所用的灰口铸铁含碳量为2.7% ~ 4.0%)则是社会因素所不能改变的,具有刚性要求;就科学知识

---

① 如第一章中 SST 理论的"强纲领"学派。

而言，社会的影响表现为人对自然现象的认知程度和知识传播的情况等，但对自然规律本身也不能改变。不仅如此，基于自然因素和自然规律形成的技术原理也具有客观必然性，并不是社会力量能够改变的。比如，由于蒸汽机的使用，机器技术系统的内在构件组成发生了质的变化，原来所用的纺机和织机多用木质材料，使用蒸汽机做动力后，这些木质材料要全部更换为钢铁材料，以适应蒸汽机在功率输出和连续工作方面的刚性要求。与此相应的还有维修设备和零部件的制作，也需要根据机器体系的自动化、标准化和规模化要求进行结构性设置。

事实上，持社会建构论的学者中，也有人认识到了技术中存在着不可塑造的因素，因此主张弱的社会建构论。如劳等人认为技术中包括可塑因与不可塑因。在研究英国军用飞机 TSR-2 研发案例中，劳发现飞机的空气动力学规律是很难塑造的一个因素，所以他提出"顽固性（obduracy）"和"可塑性（malleability）"这一对概念，用于表示技术网络中参与因素可被改变的程度。顽固性强的因素其可塑性就差，顽固性弱的因素则其可塑性就强。技术组分的这对性质因情境而变，并非与生俱来，所以并不意味着社会因素总是可塑的，而自然因素始终是顽固的，哪种因素更顽固或可塑完全取决于技术形成过程中"行动者网络"的结构状态。[①] 笔者认为，在改良性技术发展过程中，某些非关键性的自然因素指标确实存在着可选择、可替代性，但是在原理性技术发明的开端，其技术原理以及技术原理背后的自然规律是不可选择、不可替代的，否则就不可能产生所谓的原理性发明。

鉴于以上理由，笔者认为技术物和技术活动具有不同于其他社会现象的独特本质，兼有自然属性与社会属性，是物质实在性和主观意向性兼备的创造性实践形式，不能完全归结为其他社会因素。技术具有社会建构性，但不完全是由社会建构而成的，更不是社会能完全决定的。正因为如此，在鲜有交往的不同社会文化中，人类学家们会发现有许多几乎完全一

---

① 邢怀滨. 社会建构论的技术观 [M]. 沈阳：东北大学出版社，2005：55.

样的技术，因为自然原因和人的基本生理、心理需求具有很大程度上的一致性，所以体现在技术活动中，就会有相同（似）的人造物产生。

二、技术对社会的作用

技术作为社会的一个相对独立部分，对社会产生作用是借助于"技术—社会系统"实现的。技术史表明，并非所有的技术发明都能够对社会总体造成实质性影响，有些技术从发明之时起就被束之高阁、无人问津，有些技术昙花一现，中途夭折，也有些技术历经坎坷、功败垂成。只有那些最后与社会系统结合稳定的技术才得以持续发展，对社会产生实质性影响。所以，探讨技术对社会的影响，应该通过"技术—社会系统"作用机制去分析，而不能在现象层面通过事例枚举进行说明。

技术的创新与迭代更新着社会的物质基础。技术的首要功能是为社会生产和生活提供所需要的各类物资、构建起社会有机体成长所必不可少的"骨骼系统"和"肌肉组织系统"，因此生产技术在技术体系中居于中心地位。生产技术的建立为持续地向社会提供各种物质产品和服务提供了保障。无论是常态技术范式下的技术改良活动，还是处于范式转换期的技术—社会系统迭代，都使社会有机体的物质生活基础处于不断变化之中。社会在生产、生活物资的量变与质变中，实现着自我更新和演化更替。"仓廪实而知礼节，衣食足而知荣辱"[①]，体现了在传统社会中充足稳定的生产供给对于礼制教化、安邦抚民所起的作用。"民多利器，国家滋昏；人多伎巧，奇物滋起"[②]则表达了古人对新的技术手段和产品创新可能造成的社会变化的担忧。进入工业社会后，恩格斯对于当时技术系统的革新给社会造成的巨变进行了揭示，"蒸汽和新的工具机把工场手工业变成了现代的大工业，从而把资产阶级社会的整个基础革命化了。工场手工业时代的迟

---

① 史记·卷六十二·管晏列传 [M]. 北京：中华书局，1959：2132.
② 陈鼓应. 老子今注今译 [M]. 北京：商务印书馆，2003：280.

缓的发展进程变成了生产中的真正的狂飙时期"。[1] 由于生产工具和生活器具为物质文化的演变提供了实物参考，所以在人类学家和社会学家那里，技术水平和技术能力成为衡量一种文化和一个社会所处发展阶段的标志。

技术活动的组织方式影响到社会的行为方式和组织结构模式。一个技术系统的组织方式会波及、延伸到社会有机体的其他部分，甚至成为一个社会通行的生活方式和组织结构模式。以近代蒸汽机技术系统发展为例，由蒸汽机驱动的各种工作机和传动机构组成的机器体系具有自动化、一体化、规模化等特点，相关的技术劳动组织不得不适应机器运转的这种特点，进行工作班组划分，明确岗位职责，制定衔接流程，核算考核指标，以便与机器运转的节奏、程序保持一致，确保机器生产线运转的连续性、批量性、效率性和精准性。"工厂中所有的机器都有固定的功能程序，不断重复着相同的机械动作，因此，操纵和监管机器的工人也必须与机器的运转节拍相适应，使自己的操作行为模式化、标准化、固定化，只有这样他们的劳动才能具有效率。"[2] 与此同时，生产单位的组织管理系统也必然被要求与生产车间的劳动组织协调起来，发挥其指挥、协调、控制、计划和领导职能，形成一个科学严谨的管理系统。在资本主义制度下，工厂中的这种技术组织方式迅速成为整个社会的行为模式和组织结构模式。为保证社会生产的正常进行，围绕工厂形成的"技术—社会系统"必须以工厂的模式来安排系统内其他机构的工作方式，人们的生活起居、学习娱乐等也都需要根据某些时间节点进行精确的规划、合理的安排。这样一种程序化、制度化、效率化、精确化、理性化的生活模式由此确立。阿尔温·托夫勒（Alvin Toffler，1928— ）认为，这样一种工业文明的法则，统筹安排了千百万人的行动，影响到人类生活的各个方面。[3]

---

① 中共中央马克思恩格斯列宁斯大林著作编译局. 马克思恩格斯选集：第3卷［M］. 北京：人民出版社，2012：301.

② 吴致远. 技术与现代性的形成［J］. 自然辩证法研究，2012，28（3）：32-37.

③ 托夫勒. 第三次浪潮［M］. 朱志焱，潘琪，张焱，译. 北京：生活·读书·新知三联书店，1984：7-8.

　　技术活动方式塑造出相应的知识观、自然观、历史观和价值观。人的观念除传承外，主要来自他的生产生活实践。不同时代的"技术—社会系统"有不同的技术实践方式，因此会形成不同的观念。在传统社会中，农耕、渔业、畜牧、狩猎等技术—社会系统主要是简单工具支持下的手工、畜力劳动，经验性知识起着关键性作用，对自然的认识来源于生产实践中的感性体验和言语传授，对社会历史的认识则主要来自族群中长者的讲述或者查看典籍，其价值观主要来自所属群体的普遍价值原则和伦理规范。进入资本主义社会后，以机器技术为核心组织起来的技术—社会系统极大地改变了西方人的思想观念和价值取向。马克思曾指出，"现代工业的技术基础是革命的，而所有以往的生产方式的技术基础本质上是保守的"。①资本主义生产方式的革命性主要体现在两方面：其一是大量地运用科学知识，依靠新知识的运用来改进技术，提高效率，降低成本；其二是其永不停止的创新要求，即力求掌握最先进的技术，以在市场竞争中处于优势地位。由于对科学知识依赖程度的加深和运用范围的拓展，经验性知识的地位和比重不断下降，"去技能"化成为技术革新的主流。在此背景下，系统地学习现代自然科学知识，通过正规的学科教育提升劳动者的知识素养就成为普遍的趋势。与此相关的是，自然科学知识的普及和流行使人们的自然观走上了一条"祛魅"的道路，传统社会中的神灵鬼魅遁于无形。科学知识的应用和技术手段的进化使人们看到了一个"启智开化""物质丰盈"时代的到来，在纵向的历史对比中，人们更倾向接受一种进步历史观——相信过去、现在与未来构成了一条从低级到高级、从简单到复杂、从落后到先进的进化阶梯。以上知识观、自然观和历史观的改变必然导致价值观的改变，在资本主义的技术—社会系统中，效率、理性、科学、创新等成为首要的价值原则，这是由现代机器技术的本性决定的，而传统社会中的宗教虔诚、礼法道统、乡土亲情因与现代技术系统格格不入而被丢弃。

---

　　① 中共中央马克思恩格斯列宁斯大林著作编译局. 资本论：第一卷［M］. 北京：人民出版社，2004：560.

以上从一些主要方面探讨了技术对社会的影响，事实上，技术对社会的影响是全面的、长期的，技术变迁导致社会变迁是从直接到间接、从量变到质变、从局部到整体的复杂过程。由于技术对人类社会生活渗透、参与、改造的深入性和全局性，也由于技术遵循从简单到复杂、从分散到系统、从低级到高级的发展趋势，所以社会的发展呈现出一种不可逆性，即社会不可能返回到简单、质朴、原始的状态，因为这将从根本上违背系统科学的基础原理——系统演化的不可逆原理，也与热力学的第二原理（熵增原理）相违背。当然，这并非一种技术对于社会发展的"决定论"观点——技术决定了社会的其他要素及其结构方式，而只是对技术影响社会宏观机制的认识。社会变迁及其要素构成还受到其他因素的影响，如自然环境、文化传统、阶级关系、突发事件、重要的社会人物、族（国）际冲突等，这些因素虽与技术之间存在密切的互动关系，但不能还原为技术因素，它们会以各自特殊的方式影响着社会变迁，甚至决定着一个社会的命运。所以社会如何变迁，还应该在历史语境中去具体探究，而不是求助于一个先验的理论预设。

三、社会对技术的形塑——技术风格

如果一项技术的成熟就是一个技术—社会系统的固化与合理化，那么技术在通过这个系统影响社会的同时，社会也通过这个系统反作用于技术，使技术得以改良、完善、变异、进化，从而呈现出多样性、创新性与适应性。在较大范围内，社会对技术的形塑会形成技术风格——技术体系在某种社会历史背景中形成的文化特征。

中国技术哲学家肖峰教授指出，"如果不像社会建构论中走极端者那样，把技术的社会形成夸大为技术的社会决定论，只将'形成'（shaping）理解为造就、影响、规定、制约等作用，那么，对技术与社会之间的关系的理解，就可以从技术决定论那种终点的、外在的和单向的走向全程的、内在的、双向的视界"[1]。笔者认为，社会对技术的形塑作用既可以从微观上考察，也可以从宏观上考察。在本章第一节中，笔者已经阐明技术在发明动机、问题提出、目标设定、设计构思、试制样品、初步定型、改进完善等各环节都有社会因素的参与，在各种社会因素作用下形成了合乎需求的人造物。那么当一项技术逐步成熟，建立起自身的技术—社会系统时，它又是如何发展演化下去的呢？

对于技术的宏观变迁，德国技术哲学家弗里德里希·拉普（Friedrich Rapp，1932— ）说道："我们可以这样说明技术变化的过程：由特殊的文化态度、法律制度、社会结构和政治力量构成的社会，根据给定的技术知识和技能，考虑特殊的价值目标和观念，运用物质资源、在经济过程的框架内生产和运用技术系统。然后，这个过程又反作用于以前的技术系统，从而促进技术的进一步发展。"[2]由此，我们可以从需求拉动、方向选择、调节控制和社会评价等方面去说明技术—社会系统视角下的技术未来发展。

需求拉动：即使在一个稳定的社会系统中，需求也是一个活跃的、变动不居的因素，多样性的需求是引导技术创新发展的恒常力量。一般来说，新的需求主要来源于两方面：一是"这山望着那山高"，人在满足某种需求后又会产生更高层次的需求，即派生性需求量会经常存在；二是生存条件（生活环境）的改变导致新问题的产生，从而产生新的需求。前者如1913年，福特公司向社会大规模推出 T 型汽车后，对汽车的安全性、舒适性和速度上的需求就没有停止过；后者如当汽车在全社会得到普及后，导致了石油能源的短缺、过多的温室气体排放、尾气污染、道路拥堵等社会问题。这些普遍的社会性问题导致汽车在车体结构、发动机性能、制动、操控、设备完善等方面不断开发出新技术，以提升品质，消除缺陷。需要强调的是，随着全球性问题的出现，最近20年来，以非燃油动力驱动的新型汽车陆续被开发出来，如纯电动汽车、燃料电池汽车、氢发动机汽

① 肖峰. 论技术的社会形成［J］. 中国社会科学，2002（6）：68-77，205-206.

② 拉普. 近代科学技术为何恰恰在欧洲兴起？［J］. 自然科学哲学问题，1989（2）：95-97.

车等，这些"新能源汽车"技术为现有传统汽车产业体系带来严峻的挑战，预示着一个新的技术—社会系统的形成。

方向选择：技术—社会系统在为技术发展提供动力的同时，也为技术发展设置了前提条件，从而使技术的发展方向具有了某些限制性。笔者在前面提到，技术—社会系统是由多种异质要素组成的多层次系统，要素之间的结合关系和系统的内敛性对于技术中的活跃因子形成制约，使其定向发展。比如，当汽车技术—社会系统成熟后，对于家庭乘用小轿车的结构、能耗、动力、安全性、尾气排放等会形成行业标准，与此同时，还有国家的产业政策、环保要求、交通设施、消费者权益等方面的规章制度和法律法规相配套，从而对技术创新的方向形成了某种选择。只有那些符合上述要求的创新，如更安全的结构设计、更充分的油料燃烧、更高比例的动力转化、更少的有害气体排放、更环保的材料等方面的技术才能得到支持，获得低成本的社会资源和更多的优惠政策。而那些大外廓、大功率、高油耗、高排放的技术是无法得到支持的，甚至是被禁止的。当环境问题凸显后，有助于大幅度降低传统汽车环保缺陷的技术创新得到了各方面的支持，一系列优惠政策和措施出台，使其在短时间内得以飞速发展。

调节控制：技术—社会系统是"技术社会化"和"社会技术化"的交合地带，作为一种稳定的社会建制，社会管理部门会有计划地对其进行调节控制，以确保技术、产业、民生、社会等各方面的协调发展。所以，技术的发展不是完全"自主的"，而是在国家政策、地方政府和行业管理部门的直接或间接干预下进行发展的。为了达到某种预期目的，实现高层次的社会目标，国家和社会管理者会对各种行业技术进行有所侧重的引导、调整和控制，通过财政、金融、税收和规章实现资源的重新配置，以优化产业结构布局，实现产业升级、更替。如近年来中国对煤炭行业、钢铁行业进行的去产能化、节能降耗、重组整合等调控措施，有力地促进了行业整体技术水平的提升，加速了国家整体产业结构的转型升级；汽车行业在国家调控之下，新能源汽车的比重不断攀升，市场增长速度远超传统燃油汽车，行业格局面临重大变化。

社会评价：技术的社会评价是影响一项技术未来发展的重要因素，它通过对技术现状的评判、认知程度、接受态度和未来预期而影响技术的走向。肯定性的评价会鼓励人们进一步使用和消费，从而推进技术发展；否定性的评价则会减少人们消费，对技术未来发展形成阻碍。社会评价主要通过营造社会氛围而影响公众态度和决策者的政策制定，从而间接作用于市场和产业结构，所以其效果具有全局性和长期性。鉴于此，行业技术的领导者总是极力打造行业技术的良好形象，以品质、社会担当和负责任的姿态赢得公众信任。近50年来，核电技术的推广集中体现了社会评价对技术发展的影响。利用核裂变能量发电的核电技术起源于20世纪50年代，至今已经历了4个发展阶段，其安全性和经济性不断提升，总体数量不断增加。但是在20世纪七八十年代，由于美国三里岛事故（1979）和苏联的切尔诺贝利事故（1986），核电技术一度遭到众多国家民众的抵制。1986年，由瑞典舆论研究所进行的一项在9个发达资本主义国家的民意调查表明，在这9个国家中有27%~47%的人口反对核电技术，在美国、英国和荷兰3个国家中，持反对态度的人数比例均大于赞同的人数比例，分别为44%：40%，47%：45%，46%：37%。[①] 在民众舆论影响下，许多国家走上了的"弃核"的道路，如瑞典、瑞士、奥地利、意大利、德国、荷兰等。但是在对核电依赖较深的国家（如法国），采取了多种措施来消除公众对核电的担忧和误解，如出台保证核电透明度和安全性的法律，建立由民众参与的地区信息委员会，定期提供核电与环境安全的信息，让公众参与核能项目决策，向公众普及核电安全知识，让公众了解核电技术标准并进行全方位监督。通过这些措施极大地提高了民众对核电技术的认知程度，取得了充分的信任和支持，法国因此成为核电占总发电量比例最高的国家

---

① 西方主要国家公众对核能的态度 [J]. 国外核新闻，1986（7）：12.

（75%）。[①]

社会系统对技术的上述塑造会使整个技术体系呈现出个性化特征——技术风格。这是特殊的社会历史条件和过程在技术实践中的反映，是具体社会中政治、经济、知识、文化、资源、人口、环境等因素在造物行为中的联结与凝聚，是复杂的自然与社会关系的固化，从而形成独特的实践模式。休斯认为，技术风格是"技术对环境适应的完美体现"，它像一道彩虹，人们只能在太阳和雨之间停顿时短暂地看到它，当人们走到认为它所在的地方时，它就会消失。所以这个概念有助于比较史的研究，因为它体现了不同民族和国家的技术实践在宏观上差异。[②] 休斯认识到，除政治价值、管理方式和法律制度外，自然地理因素和民族历史经历都会塑造技术风格。他以第一次世界大战（以下简称"一战"）后德国的电力系统为例进行说明。一战期间，由于铜料短缺，电厂设计人员采用了数量较少而功率较大的发电机组发电方案，以节约铜的使用。战争过后，铜料不再短缺，但是这种发电模式却被沿用了下来。一战后，凡尔赛条约剥夺了德国的无烟煤产区，作为战争赔偿要求德国出口无烟煤，这种情况下，德国电力系统的主导者开始求助于无烟煤发电，在此项技术被掌握后，就作为一项富有特色的技术被保持下来。所以，只有从历史的角度才能解释清楚，鲁尔和科隆地区的电力技术系统风格的形成过程。休斯还对20世纪20年代伦敦、巴黎、柏林和芝加哥等城市的供电系统进行了研究，揭示出这些城市的电力供应系统在技术风格上的显著差异，以及政治、法律、传统和利益格局等因素在上述技术风格形成中所起的作用。

---

① 蔡立亚，梁永明. 提高公众对核电接受度的对策研究［C］//中国核学会. 中国核科学技术进展报告：第4卷：中国核学会2015年学术年会论文集第9册（核技术经济与管理现代化分卷、核电子学与核探测技术分卷、核测试与分析分卷）. 国核（北京）科学技术研究院有限公司，2015：6.

② BIJKER W E, HUGHES T P, PINCH T. The Social Construction of Technological Systems：New Directions in the Sociology and History of Technology［M］. Cambridge：The MIT Press，1989：68.

第四节 案例——中国古代指南针的发明与演变

中国是世界上最早发明磁性指南技术的国家，也是最早应用这一技术的国家，并衍生出独特的相关文化，对世界文明进程产生了重大影响。从最初的指南车，到具有指向功能的磁石勺，从人工磁针到堪舆罗盘，中国指南技术走出了一条具有鲜明本土特色的演进轨迹，总体上呈现出自然与人文、理性与迷信相互建构，协同演进的特征。负荷着中国传统文化的航海罗盘遭遇西方文明后，又迸发出改变世界历史进程的社会文化力量。

一、中国古代的司南

指南针，古称"司南"。在中国古代文献中，"司南"一词常与"指南针"和"指南车"互称。后二者虽名"指南"，却非同一物。

"司南之车"最早见于《鬼谷子·谋篇》[①]，魏晋南北朝时期亦有战国之前有指南车的记载，"另有东汉时期张衡曾改制古法指南车的历史记载"。[②]虽然无从考证上述时期的"指南车"是否为指南针之通称，但可以推断，以机械为结构形式并具有指向作用的指南车早在汉代便已产生。作为一种机械运动装置，中国古代指南车在产生之初便具有鲜明的"指向"性，其涉及以下两个问题：其一，指南车因何指向。古代之所谓"司南"，更接近做君王仪仗之用的"指南车"，又称"司南车"。《韩非子》记载："先王立司南以端朝夕。""端朝夕"之由，在于"使其群臣不游意于法之外，不为惠于法之内"[③]。由此可知，指南车在中国本土的起源具有鲜明的法家色

① 许富宏. 鬼谷子集校集注［M］. 北京：中华书局，2008：148.
② 黄兴. 中国指南针史研究文献综述［J］. 自然辩证法通讯，2017，39（1）：85-94.
③ 王先慎. 韩非子集解［M］. 钟哲，点校. 北京：中华书局，2003：37.

彩，是法家思想的产物，并逐渐由仪仗礼制之用上升为治国安民的法度象征，除了"法度"角色，指南车的产生还具有实际生活用途。如先秦文献中记载的指南车便是一类日影测向技术（工具），其通过在指南车上立木杆的方式观察日影的移动以确定方向。其二，指南车以何指向。对此，中国古代文献没有详细说明，不过从今天的机械知识看，古代指南车的运作机制实为利用指南车的两个车轮在运动时产生的差速，使车上的指向机构转动并始终指向南方，从而产生"指南"的功能。[1]

指南针大约出现于西汉武帝至东汉时期，即"公元前1世纪到公元1世纪之间"[2]。现代人对指南针的认识，基本视其为带有磁性的辨向之器，具备生活性和实用性。那么，古代指南针是否为具有磁性的指向器，换言之，中国古人是否认为指南针具有磁性？综合中国古代文献中的相关记载及前人研究，可归纳为以下两类观点：第一类，指南针是一种日影测向技术（工具）；第二类，指南针是可实用的磁性指向器。上述两类观点虽各有所指，但大体都认为指南针的"辨向"功能或早或晚、或多或少都与"磁"有关，并于唐宋时期产生了人工磁化的实用价值，逐渐具备了现代意义上的指南针的特征。而由司南之制到指向之器再到磁化之物，中国古人对指南针的认识始终离不开其构造中的磁性载体：杓。

中国古人将指南车构造中用以指向的构件称为"杓"。"杓"一词在中国古代文献中同"勺"[3]或"酌"[4]，东汉《说文解字》载："杓，枓柄也"，历代文献中亦有杓可以指示方向的记载，即将司南的构件——杓"投之于地"，杓柄[5]便会指南。关于将司南之杓投地指南的说法，东汉《论衡》、

---

① 今人已经复制出了机械指南车，这表明古人利用机械传动原理是完全可以做出此项发明的。

② 学者刘洪涛和黄兴持此观点。参见：黄兴. 指南新证：中国古代指南针技术实证研究［M］. 济南：山东教育出版社，2020：11.

③ "杓"同"勺"，大概因为勺形司南是中国古代指南针的常见制式。

④ 《论衡》有"司南之酌"的记载，但据今人考证，"酌"系"杓"之误用。参见：黄兴. 指南新证：中国古代指南针技术实证研究［M］. 济南：山东教育出版社，2020：10.

⑤ 柄，在中国古文献有关指南针的记载中亦作"柢"。

北宋《太平御览》等曾有记载，而今人王振铎等亦对此做过探究，但对杓柄指向的运作机制并没有进行科学层面的探讨。有观点认为，在古代指南车的构造中，杓并不具备独立的指示方向的作用，还需其他的构件与其"配合"，譬如学者林文照即认为《论衡》中的"投之于地"的"地"并非指自然地面，而是一种具有磁性的"地盘"，或是能够引起杓柄的磁性作用的平面构件，即将杓柄放置于"地盘"之上，通过杓柄的磁性与地磁场的相互作用，从而产生"指南"的现象。杓，作为指南车构造中的磁构件，便成了中国古人对指南针具备磁性的认识关键。

二、中国古人对磁石的认识与应用

中国古人认识到磁石可以作为指南针的制作材料，与其对磁石可以用来指南的认识是密不可分的。磁石何以有"磁"，并能用以"指南"，存疑处大致有三：其一，磁石制为指向器的条件；其二，磁石指南的可能性；其三，天然磁性与人工磁化用于指南的差别。

"磁石"一词常见于中国古代文献，并多有其能"吸铁"或吸引铁制物的描述，如战国《吕氏春秋·季秋纪·精通篇》载："慈石召铁，或引之也"；战国《鬼谷子·反应篇》载："慈石之取针"；西汉《淮南子》载："慈石之能连铁""慈石能引铁"；东汉《论衡·乱龙篇》载："磁石引针"；北宋《本草衍义》载："磁石……可吸连针铁"；清代《广阳杂记》载："磁石吸铁，隔碍潜通"；等等，都表明古人已经意识到磁石的磁现象。"慈"通"磁"，古人以"慈爱"来形容磁石对铁的吸引状态。而"兹"又通"滋""丝"，"兹"既表音又表意，表音者，言生命万物"积丝成缕""渐生渐长"；表意者，言磁石吸铁时犹如父母对子女的滋养呵护。如三国—曹魏时期《管氏地理指蒙》对此便有解释："磁石受太阳之气而成，磁石孕二百年而成铁。铁虽成于磁，然非太阳之气不生，则火实为石之母。南离属太阳真火，针之指南北，顾母而恋其子也。……阳生子中，阴生午中，金水为天地之始气，金得火而阴阳始分。故阴从南而阳从北，天定不移。磁石为铁之母，亦有阴阳之向背。以阴而置南，则北阳从之；以阳而置北，则南阴从之。此颠倒阴阳之妙，感应必然之机。"可以说，磁石吸铁，蕴含着古人在阴阳五行感应学说影响下对磁石及其产生的磁现象的特殊表达，是中国古人对磁石具有"磁性"的早期认识，成为古代指南针制作技术得以发明的理论前提。

作为一种吸铁物质，出于人类的生产生活之需，天然磁石很早便为古人所加工。中国古人对天然磁石的状貌、颜色皆有直观的辨识，如北宋《本草衍矣》记载："磁石，色轻紫，石上皲涩……其玄石，即磁石之黑色者也，多滑净"；北宋《本草图经》对如何发现磁石、磁石的产地以及磁石的性状功效做了明确记载[①]。中国古人将磁石开采后并不直接使用，而需经过一定的加工。中国古代常将磁石应用于方术和中医药当中。应用于方术者，其利用磁石制成具有磁性的特殊器具，做建筑装饰、堪风舆水之用，如东汉—曹魏时期《三辅黄图》记载的阿房宫磁石门便作"示神"之用，目的是令"四夷"朝拜，并震慑"隐甲怀刀"者"入门而胁止"，使其不敢越轨；此外，古人多将磁石应用于招魂术、斗棋、幻术中，将其与丧葬礼俗、军事布阵相关联。应用于中医药者，将磁石视为一味中药，用以对人体之毒进行治疗。以磁疗毒的方法，在中国早期医术的发展过程中具有鲜明的方术色彩。

用于指南针构件中的磁石，其加工的内容主要有两种：其一，形状加工；其二，人工磁化。两者在指南针的制造过程中常常合二为一，其最终目的都是便于更好地应用于对方位的指向。中国古人为了解决磁石用于指南针指向的"运行机制"问题，主要做法是将磁石制作成杓，因此，古代的指南针是一类杓形磁性指向器。此外还有"磨针"一说，认为将磁石磨成针即可使其磁化并指向。不论是"杓形"还是"针形"，大体表明，古

---

① 据《本草图经》记载："有铁处"便可生磁石；磁石分布于"泰山山谷及慈山山阴"；磁石"有孔，孔中黄赤色，其上有细毛，性温"。

人已经意识到磁石只有"吸连"的性质还不足以使指南针具备精确而稳定的指向，还需要将天然磁石进行人工磁化。

三、指南针技术的演变、改进与应用

指南针的制作工艺与指南技术的发明是相辅相成、同步推进、密不可分的。指南针虽名为"针"，实际上在中国古代具有不同的制式。指南技术大致历经了从指南车、磁石勺、磁针到罗盘的演变①，其技术物之演变各有交叠，但在这些指南器形制中，最为突出的技术演化则是古人对磁化技术（古代磁学理论）的运用和改进。

其一，指南车。战国时期的指南车，本质上仍以日影测向的作用为主，承担军事指挥作战、君王仪仗礼制之功能。此时的指南针制作技艺较为简单，其指向机制是在指南车上竖立用来测日影的木杆。虽然测日影的同时也能够根据时辰变化来指示地理方位，但其定向功能较弱，易受天气影响，而且作为以齿轮做推动机制的机械装置，尚未采用磁化技术。其之所以能够指南，主要是通过车上装置的指向机构，使其在车轮运转中始终令"指向机构"指示南方。此外，另有一类说法认为指南车上的"指向机构"还应包括"杓"构件，杓是一种接近后世磁石勺的磁化指向器，其与"地盘"搭配使用，从而达到指向的目的。总而言之，战国时代的指南车仅仅具备了后世指南针技术中的指南特征，其指南技术还未成熟，并非现代意义上的磁化指向器。

磁石勺，又称"司南勺"。磁石勺在中国早期历史应用中颇具神秘色彩，如东汉《论衡·是应篇》中记载的司南勺具有明忠奸、辨是非的作用，

---

① 学者吕作昕在前人研究基础上，将古代指南针的形制演变按其发明年代细分为战国的悬挂式指南针、汉代司南、晋代以后的指南鱼和指南船、唐代的指南浮针和浮针式"水罗盘"、宋代旱罗盘等五代指南针，但未明确说明此一发展序列是否也参考了指南技术（指南理论）的演变。值得说明的是，本段分述的各类指南器形制并非严格的指南（针）技术的发展序列，而是以指南技术发展为脉络，对典型指南针形制进行工艺制作及应用层面的梳理。

可处理"狱讼"和"人情"。① 由此可知，东汉时期的磁石勺多为神仙方术之用，具有迷信色彩。唐宋时期，人工磁化技术得到快速发展，被广泛应用于磁石指向器中。

根据中国古文献及现代复原技术可知②，磁石勺的制作工艺大致经过采选、定廓、切割、打磨等工序。磁石勺加工完毕，就具有了指向功能。但为了增加其灵敏度和准确性，而将其放置在一个水平而光滑的平面装置——"地盘"之上，地盘的平面上刻着指示方向，磁石勺以勺肚居于地盘刻度的中心，杓柄则悬于地盘之上，以勺肚为几何中心进行圆周运转。另有说法是需人工推动磁石勺，其方能进行旋转指向。③

其二，磁针。与磁石勺的摩擦磁化技术相比，磁针进一步展示出中国古人对人工磁化技术的改进与创新能力。由"勺"到"针"，不只是形状上由大到小、由厚重到轻薄、由粗糙到精细、由笨拙到便携的工艺演变，其中还包含着中国古人对磁化指向器的改进智慧及努力。

磁针之"磁"应做何解释？说法有二：其一，即指南针的材质为磁石，其本身自带磁性；其二，指磁化针，即针质为铁或者其他的磁石吸连物，经磁石摩擦磁化，故名"磁针"。中国古文献中对这两类说法皆有相关记载，表明这两种"磁针"至少都具有指向作用，只不过在磁化和指向的准确度上有强弱之别。

磁针最重要的一道制作工序便是磁化。磁化的方式主要是用磁石进行人工摩擦。④ 古代磁针式指南针采用平面支撑的方法进行安装，主要有悬吊、水浮和尖端支持三种，此三种方法亦形成三类磁针指向器的制式：线

---

① 《论衡·是应篇》记载："狱讼有是非，人情有曲直，何不并令屈轶指其非而不直者""庭末有屈轶，能指佞人"。屈轶，即磁石勺。参见：黄兴. 指南新证：中国古代指南针技术实证研究［M］. 济南：山东教育出版社，2020：135.

② 参见：黄兴. 指南新证——中国古代指南针技术实证研究［M］. 济南：山东教育出版社，2020.

③ 黄兴做的磁石勺指南复原实验表明，磁石勺的指南准确性与手动推转的力度和圈数没有直接关系，亦不会对指南勺的转向造成偏差。

④ 从现代科学的角度看，磁针磁化的机理是通过摩擦使磁针获得等温剩磁。

悬式、浮针式和尖端支持式。北宋《梦溪笔谈》记载了当时磁针式指南针的制作方法："以磁石磨针锋"，并对比了线悬式与浮针式之优劣："水浮……运转尤速，但坚滑易坠，不若缕悬为最善"。不论将磁针悬于空中、浮于水面还是立于尖端，磁针需是极轻的，且材质均匀，磁针与接触面的摩擦阻力较小，具有平衡性，这都表明当时的摩擦磁化技术已经十分精细和成熟。

正因磁针指向器具有质量轻、厚度薄、安装便携等特点，故而在实际生活应用中远远优于指南车和磁石勺。不论哪一类制式，其对平衡性都有较高的要求，因此受使用环境的影响较大，需要放置在一个平衡而稳定的水平面上方能发挥指向作用，故而磁针式指南针常用于陆地静止状态下，对其大规模推广具有一定的限制。直至宋元海洋贸易，尤其是明朝大航海时代的到来，最终被水陆两用、平稳性更好的罗盘取代。

其三，罗盘。罗盘是在磁针磁化技术基础上产生的。磁针是罗盘得以进行指向的核心构件，进而演变为罗盘专用的磁针[①]，又名"罗盘针"。古代罗盘式指南针的基本结构主要由磁针和圆盘组成。磁针居于圆盘的几何中心，圆盘分内盘和外盘两部分，内外盘刻有阴阳五行、天干地支等风水标记，并以同心圆的形式聚拢于磁针周围，磁针底部呈下凹状，俗称"海底""天池"，用以安装磁针并进行指向，内盘及"海底"用透明材质的盖子（一般为玻璃）密封起来，便于携带和稳固磁针，以防触碰（图3.3）。

罗盘最关键的两道制作工序是罗盘针的磁化和安装。罗盘时代的指南技术已趋向成熟和完备，磁针式指南针具有便携的特点，而且已不再完全依赖于磁石摩擦生磁的方法，更多采用热加工或磁石磁化和热加工[②]相结合的方式，使磁针的磁性处于一个恒值，避免退磁而产生磁针指向不稳

---

① 中国古代用于罗盘的磁化指向器有磁针和磁片两类。磁片式罗盘针一般是鱼形或菱形铁片的样式。虽名为"片"，但其细薄且呈长条形，所以一般也视为"针"。

② 所谓磁针的热加工，从现代科学的角度看是一种热剩磁现象，即通过将磁针直接加热的方式使磁针磁性得到强化。有的并非是在制作罗盘时单独对磁针进行热处理，而是在制作磁针的同时便对其进行淬火处理。参见：黄兴. 指南新证：中国古代指南针技术实证研究 [M]. 济南：山东教育出版社，2020：111-113.

定的现象。罗盘磁针的安装方法主要有水浮法和尖端支持法。较之陆地罗盘，航海用的罗盘在制作安装技术上有更高的要求，一则须防止磁针构件倾覆，二则磁针与其他非磁性构件须构成一个足以稳定指向的磁矩，从而将整个罗盘的指南机制保持在一个稳定而灵敏的状态。[1] 可以说，对磁针安装方式的改进为指南技术向更广泛领域的应用及推广创造了条件，甚至成为这项技术跨越国界、走向海外的必要技术准备。

磁针式指南针产生之后，起初多用于谶纬堪舆，其后风水色彩淡化，而具有了陆地交通、水上导航等用途。南宋时期，时人对磁偏角现象的发现及运用，促使指南针在地理方位的指向中得到广泛应用，尤其是在航海中的应用最为重要。中国古文献多有关于指南针用于航海的记载，如北宋《萍洲可谈》载："舟师识地理……阴晦观指南针。"这一时期的指南针是否具有后世的罗盘的制式，尚有存疑之处，但至少表明，用于远洋航行的磁针式指南针对稳定性和灵敏度是具有较高要求的。

四、指南针外传与使用

中国古代指南针的外传与中国航海史乃至世界航海史的发展是密不可分的。据清代文献记载，荷兰在12至13世纪便已在航船中使用当时宋代所采用的刻度为16分度的旱罗盘，而欧洲的文献中亦有在12世纪使用磁针导航的记载，此外，阿拉伯人在13世纪已经使用鱼形铁片样式、水浮方式制作安装的指南针。虽无法确证上述时期是中国指南针最早外传的时期，但大致可知，罗盘是中国最早传到西方的指南针形制，且主要用于航海。

中国宋代船舶制造业及航海业的蓬勃发展，以及欧洲海上贸易的发展和扩张，促使中西方以罗盘为技术媒介展开互通。其后，随着罗盘在明代海运中的广泛应用，为郑和下西洋提供了可靠的技术支持，最终出现中国航海史上七下西洋的伟大壮举。接下来，罗盘在16、17世纪中西方航海时代一直扮演着重要角色，除在浩瀚的海洋构筑中西方联系的纽带外，还在

---

[1] 把"转动构件磁矩和转动惯量的比值"作为衡量磁针灵敏度的参数。

陆地上打通了中西方之间的关山阻隔。

中国古代指南针的外传是以技术器物传播的形式实现的，该技术由自内向外的器物输出转变为由外及内的技术传入是近代史上引人注目的现象。元明之后，尤其是明清时期在西学东渐背景下受西方传教士带来的西方科学的影响，中国古文献中多有对西方应用指南针的记载。从这些文字记载中可管窥西方对指南针指南原理的理解以及指南针的使用情况。大致而言，历经了以下六个阶段。

地球学说背景下的指南针理论：16世纪西方传教士访华，带来了与中国传统的天圆地方说迥然不同的地球理论。尤其是利玛窦（Matteo Ricci，1552—1610）来华，其与徐光启共同参与天文历法的制定，其中最突出的贡献便是在观测子午方位过程中对罗盘（当时称为"罗经"）指向机制的重新阐释与技术改进，促使中国关于指南针指南原理及磁偏角的理解逐步转向西方科学体系。明代《物理小识》一书就侧面介绍了西方近代磁学理论，譬如从地球（天球）自转、大气旋转等角度来解释指南针的指向问题。

吉尔伯特指南针理论[1]：英国物理学家吉尔伯特（William Gilbert，1544—1603）是较早从科学角度来阐释中国指南针指南机制的西方人。他于17世纪初提出了指南针不仅可以指向南北，还可以在悬吊成垂直状态下指向地球磁倾角的观点，即指南针的指向机制与地球磁极有关。

"西域书"记载的指南针理论：明末清初《格致草》一书记载了时人所阅的西域书中关于西方指南针的使用情况。书中从磁学角度出发，认为系天体而非地球磁极使指南针具有指向特性。具体做法是用磁石摩擦指南针，磁针"常与磁石同包"[2]，于是便可指向南北。此一理论虽承认磁偏角的存在，但认为磁偏角具有恒定性，不受所处地域和地形环境的影响。

康熙引述的西方指南针理论：与《格致草》约略同时的另一指南针理

---

① 目前已知古文献中尚未对吉尔伯特指南理论的直接记载，但就传教士来华后中西方指南理论的发展概况来看，吉尔伯特理论与西学东渐下中国对西方指南理论的引述产生了交叠。

② 熊明遇. 格致草·北辰吸磁石［M］∥任继愈. 中国科学技术典籍通汇·天文卷（六）. 郑州：河南教育出版社，1995：6-114.

论由康熙引述，认为磁针的指向与其所测之地的地理面向完全一致，且磁偏角的存在与当地地势、房屋朝向有关。西方人认为指南针的两端分别指向地心和赤道，这与磁石"乃地中心之性"[①]有关，其具体的指南机制是将指南针上指的一端"重使平"，则可达到指南的目的。

熊三拔指南针理论：明清之际的来华传教士熊三拔在证实磁偏角存在的基础上提出了新的指南针指南观点。其以大浪山的地形对指南针指南的影响为例，认为指南针的指针两尖端其中之一是"正针"，而指针尖端并不指向子午线，实际的指向偏差"各随道里，具有分数"[②]。

南怀仁《灵台仪象志》指南针理论：17世纪来华的比利时人南怀仁结合当时的西方科学与中国本土知识，在《灵台仪象志》一书中记叙了他对指南针指南原理的见解。认为地球南北两极与天球两极是遥相对应恒定不变的，此为南怀仁基于对地球特性的认识所提出的指南针指南原理的物理前提。其对指南理论的印证方法是将用于指南针构件的铁加热烧红，并在地磁场中冷却，从而增强了铁的磁化性能，最终使指南针具有指南功能。

综上所述，西方指南针理论是在中国指南针技术外传的历史前提下得以创立和发展的，而中国通过对西方指南针理论和技术的回传、改进，又不断丰富和发展了本国指南针技术和理论的文化与科学内涵。

---

① 爱新觉罗·玄烨.康熙几暇格物编译注［M］.李迪，译注.上海：上海古籍出版社，1993：102-103.

② 熊三拔.简平仪说［M］.文渊阁《四库全书》本.

第四章

技术的族际传播

　　早期播化学派所认为的，文化只有一个或少数源头，一经产生会向周边其他地方传播，从而形成一种"文化辐射"的理论虽然有其偏颇之处，但是不同文化、不同民族之间的交往交流确是一种普遍现象。在"星斗满天"的早期文明时代，不同地域之间的文化（明）交流就已经存在了，这一点考古学界一再向人们提供着新的证据。在文明交流之中，技术（物质文化）的交流是其中的主要形式（在考古学中是最主要、最直接的证据）之一，它作为工具手段、物质财富以及其他文化形式的载体对确立各民族之间的关系、涵化文化之间的差异，起着重要的基础性作用。

　　有必要说明的是，本章中的"族际"是"不同文化共同体之间"的意思，包括从微观到宏观不同规模层面上的民族之间的关系，如不同族群之间、不同民族之间、不同民族国家之间的共时性交往。因此，是对相对独立的不同文化共同体之间关系的泛指。这些不同的文化人群可能分居在不同的物理空间，也可能共享有相同或相近的物理空间，但是存在文化上的某种隔离。这种较为宽泛的"族际"与技术传播的广泛性、普遍性和多维性相对应。

第一节　技术的族际传播内涵

一、技术的族际传播概念

技术的族际传播是指技术从一种文化向另一种文化，一个民族向另一个民族，一个国家向另一个国家转移或扩散的过程。从技术传播的环节看，可以把其分为直接传播与间接传播；从技术传播的方向看，可以把其分为纵向传播与横向传播。技术族际传播的内容包括技术物、技能、经验知识、理论知识、技术规则、管理制度等，它们因需要跨越文化之间、地域之间和社会之间的巨大差异而与本土内的技术传播有很大不同。

在文化方面，本土环境中产生的技术先天承载着本土文化价值，可以为本土人群广泛理解和认同。当本土技术进入异文化环境后，技术的使用方式和其所表达的文化含义变得不可理解，甚至处于失效状态，所以其推广示范变得异常困难。这一点在象征性器物和解释性技术方面表现得尤其明显。

在地域方面，在交通工具极不发达的古代社会，远距离运输和出行是艰辛且危险的事情，无论是作为商品的技术物，还是作为供玩赏的新奇发明，都只能维持很小的规模和极低的交往频率。即使在交通已经十分便利的现代，额外的运输成本也使作为商品的技术失去竞争力。如果考虑某些技术对本土地域资源的依赖，那么技术的跨区域传播会更加困难。

在社会结构方面，技术物往往与特定的人群相联系，为某些特定阶层或群体的人所使用，所以当本土技术进入异民族社会后，往往由于社会结构的差异而无法找到对应的技术使用主体。而不同的社会还会有许多不同的禁忌规定，以及许多不同的风俗习惯、宗教信仰等，这些都会为陌生器物的使用设置障碍。

以上因素只是增加了技术族际传播的困难，并没有取消技术族际传播的可能性。由于人类在基本生活需求方面有许多共同性，如饮、食、穿、住、行等生理、安全和便利化的实际需求，而多样化的技术发明物能够满足这方面的需求，其自然属性决定的实用功能优先于其社会性象征意义，所以在具备可达性条件后，人们会因实际需求或者好奇、新鲜而接受外来的器物，尤其是当外来器物与本土器物相比具有明显的优越性能时，更容易被接受。

二、技术的族际传播途径

由于自然因素和人为因素，自古以来，世界各民族之间一直存在交往、交流活动，这些活动使技术和其他形式的文化要素得以传播共享，建立起各民族之间联系的纽带。归纳起来，使技术得以族际传播的途径主要有以下五点。

1. 商业贸易

商贸活动是人类较早从事的和平交往活动，通过这种平等的交往形式，不同人群之间得以互通有无、互惠互利、促进生产。在商业贸易中，最主要的商品就是满足人们某些需求的技术产品，它们以其实用性、稀有性和新奇性而可能成为异文化群体的消费对象。在现代贸易中，知识产权类的专利贸易和服务贸易的比重不断上升，体现出技术传播速度和范围不断加大的趋势。中国古代的陆地、海上丝绸之路，在两千年里一直是中西方技术交流的主要通道。

2. 战争

自古以来，接连不断的战争是技术和文化传播的主要途径之一，在古代时期甚至是技术和文化族际传播的最主要形式。战争对技术传播的高效性体现在以下三方面：一是先进高效的技术总是被优先运用到军事活动中，在对抗冲突中会被敌方模仿、学习、借用。二是古代士兵大多由社会其他行业的从业人员征募而来，他们往往熟练掌握本族中的某些技艺。在被敌方俘获后，就可能把所掌握的本族技艺传授给敌方民族人员。三是战争伴随着征服与占领，在一方被另一方侵占后，双方就会发生生产技术和文化习俗上的融合调适，相互借鉴、学习对方的技术长处，提高生产效率。

3. 人口迁徙

由于战争冲突、自然灾害等原因，古代民族中普遍存在大规模人口迁徙、流动现象，这使技术和文化随着人群从一地迁移到另一地。民族迁徙过程中，移民会与途经的其他民族进行不同程度的融合，从而把本民族的技术带入原住民族中；迁移的民族也会在迁移途中学到其他民族的生存技艺，从而提高其适应新环境的能力。1127年，宋高宗赵构在金兵进犯下迁都临安，导致中原地区大量人口附随南迁，从而把北方的诸多手工技艺传入江浙地区。明代洪武六年（1372）至永乐十五年（1417）间的大移民，把山西的诸多生产生活技艺带到了河南、河北、山东、陕西等周边地区。

4. 宗教传播

宗教传播活动也是技术和文化传播的重要途径。比如，印度佛教中的钤印佛像技术，在7世纪时传入中国，成为中国雕版印刷术的源头。明朝万历十年（1582）利玛窦来华传教，除带来了西方的天文学、数学、地理学知识外，还带来了钟表、三棱镜等西方的先进技术，使当时的统治者甚为惊羡。一般来说，传教士为了方便与异族人交往，消除文化隔阂，都会携带一些本土的新异发明以及医药技艺以取悦"他者"。

5. 官方交流与留学教育

古代各民族之间已有官方交流，如互派使节、商议邦交、完成官方交付的一些使命，这些活动客观上促进了各民族间文化和技术的交流传播。如7世纪初至9世纪末的260年内，日本官方先后派出19批遣唐使团，赴中国学习律法制度、科学技术、文化艺术等，每批使团的人数都在百人以上，最多时人数达到500多人；明朝永乐至宣德年间（1405—1433），郑和奉旨七下西洋，把当时中国的诸多物产、技艺带到南亚和印度洋沿岸诸国，同时也把这些地方的物产、技艺带回中国。古代世界中已有民间和官方的游学活动，如古埃及的先贤们赴埃及学习几何学及营造技艺，唐朝时期赴华学习的日本留学僧、留学生。进入现代，跨族（国）的留学活动更是常态化了，几乎每个民族或国家都会派出青年赴外学习，这已经成为科学和技术族（国）际传播的主要渠道之一。

技术的族际传播除借助上述实际交往活动外，还与各种媒介技术的广泛使用有关。如中国唐朝开元年间（713—741）形成的雕版印刷术、北宋庆历年间（1041—1048）发明的活字印刷术、15世纪中期古登堡发明的活字印刷机，都为技术知识的传播提供了新途径。进入20世纪以来，电报、电话、电视、无线电通信技术及互联网技术的相继产生，使技术和文化的传播途径与方式发生革命性变革，技术和各种信息的传播速度极大提高，世界各民族文化的同质性日趋增强。

三、技术的族际传播过程

与本土传播相比，技术的族际传播一般要经历较为漫长的过程，这是由于它需要穿越诸多文化屏障。美国人类学家拉尔夫·林顿（Ralph Linton，1893—1953）在《文化树：世界文化简史》一书中认为，文化传播一般要经过如下阶段：接触与显现阶段、选择阶段、接纳融合阶段。[①]技术作为文化的一种形态，其跨文化传播也要经历大致相同的过程。

接触与显现阶段：在一定频次的文化接触中，外来技术在异文化背景下凸显出来，以其外观、功能上的新异之处，或者效率上的独特优势而引起传入地某些社会群体的好奇和关注。

选择阶段：传入地的人们开始对新传入的技术进行评判、思考，通过比较、鉴别、试用、评价、瞻望等过程来决定是否采纳或借用。由于不

---

① 林顿在描述各区域"文化复合体"形成过程中遵从了上述思路，参见：林顿. 文化树：世界文化简史［M］. 何道宽，译. 重庆：重庆出版社，1989.

同社会群体评判的角度不同，对于如何对待外来技术会形成较大的社会分歧，从而引发利益相关群体间的互动协商过程。

接纳融合阶段：有关群体经过互动协商后，对于外来技术会形成一个较为确定的方案。如果选择接纳或者部分接纳，那么外来技术就进入与传入地文化融合调适的过程。这是一个技术的"二次创新"过程，也是技术的再次社会化过程，总体上呈现出文化之间吸收、借鉴与成长的过程。

技术族际传播过程的长短与技术的实用价值和难易程度、传播媒介的性质和地位、来源地文明的地位、文化相似性和抗逆性等因素有关。一般来说，实用性较强以及结构简单、容易操作的技术更易得到传播；由官方或上层社会推介的技术更容易得到下层社会的效仿；由强势文明传过来的技术也容易被弱势文明接受；技术在文化相似度较高的民族之间更容易传播；技术传入地文化的包容性和开放性越高，外来技术越容易得到传播。技术族际传播的结果是形成各种次生的技术文化圈。

第二节　技术族际传播的规律

通过考察世界各民族之间的交流史，可以发现技术的族际传播具有一些基本的规律性，通过总结这些规律性一方面有助于我们认识古代社会变迁的机制与过程，为历史解释提供合乎逻辑的依据；另一方面也有助于合理地规划今天的技术传播与转移活动，使有关活动减少盲目性和主观性，使技术成果能够更好地服务当代社会，促进技术与文化的和谐发展与共同繁荣。

一、由中心到边缘的梯度传播

由于人类的生存境遇和历史传统不同，每个民族都会有自己独特的技术发明，经过较长时期的积累，这些发明会发展成为由众多相关技术支撑的相对"高地"，该高地以其唯一性、独特性和积累的优势性而被视作技术—文化中心。从跨民族的角度看，这样的技术—文化中心是一种普遍现象，是我们区别不同民族的标识。

作为文化中相对活跃的部分，技术的传播呈现出从中心区域向边缘区域扩散的趋势。在本土环境中，当技术完成从发明到应用推广过程后，就面临着从本土向域外（从族内向族外）传播的可能。从地理空间和文化空间看，距离技术—文化中心最近的、最直接的群体总是最先接触到新技术（技术），随着距离和环节的增加，传递的难度增加，技术物的传播成本提高，有关技术信息丢失率提升。到达传递的末端后，技术物的数量及其相关信息都会大幅减少，甚至完全消失。这里，技术物的减少主要是指来自发源地的原有技术物的减少，与其相伴的还有技术物的中间改造，即传播中介人在中介地的再次创新，以至于传入下一个文化区后技术物已经失真；技术信息的减少主要是指来自发源地的原有技术信息，与其相伴的还有信息的失真，即由于传播中介人的误解、臆测等因素而使技术信息发生改变，偏离了或篡改了原来的技术信息内容。所以，总体来看，技术的族际传播遵循着从中心到边缘的物质与信息递减规律，这一规律也可以表述为技术—文化从中心到边缘的相似度递减规律。

对这一规律，人类学家早有关注。前面第一章中述及的德国人类学家格雷布纳提出的"文化圈""文化层"理论，很大程度上就是对这一规律的认识。就技术物（物质文化）而言，格雷布纳提出的"形的标准"和"量的标准"是判定其相似性的可操作的方法，从而为追溯技术的传播路线，考察技术的跨文化演进规律提供了有效方法。美国人类学家弗朗兹·博厄斯（Franz Boas，1858—1942）提出的"文化区域"（cultural area）理论吸取了"文化圈"理论的合理成分，并把对文化特质和文化形态关系的研究推进了一大步。在后者的研究中，基于物质文化相似性而判定文化的传播源头及其亲缘关系的方法与格雷布纳提出的"形的标准"和"量的标准"

如出一辙。博厄斯认为，可以根据"标准文化特质"的多少把文化区域划分为不同的"文化带"（cultural zone），标准文化特质最多的地方是"中央带"（文化中心），围绕中央区域向外到标准文化特质较少的区域为一个文化带，再向外到标准文化特质更少的区域为另一个文化带，以此类推，直到标准文化特质最少的区域为边缘地带。处于中心地带的文化特质可判定为是本土发明的，处于边境的文化特质可判定为是传播而来的。[①] 依据这样的标准就可以比较客观地判断文化传播的方向及其借鉴关系。

　　以上是就某一技术（物质文化）从发源地向周边文化区扩散的过程，由于文化具有相对性，每个民族都有自己独特的技术发明，没有谁能够独揽所有技术的发明权，所以技术的传播从来都是双向的，所谓的"中心"与"边缘"也是相对而言的。以近代中西方文化交流为例，既有"西学东渐"，也有"东学西渐"，利玛窦来华后的二百年里，中国的药物学知识、针灸术、人痘术、瓷器技术、镍白铜、漆器和焰火制作技术等也相继传入欧洲；在唐朝时期中日文化交流中，遣唐使们在大量学习中国技术（文化）的同时，也存在日本对唐的"逆输出"，如棉花、棉布、日本精良的纸张、各种手工技艺等。[②]

二、器物在先，制度在后

　　技术在存在形态上可以划分为器物、技能、知识、制度、规则等，一般来说，技术在跨文化传播过程中，总是遵循器物、技能在先，制度、知识在后的顺序。这是由于具体的技术物或者技术诀窍首先表现为实用性工具，在满足不同民族人群的某些需求方面（如生理需求、安全防卫需求）具有很大的普适性，如食物、容器、衣物、工具、兵器等；而技术知识、制度、规则等往往与各民族的生存环境和历史文化相关联，它们很难被异文化的其他民族所理解、所接受，而只能以潜在的形式隐含在技术物中，

① 林惠祥. 文化人类学［M］. 上海：上海书店出版社，2011：41.
② 何芳川. 中外文化交流史［M］. 北京：国际文化出版公司，2008：224.

需要在进一步的深化交流中，经过较多的环节才能呈现出来。

明清以来中西方文化交流充分体现了以上趋势。早期来华传教士们一般都是以钟表、奇玩、药物作为礼物相赠，继而传播西方天文历法以及地理、数学知识，在取得传入地人们的充分信任后，才从事传教活动。文献记载，利玛窦来华传教时，进献给万历皇帝的贡品有40多件，包括自鸣钟、八音琴、玻璃三棱镜、十字架像、圣母像等，其中自鸣钟引起了万历皇帝极大的兴趣，他不仅召利玛窦入宫亲自调试钟表，还下令让四名太监专门向利玛窦学习有关技术。利玛窦以传授和养护自鸣钟为由得以长期居留京城（打破了之前外国贡使不得长期居留京城的惯例），在当时中国最高统治阶层中从事传教活动。对此，最早来中国传教的耶稣会士方济各·沙勿略（St. Francis Xavier, 1506—1552）早有预见："首先接近领主，馈赠珍品奇玩，并以贸易之利相许得到领主的欢心和许可，进而把传教事业向家臣和民众逐渐渗透，从而达到传播宗教文化的目的。"[1] 从技术的传入方来看，也表现出器物和技能易被接受，而相关的知识和文化易遭拒绝的情况。成稿于乾隆四十七年（1782）的《四库全书总目提要》，在介绍明末传教士傅汎际（Franciscus Furtado, 1587—1653）译《寰有铨（诠）》条目中有以下评述："欧逻巴人天文推算之密，工匠制作之巧，实逾千古；其议论夸诈迂怪，亦为异端之尤。国朝节取其技能，而禁传其学术，具存深意。"[2]

在诸多技术器物中，军事技术器物的超前传播尤其明显。"任何一个民族或国家，不管其对外来文化多么抵抗，但对外来的发达军事武器却能最先承受。因此，它们可以最先被转移利用。"[3] 究其原因，是族际的军事冲突在民族（国家）关系中处于最突出的地位，面对外族的军事威胁，本

---

① 武安隆. 文化的抉择与发展 [M]. 天津：天津人民出版社，1993：223.

② 四库全书总目提要·子部·杂家类·存目二 [M]. 北京：中华书局，1964：1080-1081.

③ 陈凡，张明国. 解析技术：技术、社会、文化的互动 [M]. 福州：福建人民出版社，2002：212.

族的集体自卫是头等大事，谁拥有先进高效的武器，谁就在对抗和交战中占据上风，处于有利地位。为此，在文化的剧烈冲突中，向外族优先购买军事武器就成为必然选择。在近代中西方文化冲突中，"师夷之长技以制夷"是清末中国社会许多有志之士的共识。志识之士中虽有部分人拒斥西方的哲学、宗教、社会制度和科学知识，但是他们并不拒绝西方的"坚船利炮"，所以在洋务派掌权后，清朝政府开始大量购进西式枪炮和战船，在国内大量兴建军工厂，提高铸铁、炼钢以及各种机械加工能力，生产大炮、枪械、弹药、水雷、蒸汽船等军工产品，这些先进的军事武器先后装备了淮军、湘军、北洋水师以及后来的新式陆军。

　　洋务派"遗其体而求其用""师其法而不必尽用其人"的策略最终失败了。事实表明，只用外族（国）的器技而不用其学术和制度的做法是行不通的，技术的硬件与软件是"毛"与"皮"的关系，没有知识、制度、教育和理念做支撑，任何技术器物和技能都是不可持续存在的，这一点在早期维新派的代表性人物中已有认识，郑观应曾引用两广总督张树声的论断："西人立国具有本末，虽礼乐教化远逊中华，然其驯致富强亦具有体用。育才于学堂，论政于议院，君民一体，上下同心，务实而戒虚，谋定而后动，此其体也。轮船火炮，洋枪水雷，铁路电线，此其用也。中国遗其体而求其用，无论竭蹶步趋，常不相及，就令铁舰成行，铁路四达，果足恃欤？"[①]薛福成在考察欧洲后，对于西方技术文化的一体性有了更加深入的认识，"夫西人之商政兵法，造船制器，及农渔牧矿诸务，实无不精，而皆导其源于汽学、光学、电学、化学，以得御水、御火、御电之法。斯殆造化之灵机，无久而不泄之理，特假西人之专门名家以阐之，乃天地间公共之理，非西人所得而私也"[②]。既然西方科学是"乃天地间公共之理，非西人所得而私也"，那么引进西方科学文化，翻译西方书籍，创办西式

①　郑观应. 盛世危言［M］. 王贻梁，评注. 郑州：中州古籍出版社，1994：50-51.

②　薛福成. 西法为公共之理说［M］// 丁凤麟，王欣之. 薛福成选集. 上海：上海人民出版社，1987：298-299..

教育，培养西学分科人才就是必然之举。之后，新文化运动正式提出要拥护"德先生"和"赛先生"，打倒"孔家店"，中国思想界终于突破了中西文化交流中的"本末说"和"体用说"局限，把破除旧文化、建设新文化作为自己的时代使命。

技术的族（国）际交流史表明，技术硬件能够早于技术软件进行传播，主要是因为技术器物的传播不会首先触及传入方"社会文化系统"的核心——制度层和心理层（对核心层的触及往往会遭到激烈的抗拒和排斥）。在器物层和行为层发生的暂时性变化一般不会引起制度层和心理层的立即改变，这是因为后者具有较为强大的历史惯性，具有稳定的内在承袭机制，能够对外部的偶然性变化进行有效屏蔽。在没有生死存亡之忧的情况下，制度层和心理层的社会传统很难进行自我改变。但是，如果技术硬件能够持续传入某个文化区，势必会对该传入区的经济社会结构产生重要影响，当社会结构的失衡积累到某个阈值时，就会产生巨大的社会动荡，这时候传入地"社会文化系统"的核心层就会面临重大抉择：要么禁止技术硬件的传入，要么改变自身。前者往往会遭到技术转出国的过激反应（如军事威胁），后者则是一场自我革命，二者最终都会导致技术传入地文化传统的改变。对此，历史学家阿诺德·约瑟夫·汤因比（Arnold Joseph Toynbee，1889—1975）也有洞见，"如果人们放弃自己的传统技术而用外来技术来取代的话，那么，生活表层在技术方面的变化的作用，将不会仅仅局限于这一表面：它会逐渐达到更深的程度，甚至使全部传统文化的地基都被动摇。因此，所有的外来文化就会通过外来技术进入到这一媒介，并借助于已经松动了的传统文化的土壤，一点一点地渗透进来"。[①]

技术软件传播相对滞后的原因，还与技术软件的形态、性质和结构有关。以知识、制度、规则和规范形式存在的技术软件与本土文化之间的联系更为密切，与社会其他方面的联系也更广泛，因此需要在原生社会—文

---

① 汤因比. 文明经受着考验 [M]. 沈辉，赵一飞，尹炜，译. 杭州：浙江人民出版社，1988：264.

化环境中才能正常发挥作用。在硬件牵动下的软件传入由于需要多种本土文化因素的联动输入，所以需要经历较多的环节，经过较长的过程。这期间，技术传入方需要对知识、制度、规则进行理解、学习、消化、接受、创新，对这些软件背后的异文化价值理念有深入的领会和认识，这样才能使外来技术在新的文化环境中得到持续发展。中西方一百多年来的技术交流史充分说明了以上过程。洋务运动虽然一开始就购买了西方的"坚船利炮"，引进了西方先进的工业生产设备，但是对西方科学知识的学习，对西方管理制度的引进，对西方文化合理内核的吸收直到今天都还在进行中。所以，技术硬件的持续性族际传播，必然会带来技术软件的后继性传播，技术软件的后继传播，会为更多的技术硬件传播铺平道路。

三、从高势位向低势位的传播

所谓高势位与低势位，是指某一时段里相互交往的不同民族（国家）对彼此文明程度的普遍评价与心理定位，也指在一个民族（国家）内部社会成员之间在社会地位方面的高低分层。就前者而言，共时存在的各民族（国家）之间既有差异也有差距，即它们之间既存在着文化质性上的不同，也存在着在具体器物和制度功效方面的发展差距。在较长时期的交流互动中，由于这些差异和差距的存在，会造成一些民族（国家）处于优势地位，一些民族处于劣势地位，这种情况反映在各自民族（国家）民众的心理层面，会有高低优劣的不同评价。一般来说，技术的族（国）际传播会优先从高势位民族（国家）、社会阶层向低势位民族（国家）、社会阶层传播。

历史上最早成熟的文明都曾是技术文化高地，吸引着周边民族前去学习、引进有关成果。古埃及以其发达的天文学、医学、几何学和建筑学成就而不断吸引着古希腊先贤们前去游学、探寻；古巴比伦也以其发达的数学、天文学、冶金技术、农业技术和各种手工技艺而成为小亚细亚周边民族学习模仿的对象。在古代中国，中原文明的诸多技术成果很早就传播到广大周边地区。在新疆阿尔泰地区考古发现的公元前5世纪塞人部落贵族墓葬中，已有大量中国内地出产的丝织品、漆器、青铜器、玉器及金器等，显示出中原器物文化向西域传播的轨迹。及至西汉，"张骞凿空"开通了陆上丝绸之路，沿途诸国纷纷内附，使团和商贩纷纷来到中国内地，汉帝国的丝货、漆器等源源不断地输往西域各国，"驰命走驿，不绝于时月；商胡贩客，日款于塞下"[①]。到唐、宋时，中国都曾是当时世界的文明高地，相对于周边各族（国）形成了较大的技术文化优势，因而成为诸国的学习对象。直至近代，西方的科技文化对中国形成优势，"西器"成为中国人钦羡的对象，人们以拥有"洋货"为荣，甚至以全盘西化作为社会理想，从而形成了一种"崇洋媚外"的现象。

外来技术在民族（国家）内部的传播也存在从高势位向低势位流动的趋向。一般来说，较高社会阶层人群所拥有的器物文化容易为较低阶层人群所模仿，这是社会评价的心理机制使然。当外来技术器物进入异文化区域后，由于其稀有性和价格昂贵，一般会首先为上层社会所拥有，并在上层社会中传播，当其需求量趋于饱和时，就会自然向下层社会流动。16世纪后期以来，蔗糖在英国社会的消费情况充分说明了这一点。英国本土并不生产蔗糖，12世纪之前英格兰人尚不知道蔗糖为何物，13世纪时蔗糖才由法国宫廷传到了英国皇室。16世纪之前，蔗糖作为极其昂贵的食物仅在英国王室举办的盛大宴会上出现，它们被制成城堡、塔楼、马、熊、猿等各种形状的果脯，后来又被制成象征政治和权力意义的各种糖雕，"这种展示具有高度特权化的性质，因为它使用的是极其稀有的物品，除了国王几乎没有人能够负担得起这么巨大的消耗"[②]。16世纪后期，由于美洲殖民地蔗糖供应的增加，受封的新贵族、成功的商人和士绅们也有能力消费蔗糖了，他们仿效国王或主教们在餐桌上摆上各种糖雕和甜点，以显示自己的身份。到17世纪中期，蔗糖变得更加便宜，它所代表的阶级身份已经

---

① 何芳川. 中外文化交流史［M］. 北京：国际文化出版公司，2008：39.

② 西敏司. 甜与权力：糖在近代历史上的地位［M］. 王超，朱健刚，译. 北京：商务印书馆，2010：97.

降格到社会中层。17世纪后期，欧洲殖民者在西印度群岛的甘蔗产业因暴利而展开激烈的竞争，导致出口到欧洲的蔗糖量飙升，价格大幅下降。18世纪时，蔗糖已经不再表示较高的社会等级，糖的社会象征意义衰落。与此同时，随着蔗糖传播范围的扩大，走向社会底层，糖的消费、运输、加工、生产、税收等大幅度增加，社会权力阶层获得了更多的权力，普及化的日常消费使蔗糖的昔日象征意义一去不复返，"但在这以后，尽量多地为穷人供应糖，不仅是利益的需要，也成了爱国的表现"①。

技术从高势位向低势位传播只是一种宏观的历史现象，并不具有绝对意义。首先，所谓高势位与低势位只是相对而言，从不同的角度看可能完全相反。比如，在军事上占有优势的民族，可能在文明层次上不及被征服的民族，所以才会既有战国时期赵武灵王的"胡服骑射"，又有北魏孝文帝的"易服改姓""尊孔向儒"。其次，技术器物原则上都来源于社会底层，都是下层社会劳动者的成果。在古代社会里，劳动阶层的新发明、新技术和新工艺多是通过贡、赋、租、税、捐、役等形式为上层社会所了解。但是，在交通和信息极不发达的情况下，社会上的新发明、新技术在社会底层横向传播较为困难，而借助官方或者有较高社会阶层的其他群体进行纵向传播，会大大提高速度和效率，这一点直到今天仍不失为一条"捷径"。

第三节　技术族际传播的环境条件

技术族际传播的真正含义不是指一种技术物或技术活动偶然地从一个社会文化环境转移到另一个社会文化环境中，而是指被转移的技术物或技术活动能够长期地甚至永久地在新的环境中存在下去，为新社会群体所接

---

① 西敏司. 甜与权力：糖在近代历史上的地位［M］. 王超，朱健刚，译. 北京：商务印书馆，2010：102.

受，并成为他们的生活基础。技术的这种"在地化"需要一系列的环境条件，即在自然因素、技术因素和文化因素方面获得新环境的支持，这样外来技术才能在"异乡"扎根成长，使不同的民族文化之间缔结起新的纽带，增加相互之间的共同点。

一、自然环境条件

技术作为造物活动对原材料的类型和质量有着特殊要求，某些技术对于气候、土壤、水质、动植物资源等自然环境条件也有特殊要求。只有当这些条件中的一项或者几项得到满足时，外来技术才能在异族他乡生存发展。下面以冶金技术和植物栽培技术为例加以说明。

冶金技术是一项难度较高的综合性技术，除冶炼工艺方法和工具外，其对矿藏的分布和矿物的品位依赖性很强，所以，古代冶金技术的传播多限于有相同矿藏资源的地区之间（这里主要指冶炼工艺而不是指制成品）。这里以中国古代锌冶炼技术向欧洲传播为例。锌是炼制黄铜（铜锌合金，有良好的塑性，可受冷、热压力加工制成管、板、丝、垫圈等多种器材）必不可少的两种金属之一。而这样的地方并不多，15世纪以前主要在波斯（今伊朗）、中国和印度三国发现有锌矿，所以黄铜也主要产出于这三个区域。中国的锌冶炼技术来自波斯，在明清时期发展出当时世界上十分先进的工艺——内冷式炼锌坩埚技术，清朝中期每年有大量锌锭出口到欧洲（用于制造黄铜），1760—1780年，仅出口到英国的锌锭就有40吨。在巨额利润吸引下，英国的伊萨克·劳逊（Isaac Lawson）博士于1731—1736年到中国广东广州一带探求炼锌秘诀。在成功获得炼锌技术秘密后，劳逊回国，于1738年在英国的布里斯托尔指导企业家威廉·钱皮恩（William Champion）和约翰·钱皮恩（John Champion）设厂炼锌。但是，由于英国当时锌矿匮乏，并没有形成规模化生产。与此相似的还有当时的朝鲜，虽然李圭景根据《天工开物》《格致镜原》等书向国人介绍了中国的炼锌和黄铜生产技术，但是由于当时当地还没有发现合适的锌矿石，所以无法炼出锌以及理想的黄铜和白铜。[①]

　　植物资源既是人类生存环境不可缺少的要素，也是人类用于饮食、观赏、养殖等实际用途的可再生资源，因此，进入文明时期后，人类开始有意识地选育、驯化、诱导某些功能性植物，以强化其优良性状，更好地满足生活所需。此类技术经过长期积累，就形成了人类的各种植物栽培技术。植物栽培技术在人类技术交流史上占有重要地位，其传播的成败既与人类的经验技能有关，也与地理气候、土壤有关。这里我们以中国茶叶栽培和加工技术为例予以说明。茶为山茶科常绿木本植物，源起于中国西南云贵川地区的野生大叶茶树，在长期人工培育和选择下，繁育出多个适于饮用的茶种，并逐渐向周边区域传播。[②] 晋人常璩（287—360）在《华阳国志·巴志》中记载，殷商时期巴蜀地区已经生产茶叶，唐人陆羽（733—804）在《茶经》中记载"茶之为饮发乎神农氏，闻于鲁周公"，可见茶树栽培和茶饮技艺历史悠久。唐朝时，中国茶艺传播到日本、朝鲜、越南等国，元朝时期传到阿拉伯世界，明朝末期传到欧洲。17世纪末，欧洲各国开始大量进口中国茶叶，1772—1780年，英国从中国累计进口茶叶达到1.1亿磅，欧洲各国年均进口量达到550万磅，茶已进入欧洲平常百姓家中。在此背景下，欧洲人试图将中国茶种引种到当地，以减少进口。资料记载，瑞典博物学家埃克贝格（Carl Gustaf Ekeberg，1767—1813）将茶树幼苗带回国内，送给著名生物学家卡尔·冯·林奈（Carl von Linné，1707—1778）和乌普拉萨植物园，但因没有适宜的气候和土壤环境而引种失败。后来，英国人发现其南亚殖民地印度阿萨姆邦适合种茶，1780年东印度公司从中国买回茶树和茶种做引种试验，因种植和加工技术不得要领，虽经多次改进技艺，仍然无法制出能与中国茶相媲美的茶。再后来，英国皇家园艺学会暖室部主任罗伯特·福钧（Robert Fortune，1812—1880）奉命来华刺探栽

---

① 潘吉星. 中外科学技术交流史论［M］. 北京：中国社会科学出版社，2012：36-659.

② 中国植被编辑委员会. 中国植被［M］北京：科学出版社，1980；吴觉农. 茶经述评［M］. 北京：农业出版社，1987：13-17.

茶和制茶方法，收集茶种、茶苗，并通过利诱方式带走多名有经验的茶农、茶匠。英国人通过将中国良种与印度野生大叶茶杂交，终于培育出适合当地生长的新品种，在中国制茶匠人的传授下，制成了适于饮用的茶。随后，这些品种又在锡兰（今斯里兰卡）推广成功。印度阿萨姆茶和锡兰茶产量很大，成为英国东印度公司主要收入之一，为英帝国获取了极大的经济利益。[①]

近代以来，随着交通技术的发展，远距离、大批量运输货物已经不再困难，由此带来的成本可以降到很低的水平，异地采购原材料而在本地进行加工生产就成为现代工业的常态。与此同时，随着现代建筑技术和环境调控能力的增强，人们也可以在异地营造一个与技术的原生自然环境十分接近的环境，以此来培育某些对原生态环境依赖性很强的动植物。这样古代时期由于空间距离和地理环境因素而造成的技术传播阻隔在一定程度上就被克服了。但是，这只是技术进步所造成的对自然环境条件不足的补偿，而不是对环境条件的取消，所以原生态自然环境仍然是我们研究技术传播需要重视的前提条件。

二、技术环境条件

在前面有关章节中我们曾述及，技术的构成具有系统性，无论是技术单元内部，还是技术单元之间，都存在着构成要素之间相互依赖、相互制约、相互促进的关系，这是技术正常发挥作用的前提条件。在技术的跨文化传播中，技术的这种系统构成性就表现为对原有技术环境的依赖，即对原有配套技术、支持技术和保障性技术的依赖，只有当这些技术条件具备时外来技术才能在新环境中生存发展，否则就难以持续发展。下面用三个案例加以说明。

汽车是现代工业文明的标志物，汽车工业也是系统集成度最高的半自动化技术之一。早期汽车工业从西方国家向中国传播经历了一个漫长的过

---

① 西敏司. 甜与权力：糖在近代历史上的地位 [M]. 王超，朱健刚，译. 北京：商务印书馆，2010：346.

程，从1901年匈牙利人李恩时（Leinz）首次将两辆美国汽车运抵上海算起，一直到新中国成立后生产出第一辆"解放牌"汽车（1956），经过了大半个世纪。[①] 这期间中国社会几乎一直处于动荡不安的状态，难以集中力量发展现代工业，除此之外，汽车工业所需要的多项配套支持技术的缺乏也是汽车工业技术向中国转移缓慢的原因。从汽车的内在构件看，生产一辆完整的汽车需要发动机、变速器、传动轴、点火器、油箱油管、蓄电池、灯具、电器控制器、橡胶轮胎、车架、刹车器和各种零配件；从外部配套技术看，需要有道路系统、加油站，金属加工技术，电池制备技术，灯具生产技术等；从支持技术看，需要有石油炼制厂、钢铁冶炼技术、电光源技术、橡胶产业等；从保障性技术看，需要有科学的企业管理制度、流水线作业方式、标准化作业、质量控制方法、专业技术人员培训与教育等。这些技术是汽车生产和汽车正常使用所必需的前提条件，是汽车工业发展的基本技术环境。在一个新社会中构建起这样一个完整的汽车技术环境是一项长期的综合性工程，需要多种技术、多个产业和多个部门的协同发展和联合行动。其中缺乏任何一个环节都可能迟滞汽车产业技术的传播。

与此相反的情形是，当一项技术传播到一个新的社会环境后，如果能遇到良好的匹配技术，不但有利于原来技术迅速"落户"，还会使其得以改进创新，提升到新水平。前面我们提到，中国的炼锌技术在元朝时期从波斯引进，由于中国的炉甘石矿（菱锌矿）分布广、品质高，加上中国有悠久的冶金技术传统，所以，炼锌技术在中国推广很快。据我国著名技术史家潘吉星先生考证，从波斯传入的炼锌方法是"外冷式炼锌坩埚"，而宋应星《天工开物》中所记的炼锌方法是"内冷式炼锌坩埚"法，后者是

---

① 1931年5月，张学良主政下的沈阳民生工厂（前身是沈阳迫击炮厂）制造出第一辆汽车，但其主要部件都是从国外进口的，且没有形成批量化生产。笔者赞同彭南生教授的看法，"汽车这一现代工业文明的骄子在20世纪初就传入中国，但中国的汽车工业发展非常缓慢，到1949年新中国成立时，可以说只有汽车修配业，而没有真正意义上的汽车制造业"。参见：彭南生，关云平. 中国汽车工业发展早期阶段的技术路径：以上海汽车工业基地为例 [J]. 湖北社会科学，2014（11）：89–96.

在前者基础上的进一步创新。不仅如此，中国还发展出一种制造锌铜合金的独特方法，潘吉星先生引用1793年12月英使访华录的文字如下：

> 吉兰博士在广州时被告知说，中国工匠用高温将铜烧红，再打成很薄的薄片，火的温度高到铜的熔点（按：>1000℃）。将此烧红的薄铜片放在锌的升华器上，下以旺火烧之。锌的蒸气上升，渗透到铜片内部，与铜片牢固结合。以后再遇高热，锌便不会与铜分离。这种锌铜合金制成后，慢慢冷却后，其质地精细，颜色光亮，远胜过用欧洲方法所制造出来的。[①]

这种方法之所以能被创造出来，与中国已有的两项冶金技术有关，其一是双动活塞风箱鼓风技术，其强有力的连续鼓风可迅速提高炉温，且能很好地把温度控制在接近铜的熔点（1083℃）而未熔化的程度；其二是灌钢渗碳技术，这种方法是将含碳量较低的熟铁打成薄片并捆绑在一起，放在含碳量较高的生铁块之下，然后将炉温升至1000℃至1200℃，这时生铁熔化，其中的碳会随铁水均匀地淋入熟铁之中，最后得到含碳量适中且性能更高的钢。上述锌铜合金的炼制方法显然是对灌钢渗碳原理的运用，其不同之处仅在于所要渗透的物质（碳、锌）的运动方向不同而已。

三、文化环境条件

相对自然因素、技术因素而言，文化因素对技术传播的影响表现出较大的"弹性"。如果技术传出方与技术传入方具有相同或相似的文化类型，那么技术的族（国）际传播就容易实现；如果技术传出方与技术传入方的文化类型差异较大，技术的族（国）际传播就相对困难。就后一种情形而言，技术硬件相对技术软件更容易得到传播，因为技术器物的传播起初多不会触及传入方的文化核心——价值观和哲学观，只有当技术器物的持续

[①]　潘吉星. 中外科学技术交流史论［M］. 北京：中国社会科学出版社，2012：654.

传播引发传入方社会生活发生深层变化时，才会遭受传入方文化的警觉和抗拒。

上述情况是在一般意义上而言的，就每一种文化类型而言，其中的每种文化特质（要素）对外来技术的影响不尽相同。下面以观念文化、制度文化和行为文化为例予以说明。

不同民族（国家）文化中的核心观念在对待技术活动的态度上有较大差别，从而对技术传播造成不同结果的影响。先秦时期以来，中国文化中逐步形成了"重道轻器""重理轻技"的倾向，具体表现为重礼法人伦、书本教条，而轻视实业经济、技术工巧，所谓"德成而上，艺成而下"[①]是其集中体现。这种观念一直到新文化运动时期都没有明显改变，甚至直到今天，"重理论，轻实践""重学术，轻实务"的心态依然较为普遍。这种价值观念显然是不利于技术推广传播的。反观西方的职业伦理，虽然古希腊时期和中世纪时也有鄙视工匠的倾向，但在16世纪宗教改革后，基督教新教（主要指达尔文教）开始倡导一种新的职业伦理，即鼓励人们从事包括技术在内的各种世俗工作，勤奋敬业，实业济世，通过创造财富即可救赎自己。这种务实进取的职业精神在欧洲各国近代工业化过程起到了催化剂的作用。19世纪，美国作为欧洲大陆的移民国家，一方面继承了新教伦理的遗产，另一方面又在新殖民开拓中进一步强化了上述务实进取精神，以实用、探索、创新为特征的文化为来自欧洲的技术传播提供了极佳的文化环境。

不同民族（国家）的制度文化对技术传播也有着不同的影响。中国古代的"官本位"制度和"科举制"一直以来被认为是阻碍中国古代科学技术发展的重要因素，笔者认为这二者更应该被视作阻碍近代西方技术向中国本土传播的主要原因，因为这两种因素存在已久，而中国的技术落后只是从明朝后期才逐渐落后于西方的。"官本位"制度对技术传播的影响主要表现在其过于僵化、呆板的官方管控。日本明治维新后的制度改革与

---

① 礼记：下册［M］．胡平生，张萌，译注．北京：中华书局，2017：741.

中国洋务运动时期的官僚体制形成鲜明对比。"明治维新是涉及政治制度、社会经济结构、学术、技术、文化、教育所有领域的系统性改革；而洋务运动归根结底仅在军事和经济的某些方面采用西方的科学技术，毫不触及政治制度和经济结构本身。"[1] 所以，明治维新的结果直接关系普通大众，是统治阶级与平民百姓之间的权力斗争，最终前者让渡了更多的权力给后者；与此相反，洋务运动与平民大众几乎没有直接关系，有关博弈斗争始终局限于执政者内部。明治维新后的日本开始"向世界求得知识"，平民百姓获得了殖产兴业、居住迁移、婚姻财产、交通往来等方面的自由，接受西化的义务教育；而洋务运动只是封建统治者的"自救"运动，普通百姓没有获得任何自由，所引进的西方技术也多是采取"官督商办""官商合办"的形式，官府垄断了企业的生产经营，外国资本更是没有取得经营工业的权利。最终洋务派官僚"只要果子，不要树木"的设想宣告流产。中国古代"科举制"的消极作用主要在于它扼杀了青年学子和知识阶层从事科技活动的兴趣愿望，因为此类活动与功名进取毫不相关，甚至为天下文人所不耻。

相较于观念文化和制度文化，行为文化对技术传播的影响则是微观的、具体的，尤其是从事技术活动的劳动阶层的行为习惯，对外来技术的使用推广有最直接的影响。陈昌曙先生曾经以"手工意识"和"机械意识"、"秀才传统"与"现场优先主义"为例说明其对技术发展的影响。[2] 手工意识是指在传统农业和手工业部门中长期以手工工具进行劳作而形成的观念、习俗和行为规范，中国的工匠阶层多具有这样的行为习惯和思维方式；机械意识是指长期在近代大工业中用机器劳作形成的行为习惯和思维模式，为近代西方的产业工人所持有。两者的差异如表4.1所示。

① 井上清，李薇. 中国的洋务运动与日本的明治维新 [J]. 近代史研究，1985（1）：218–244.
② 陈昌曙. 技术哲学引论 [M]. 北京：科学出版社，1999：210，230.

表 4.1　手工意识与机械意识的差异 [1]

手工意识	机械意识
万事不求人	协作意识
经验技能	科学知识、技术规则
听天由命，顺应自然	创造制作，控制自然
主观判断	标准意识
依赖个体的动手能力	依靠机械能力
基本不维护（除刀具外）	经常维护保养
自给自足	市场竞争

　　中国长期以来形成的手工意识在西方近代机器技术传入后，显得很不适应，甚至成为技术进一步发展的障碍，如一线工人注重个人经验、技能，轻视操作规范和质量标准；安于现状、故步自封，缺乏创新、进取意识；乐于单打独斗，缺乏合作、协同意识。这种意识面对现代机器大工业是显然不能适应的。举一个极端例子，"在一段时期里，我国一些工业企业是把近代机床当作手工工具来使用的，他们几乎像对待斧锤锄锹那样来对待机床，缺乏认真经常的保养维护，常是开动了就用，能开动就照用，仅这一点就使不少机床未到其使用年限就失去应有的精度，另一方面又缺乏适时的更新换代，乃至过了其合理使用年限仍在服役"[2]。上述手工意识通常是不自觉的，但是对机器技术体系的推广有明显制约作用的一种落后意识。与这种意识同时存在的还有所谓的"秀才传统"，即中国传统社会中读书人所养成的行为习惯和思维方式，如只动口（读书）不动手（实践），耽于高谈阔论，耻于动手实操。与此相反的是日本近代发展起来的"现场优先主义"，其是日本自明治维新之后由武士阶层发展出的重视亲历实践、现场实干的工作作风。这两种职业行为传统在技术实践中有截然相反的效果，中国的"秀才传统"使优秀青年人才倾向于进科室而远离生产

---

[1]　陈昌曙. 技术哲学引论 [M]. 北京：科学出版社，1999：210.

[2]　陈昌曙. 技术哲学引论 [M]. 北京：科学出版社，1999：210，232.

一线，重视理论文章而轻视实际工程技术问题的解决；而"现场优先主义"倡导技术人员以解决实际问题为己任，以现场工作为荣，以手上有油污为本分。在以规模化、流水线和持续创新为特征的西方技术传播中，上述传统行为文化的优劣一目了然。

第四节　案例——近代烟草在中国云南的传入及其在地化

　　云南种植烟草的历史悠久，可追溯至16世纪末（明末清初时期）。现代学者吴晗在《谈烟草》一文中提出，烟草早期传入中国的路线中有三条可以考证：①菲律宾—台湾—福建线；②日本—朝鲜—辽东线；③南洋—广东。[①] 烟草向云南的传播存在以下线索：明末名医张介宾所著的《景岳全书》中提到烟草作为一种可以去除瘴气的药物，天启年间（1621—1627）明军征滇时由内地传入云南[②]。除军队传入外，刘文征《天启滇志》中还记载了一条位于粤西的烟草贸易路线，亦可作为烟草传入云南的另一路径说。[③] 陈翰笙、褚守庄等在内的大部分学者通常认为，烟草是通过福建传入内地后，再进入云南的。[④] 当代学者陈雪在此基础上，以"濮子烟"烟草的种植情况为例，提出了第四条可能存在的路线：印度—缅甸—云南。[⑤]

一、晾晒烟在云南的在地化过程

　　明万历年间（1573—1620）所传烟草，原产于南美洲，因其加工方式

①　吴晗. 谈烟草 [J]. 中国烟草，1979（1）：39-42.

②　倪根金. 梁家勉农史文集 [M]. 北京：中国农业出版社，2002.

③　刘文征. 滇志 [M]. 昆明：云南教育出版社，1991.

④　陈翰笙. 帝国主义工业资本与中国农民 [M]. 上海：复旦大学出版社，1984.

⑤　陈雪. "土"与"洋"：烟草在云南的在地化及其意义 [J]. 民族研究，2019（1）：46-56，139-140.

以日光暴晒与空气晾干为主，又被称为晾晒烟。事实上，在晾晒烟传入云南之前，云南本土已有类烟草药物生产。据成书于明正统元年（1436）的《滇南本草》记载："野烟，一名烟草。味辛、麻，性温。有大毒。治热毒疗疮，痈疽搭背，无名肿毒，一切热毒［恶］疮，或吃牛、马、驴、骡死肉中此恶毒，惟有此［药］可救。"[①] 书中所载野烟，现已被学者证明，并非属于烟草一类，而是属于山梗菜科植物。但野烟在云南本土医疗体系中的原有位置，无疑影响了晾晒烟以医疗药物身份融入云南医药体系中的过程。晾晒烟在南美洲的原有功效，以提神解乏为主。它在云南出现后，受当地人原有野烟使用方式、消费习惯的影响，更多被云南本土人民作为一种比野烟更为有效的止痛清热、驱霉去瘴的药物来看待。

晾晒烟技术在云南的在地化过程中，离不开晾晒烟原料的本土化生产。清代，云南晾晒烟种植业发展尤其迅速，康熙《永昌府志》记载："烟，茶，芦子，出两江，用以和槟榔。"[②] 此时曲靖府的平彝县（今富源）、云南府和蒙化府地区都已开始种植晾晒烟。乾隆年间（1736—1796），晾晒烟种植已扩展至大理府的赵州（今下关地区），广西府的弥勒州、丽江府，澂江府的新兴州，楚雄府的白盐井，临安府的石屏州[③]。在生产技术方面，当地人也对生产知识进行了总结，生成了一套适用于云南本土烟草种植的地方性知识："畦町欲高，行勒欲疏，辟深沟贮浅水，使得滋润而不沾湿，则叶茂盛。种蔫之地，半占农田。"[④]

随着云南烟草种植业的迅速扩大，与烟草有关的产业链亦兴盛起来。晾晒烟在云南的在地化过程中，演变出了四种晾晒烟种类——旱烟、黄烟、刀烟和草烟，以四种不同的加工技术手段作为区分。其中，旱烟制造需要经过发酵，而发酵在云南方言中又称"发汗"，故"汗"通"旱"，名

① 兰茂. 滇南本草：第三卷［M］. 昆明：云南科技出版社，2011：427.
② 中共保山市委史志委，保山学院. 康熙《永昌府志》点校［M］. 昆明：云南人民出版社，2015：74.
③ 谢华香. 清至民国时期云南经济作物的种植及影响［D］. 昆明：云南大学，2015.
④ 方国瑜. 云南史料丛刊：第十二卷［M］. 昆明：云南大学出版社，2001：42.

为旱烟。刀烟和黄烟主要以烟丝粗细作为区分标准。1869年，云南蒙自新安所响水村周氏兄弟发明刀切烟工艺，在技术改良中他们生产出细如头发的烟丝，被称为"刀烟"[1]。1896年，通海县的烟丝生产商对刀烟进行了进一步的改良，使用刨推工艺，切出了更细的烟丝，被称为"黄烟"。草烟则直接摘自烟苗，通过风干或者晒干的方式，直接供人使用，也是最能保留晾晒烟原有味道的烟种。

清康熙年间（1662—1722）已有土烟烟草售卖的范例出现。陈鼎所著的《滇黔土司婚礼记》记载，从福建、广东运输烟草至云南贩卖，此时已是云南省外贸易的重要形式之一。[2] 而在同一时期，云南府和蒙化府也将当地的烟草产品"煙葉""菸葉"放于省内市场贸易流通。[3] 光绪年间（1871—1908），烟草贸易范围进一步扩大，各县所产土烟经常可以自产自销。据《蒙化县乡土志》记载：光绪年间，蒙化县（巍山县）已成为烟草种植的主要产区之一，其种植的草烟行销顺宁府、景东厅、大理府等地。[4] 清末，云南本土烟草开始向境外地区销售，如普洱地区在与老挝、缅甸等地边境互市的过程中，烟草经常作为出售的商品之一，被贩至境外。

二、"洋烟"的传入及其对当地烟草业的影响

晾晒烟烟草经过自16世纪末至19世纪末的在地化过程之后，已然变成了清末时期云南省本地百姓口中的"土烟"。褚守庄在《云南烟草事业》一书中写道："所谓土烟系指当地栽培已久，而非近年输入之火管烤烟，实际上包括'旱烟'、'黄烟'，及'刀烟'等三种。追考其最初起源，仍系

---

① 云南省烟草专卖局，云南省烟草公司. 云南省志·烟草志：上卷［M］. 昆明：云南人民出版社，2008：47.

② 陈雪. "土"与"洋"：烟草在云南的在地化及其意义［J］. 民族研究，2019（1）：46-56，139-140.

③ 谢华香. 清至民国时期云南经济作物的种植及影响［D］. 昆明：云南大学，2015.

④ 凤凰出版社，上海书店. 中国地方志集成·云南府县志辑·光绪蒙化乡土志［M］. 南京：凤凰出版社，2009.

美洲输入之烟种，而非真正之土烟也。"① 卷烟的到来，引起了"土烟"产业链的诸多动荡，同时开启了自身在云南的在地化过程。

卷烟原料为美烟，原产于美国弗吉尼亚州，因成品烟草经烤制而成，故又名"烤烟"。光绪十六年（1890），美商老晋隆洋行率先将纸卷烟输入中国，输入额数十万元。此后进口量逐年递增，至民国二十年（1931），平均每年可以向中国输入价值五六千万元的纸卷烟。② 纸卷烟之所以在国内如此畅销，主要有如下三方面原因：①相较于传统的烟枪，纸卷烟的吸嘴、便携程度、干净卫生程度优势明显。②卷烟具有价格优势。以一系列不平等条约中的低关税率（2%~5%）作为保障，帝国主义向中国倾销了大量卷烟。③欧美国家在中国大陆建立了大量外资卷烟厂和烤烟种植地。因为在中国建厂不仅可以省去高昂的运输费用和关税，还可以直接利用中国本土廉价劳动力和工业原料，在节省成本的同时拓宽了地方销路。

纸卷烟的畅销对中国全国烟草业的冲击是巨大的，云南也不例外。1904年，英美烟草公司（1925年后改为颐中烟草公司）开始在云南昆明、蒙自等地设立办事机构，垄断了云南卷烟市场。③ 宣统三年（1911），英美烟草公司从云南赚取的白银高达43 392两，甚至超过了鸦片战争时期从云南掠夺的银两。④ 云南省大量白银流失的情况激发了当地烟草业对纸烟倾销的反抗。1922年，庾晋候在昆明成立了亚细亚烟草公司，这也是云南第一家私营卷烟厂；1930年，南华烟草公司也在昆明成立，这是云南首家公营机制卷烟企业。⑤ 需要注意的是，在云南，烟草工业先于烤烟种植业建立，这有两方面的原因：①云南交通极为不便，从内地到云南的适合运输的铁路与公路近乎为零。而烤烟烟种已先于山东、安徽、河南等地大规模

① 褚守庄. 云南烟草事业 [M]. 昆明：新云南丛书社，1947：17.

② 褚守庄. 云南烟草事业 [M]. 昆明：新云南丛书社，1947：12.

③ 陈雪. "土"与"洋"：烟草在云南的在地化及其意义 [J]. 民族研究，2019（1）：46-56，139-140.

④ 冉隆中，段平. 烟草王国的红色经典 [M]. 昆明：云南民族出版社，2010.

⑤ 杨寿川. 云南烟草发展史 [M]. 北京：社会科学文献出版社，2018.

种植，云南已不是烟种引进的必选项。②英美烟草公司为打压民族企业，维护自身市场占有份额，对烤烟烟种进行了严格垄断，当地政府多方努力无果，故烤烟烟种难以大规模在云南本土种植。

云南当地烟草公司为尽力满足烟草技术资源的在地化过程，采取了两项措施：一是直接从外省购入烤烟原料，运输到本地后用卷烟机械进行加工，以出产本地"洋烟"。二是直接使用本地晾晒烟烟草作为工业原料，使用和烤烟烟草同样的卷烟加工方式，生产"土烟"卷烟。但是由于运输成本过于高昂，加之"土烟"卷烟口感极差，最终当地卷烟公司无力与英美烟草公司竞争而纷纷倒闭（如上文提及的亚细亚烟草公司，于1928年申请破产，前后不过6年时间）。

"洋烟"在云南本土化道路的坎坷，恰恰给了云南本土"土烟"发展的机会。1932年，云南传统烟草的种植面积达到23.8万亩（约158.67平方千米），产量位居全国13个重点产烟省的第三位。①到1937年，云南晾晒烟的种植面积已发展至42.3万亩（282平方千米）②，达到了历史高峰期。可以看出，卷烟在云南传播过程中，始终与本地晾晒烟的兴衰息息相关，在"洋烟"引入初期，展现出了一种新旧交替、"洋""土"共存的局面。

三、"洋烟"烟草技术在云南的再次在地化

烟草技术可分为烟草种植技术与烟草加工技术。如上文所述，在云南，烟草加工技术先于烟草种植技术发展，但受制于原材料的短缺，迟迟无法完成本土化发展过程。这种情况自1939年起有了明显改变。彼时，全面抗日战争进入艰苦阶段，中原地区烤烟种植业因日本军队的侵略而被大规模破坏，烤烟原材料的短缺造成了中国卷烟业供给严重不足。随着战时大量来自内地的工厂和人员的迁入，云南卷烟消费量随之剧增。这为卷烟在云南的本土化过程提供了有利机会。1939年，为挽救民族企业，由宋子文出面

---

① 庞雪晨. 近代云南农学书刊研究［D］. 昆明：昆明理工大学，2009.

② 褚守庄. 云南烟草事业［M］. 昆明：新云南丛书社，1947.

向云南省政府提出请求，以南洋兄弟烟草公司为主，在云南境内推广烤烟种植。当年秋天，试种收获的烟叶被送回香港南洋兄弟烟草公司品评，鉴定结果为优良，可以作为纸卷烟之原料，这是云南首次成功引进美烟。

烟草技术原料的在地化，为烟草技术知识、功用、风格、制度的在地化铺平了道路。1940年，南洋兄弟烟草公司再次派遣技术人员去往云南蒙自县（今蒙自市）进行烤烟品种试种，并且再次获得成功。[①]烤烟烟种的一系列成功试种加速了云南省大规模引进烤烟烟种的过程。1941年3月，云南省政府成立了烟草改进所，专门负责烤烟的推广种植及初烤。1943年，云南烟草改进所、云南纸烟厂、云南烟叶复烤厂又合并为云南烟草生产事业总管理处，归云南省企业局管理。自此，经过将近40年的漫长历史过程，云南的烟草事业在种植、烤制、卷烟这三个主要技术环节上，首次形成了农、工、商三位一体的统一管理制度体系。

烤烟烟草技术制度的形成与相关知识的传播具有同步性。烤烟技术知识主要分为三种：栽培、病虫害防治、熏烤技术。1942年，云南烟草改进所开办了烟草技术人员训练班，以便快速落实烤烟烟种在云南本土的大规模播种。训练班成员包括从大专院校选拔的专业人才、中学毕业生、农职校毕业生、相关从业人员以及无学历的烟农。对于高级指导人员的培训，训练内容主要以原理性烟草科学知识（如烟草常见病虫灾害预防知识、肥料的配方知识等）、地方性知识（当地气候的变化、土壤的特性等）为主；对于实地工作人员、地方技工、美烟产销合作人才，训练班则主要以传授实用性规则知识（烤烟的育苗过程、熏烤温度与时长的控制等）、操作技能为主。这些专业培训和学习使云南烤烟技术传播走向了科学化和制度化。

"洋烟"在云南的传播，也在悄然改变着吸食"土烟"这一传统消费文化。当地人吸食"土烟"烟草有嚼烟、鼻烟、水筒烟、水烟袋等方式作为辅助手段。在"洋烟"传入后，一些传统吸食方式随着土烟的没落而逐渐消失。以鼻烟为例，科尼利尔斯·奥斯古德（Cornelius Osgood, 1905—

---

① 王艳. 云南美烟的引进和推广研究（1939—1949）[D]. 昆明：云南师范大学，2018：22.

1985）记载道："高峣没人嚼烟，没人抽鼻烟，听说大约在第一次世界大战时期（1914年7月—1918年11月），鼻烟就从高峣消失了，附近的回教徒还抽鼻烟。"[1]事实上，纸卷烟的加工技术风格在本土化的过程中出奇的顺利，它的形制与外观比传统的烟枪、烟筒等烟具更加受当地人欢迎。与其说当地人为了迎合纸卷烟而改变了自己的吸食方式，不如说它的吸食方式原本就极其符合当地人的喜好与审美，中指和无名指并拢以夹住纸卷烟的吸食方式，很快就成为当地人的流行文化之一。

四、"洋烟"烟草技术在云南的本土创新发展

首先以烟种的选取为例。美国本土烤烟品种极多，弗吉尼亚州的农业环境与云南相比不尽相同，所以在选种时必须以云南农业环境条件为基础，挑选出适宜在云南生长的烤烟品种。所以云南烟草改进所成立后完成的第一项任务，即设立昆明长坡试验场，另外在富民县划出百余亩试验性土地，聘任专家对美国所有烤烟品种进行对比试验。经过试验，徐天骝等农业专家得出结论——在所有引进品种中，"金圆种"（Gold Dollar）最适合云南本土农业环境。故1942—1945年，云南省烤烟种植一直以"金圆种"为主。[2]1945年之后，"大金圆种"逐渐代替"金圆种"成为云南烤烟主要品种。

烤烟播种的时间、肥料成分等也因云南的农业环境而发生了改变。徐天骝等人根据云南气候变化规律，计算出昆明区的播种时间应普遍在清明节前后，而玉溪区的播种时间应延迟至谷雨甚至立夏时节。[3]肥料分为基肥和追肥，徐天骝还在肥料成分与配比上进行了创新。云南烟草所用基肥的成分为"普通每亩用油枯粉100市斤，或腐熟厩肥与草木灰1000市斤"[4]。追肥的成分为"（1）猪粪尿经发酵腐熟后，加3倍的清水，逐穴浇下，数

① 奥斯古德. 20世纪30—40年代中国的农村生活：对云南高峣的社区研究［M］. 何国强，译. 上海：复旦大学出版社，2017：154.
② 何忠禄. 云烟奠基人徐天骝文选［M］. 昆明：云南民族出版社，2001.
③ 王艳. 云南美烟的引进和推广研究（1939—1949）［D］. 昆明：云南师范大学，2018.
④ 褚守庄. 云南烟草事业［M］. 昆明：新云南丛书社，1947：32.

量视土壤的肥瘠而定。如遇猪粪尿不敷时，可使用腐熟人粪尿代替。（2）将菜子饼，俗称'油枯粉'粉碎后，混入等量的草木灰或单独用菜饼粉，壅于土内近烟株之处，但切忌贴近幼根。每亩施用量为40~60千克。第一次追肥使用10至15日后，视生长的情况再施第二次，此次宜用菜子饼，切忌使用人粪尿"①。

　　烤烟烟草病虫害预防一直是云南烟草种植业的难题。各地土壤气候不同、栽培品种也不同，烟草所面临的各病虫灾害也不相同。1944年，云南省烟草改进所聘请了周家炽和徐天骝对烟草所面临的病虫害做了系统性的调查研究。经过调查，烟草改进所总结出了13种云南烟草病害：白化病、刀叶病、镶嵌病、邹叶病、环斑病、野火病、白粉病、煤灰病、褐斑轮纹病、褐斑灰心病、斑病、立枯病、枯萎病。1945年，云南省对烟草虫害进行了防除试验②，"发现云南虫害最严重的是金龟子、土蚕，次者为青虫、蚜虫和穿心虫等"③。

　　在烤烟烟草加工技术方面，云南亦有本土创新之处。云南烟草改进所根据本地的农业环境，重点改造了烤房的大小形制与内部构造。设计出来的烤房密封效果好，外界空气灰尘和杂质不易进入烤房内部。由于通风管道不多，外部操作人员更易对内部的温湿度进行控制。1948年，刘幼堂对此种烤房做了进一步改造，"将下气孔安装在火管的下面，以调节烤房中部的温度，使烤房内部受热均匀。该烤房亦被称作龙泉式烤房"④。

---

①　何忠禄. 云烟奠基人徐天骝文选［M］. 昆明：云南民族出版社，2001：91.

②　何忠禄. 云烟奠基人徐天骝文选［M］. 昆明：云南民族出版社，2001：97-101.

③　褚守庄. 云南烟草事业［M］. 昆明：新云南丛书社，1947：81.

④　云南省烟草专卖局，云南省烟草公司. 云南省志·烟草志［M］. 昆明：云南人民出版社，2003：119.

第五章

技术的民族化

　　技术传播不只是技术从一地迁移到另一地，从一种文化移植到另一种文化，还是技术在新的地域和文化环境中适应生存、发展创新的过程。在后一个过程中技术一方面实现了"二次创新"，获得了新的生命力，另一方面也实质性地改变了新环境中的自然和人文存在，实现了与新环境的调适融合。所以，从严格意义上讲，技术传播必须有一个技术的"在地化"过程，通过在新环境中重新情境化（contextualization）和社会化（socialization），与新环境融入一体，技术传播才算完成。从民族交流史的角度看，我们把上述技术在地化过程称为"技术的民族化"。如果"技术的民族性"是对技术内在属性的静态反映，那么"技术的民族化"则是对技术演变过程的动态呈现，二者相辅相成，互相依赖，共同构成本课题的主题。

第一节　技术的民族化内涵

　　由于技术天生具有民族性特质，所以当一项技术从原生民族环境传播到其他陌生民族环境中时，必然会遭遇到一系列的不适和障碍。消除这些不适和障碍无外乎两种方式：一种是把这些不适和障碍的条件消除掉，这通常意味着对传入方文化生态和技术生态的破坏，要诉诸较多的暴力手段

（如殖民侵略）；另一种是传入技术本身发生变化，主动适应异民族的文化生态、技术生态和自然生态，通过在材料、形制、外观、功用、文化内涵、组织方式等方面的适应性变化而能为异民族环境所接受，甚至成为异民族文化的一部分，此种和平渐进的方式即"技术的民族化"。

　　任何技术活动均由技术主体来执行，技术的民族化主体可以是技术的传出方，也可以是技术的传入方。以上我们着眼于技术传出方对"技术的民族化"进行表述，康荣平先生曾经从技术的传入方角度对技术的民族化进行表述："技术的民族化是指具有特定民族性的技术体系，将外来的具有其他民族性的技术成果消化、吸收，融合为该技术体系中的有机成分或形成一新体系的过程。"[①] 由于技术主体不同，技术传播的出发点不同，两种"技术的民族化"启动的方式和效果会有所差异（从两种不同角度，技术传播可以分别被称为"技术输出""技术引进"），但是其实质具有一致性，即都使进行传播的技术客体在新的民族环境中进行"再社会化"（re-socialization）和"再情境化"（re-contextualizaton），以获得新的民族属性。上述过程要借助进化与建构两种机制来进行。

　　迄今学术界已普遍认为，技术的演进存在"进化"与"建构"两种基本的机制。关于技术的进化机制前面虽有提及但未及深入展开。早期人类学家从物质文化的序列呈现中描述了技术进化现象，后来，亨利·佩卓斯基（Henry Petroski）在《器具的进化》、约翰·齐曼（John Ziman, 1925—2015）在《技术创新进化论》、乔治·巴萨拉（George Basalla）在《技术的进化》（汉译名是《技术发展简史》）、斯蒂格勒在《技术与时间》中都对技术的进化机制作过分析，我国学者肖峰在前人研究基础上对技术的进化机制进行了更加深入的分析，指出技术进化既是达尔文意义上的进化，又是拉马克意义上的进化，技术的渐变特征可以为这两种理论所解释，而

---

① 康荣平. 建立具有中国特色的技术体系：技术的民族性与民族化初探［J］. 自然辩证法研究，1986（1）：48—53.

技术的突变特征需要用现代广义进化论去解释。[①] 关于技术的建构机制我们在第一章和第三章中已有介绍 [如20世纪80年代英国爱丁堡学派对技术的社会建构特征所做的系统性研究（SST 理论）]，这里不再赘述。进化机制与建构机制的背后是自然规律与社会规律的双重作用，它们互相独立、互相依赖、互相作用的关系是技术发展的基本动力，进化论与建构论因此成为我们研究技术演变的具有互补性的双重视界——没有前者我们无法说明新旧技术之间的继承关系，没有后者我们无法说明技术有目的的改进和创新。这两种理论视角对于我们分析技术的跨文化传播和技术的民族化过程具有同样重要的意义。

技术的跨文化传播类似于物种从一个环境迁移到另一个环境，技术的民族化过程则类似于物种在新环境中进行的适应性进化。这种进化并不完全等同于生物的纯自然进化，因为它是在新社会因素参与建构下发生的，是人有意识地选择、设计和塑造。基于这个认识就会有下述结论："技术引进也可以借鉴进化的规律。在生物进化的过程中，不同的生物适应不同的环境，或者说不同的环境选择不同生物；生物界中的适者生存，不适者淘汰，在特定的条件下同样适用于技术，社会的选择决定什么样的技术成为现实的技术。环境选择物种，一定意义上也就是环境塑造物种，类似于社会塑造出特定的技术。不同的生物适应不同的环境，或者说不同的环境选择不同生物，因此技术也是有地域性的，技术的引进也是需要本土化的；盲目引进物种可能是物种的不能存活，也可能对生态形成破坏，盲目引进技术也同样面临这两种可能性。"[②]

与"技术的民族性"相对应，"技术的民族化"应该包含以下具体内容：①技术资源的在地化，即技术所用的原材料应该"就地取材"，除非当地没有相应的原材料或者原材料达不到技术上的要求；尽量在当地已有技术

---

① 肖峰. 论技术演变的进化特征及其视界互补 [J]. 科学技术与辩证法，2007（6）：71-75，112.

② 肖峰. 论技术演变的进化特征及其视界互补 [J]. 科学技术与辩证法，2007（6）：71-75，112.

体系中寻求辅助性技术支持；最大限度地利用当地的人力资源。②技术知识的在地化。技术中的知识包括原理性科学知识、地方性知识、规则知识和默会知识等几种类型，古代技术知识以地方性知识和默会知识为主，近代技术知识又加入了规则性知识，现代技术知识则加入了原理性科学知识。三个历史时期的技术民族化，都程度不同地要求有地方性知识和默会知识的参与。③技术功用的在地化。一般来说，传入异民族中的技术是为了满足传入地人们的需求，因此需要根据传入地人们的消费习惯、使用方式而进行功能上的适应性改变。但是近代资本主义的殖民开拓，其进行的海外技术投资未必都是服务当地市场的，许多是为了在其他海外市场销售，所以可能会缺失此环节。④技术风格的在地化。在地化的技术生产如果是为了满足当地人的需求，那么需要在形制和外观设计上更符合当地人的审美爱好，技术产品的结构和功能也要与当地人的情趣相投，这样才能获得更多的社会认同。⑤技术制度的在地化。技术活动的组织方式和管理方式需要在新的民族文化环境中进行调整，以适应传入地的历史传统、社会心理和政治制度。实践表明，不同民族制度和心理观念的差异是导致技术传播迟滞的主要原因之一，往往需要经历较长时间的磨合、调适。

　　需要补充的是，技术的民族化并不意味着外来技术完全放弃了自己的技术结构、功能、特点、理念和风格，消融于异民族的社会文化环境中。这一方面会形成逻辑上的悖论，另一方面也失去了文明互鉴、互通、互学、互促的实际意义。技术之所以能够在不同民族和地区之间交流，首先是因为其具有独特的实用价值、观赏价值，以及后续的商业价值、文化价值等，这些是异民族中所没有的，或者是其所缺少的，因此对其形成吸引力。所以，技术在异民族中实现"民族化"的同时，也要保持自身的特色和优势，在不影响其传播的前提下尽量彰显其长处，以自身的优势获得广泛的推广应用。但是，如何做到"民族化"中的"变"与"不变"、"适应"与"固本"、"创新"与"守持"却是技术传播主体需要结合实际情况予以解决的问题。

技术的民族化过程与技术的族际交流几乎同步展开，因此前者与后者的历史同样久远。在绝大部分历史时期内，技术的民族化过程都是在自发状态下进行的，既缺乏理论反思，又缺乏自觉的社会实践，因此具有很大的盲目性。在古代社会，以战争、迁移、商贸等形式进行的技术族际交流中，技术的民族化过程具有偶发性、强制性、单一性等特征，往往需要经历很长时间才能完成。[①] 近代以来，随着交通技术的发展和资本主义殖民扩张，技术的族（国）际交流日益频繁，交流途径和方式更加多样化，交流的规模和速度不断增加，这客观上要求技术民族化的范围、规模和速度也要同比例地提升。但是由于奥格本所说的"文化的滞后性"（非物质文化相对于物质文化的滞后性），技术民族化在世界范围内并不能同步跟上，因此就造成了大范围的、持续的文化冲突和摩擦。如何消除这些冲突和摩擦，实现技术与文化的协同演进，使技术、自然与社会和谐共生、良性互动，是我们这个时代亟须解决的理论与实践课题。

第二节　技术的民族化过程

马林诺夫斯基深刻地认识到文化的传播是"二次发明"，他说，"文化传播的方式不仅是机械式的转运。每逢一种文化借助于另一种文化，它往往将它借来的东西或观念翻一花样，重新配合。借来的观念、制度或发明被放在新的文化环境之中，使之适合新的环境，而与该处固有的文明相调合。在这种重新配合的过程中，物品或观念的形式和功能，甚至本质，都经过很大的修改——总之，经过第二次发明"[②]。这里的"二次发明"无疑

---

① 以武力手段进行的民族征服短期内实现了技术与文化的迁移，但要真正实现不同民族技术与文化的融合仍需要经历较长的过程，经历较多的社会动荡。

② 马林诺夫斯基. 文化之生命［M］// 斯密司，等. 文化的传播. 周骏章，译. 上海：上海文艺出版社，1991：23.

是包括技术在内的，因此也可以视作技术的民族化过程。那么，作为二次发明的技术的民族化过程具体包括哪些环节、机制和内容呢？我们下面从技术传入方的角度进行详细揭示。

一、评估选择

异民族文化在交流互动过程中，会有多种技术为对方所认知，但是特定的历史时段，由于各种条件的限制，这些传播中的技术并非都能为对方所接受，而是只有部分"幸运者"被选择接受。这一过程有多种复杂的情形，我们根据传入方在技术引进中的作用分为被动接受、自发选择、自主引进三种类型。

技术的被动接受通常是在外部强势力量压迫下进行的，由于外族入侵或者自然灾害等原因，一方在生存危机下不得不接受另一方的技术，甚至全盘接受强势民族的文化。在此情形下，短期内外来技术表现出较强的刚性，甚至处于支配性地位，但是随着时间的推移，为了稳定社会和改善民生，官方和民间会根据传入地的优势条件对外来技术进行改进性调节，使接受方民族的某些自然—人文因素融入外来技术之中，从而使其于一定程度上实现在地化，这往往会经历一个较长的历史时段。

在大多数情况下，各民族之间的技术交流是在和平交往中进行的，如商贸互市、使节互赠、宗教传播、旅行游学等方式都是技术自由交流的渠道，此种情形下的技术传播及其民族化是由技术主体自发、自愿来完成的，表现出明显的文化选择性和社会过滤性。在和平自愿的情况下，传入方技术主体会充分考虑外来技术及其产品的社会需求、经济价值、文化禁忌和制度约束，对外来技术的价值和风险进行充分评估，在利益最大化、风险最小化的原则下进行选择取舍，最终决定选择何种技术予以引进推广。由于技术选择是由一个个独立个体做出的，每个人在信息量掌握程度、分析判断能力、经营管理能力和抗风险能力方面差异较大，所以从整个社会层面看，技术引进活动就具有随机性、分散性和间断性等特点，此种情形下的技术引进，继而是技术的民族化过程也就需要经历较长的历史过程。

外族（国）技术的自主引进是技术引进方有计划、有目的地主动实施的行为，是基于系统性选择基础上的技术决策，目的在于通过先进或独特技术的引进弥补族（国）内的不足，满足内部需求，获取商业利润，或者是出于其他方面的考虑。这种主动的技术引进方式虽然在古代社会已经存在了（如敌对国之间在军事技术上相互采借利用，邻国在商业竞争中也互相学习借鉴对方的长处），但其时的活动多由官方主导，民间尚不具备大规模进行的条件。近代以来，随着资本主义殖民活动在全球范围的展开，此类活动逐渐由政府主导转为政府调控下的民间自主行为，多由大型企业、财团和贸易公司来组织施行，通过市场机制，实现技术的有无互通和由高势位向低势位的流动。与前两种类型的技术传入相比，自主引进的技术实现在地化的成功率会大幅提高，实现在地化（民族化）的过程也会明显加快。这是由于技术引进主体在进行技术选择时更有针对性，具有更加充足的财力和强烈的内在动力，在专业技术能力和信息掌握程度方面也更有优势（这不仅是由于近现代的专业化分工、跨国经营方式，还由于国家有关机构的服务性支持）。因此，近代以来的技术引进规模和速度呈加速上升的态势，成为推动世界经济一体化、文化趋同化的主要原因之一。

技术评估和选择主要发生于技术引进的后两种类型之中，是一个民族或国家面对外部优势文化所做出的主动性决策，对于改变本族（国）的落后局面具有前瞻性和全局性意义。因此，其历来为政府、企业和学界重视，迄今已形成比较系统完善的理论。这里我们简述一下其基本要点和原则。

（1）技术选择的影响因素。影响技术选择的因素可以从系统目标和约束条件两方面进行分类。在系统目标方面，有经济目标、技术目标、社会目标和环境目标；在约束条件方面，有需求约束、资源约束、技术约束、文化约束、生态环境约束等。它们分别对应着技术引进中的相关因素，因此需要对相关因素的内、外部状况进行详细的调查了解，基于可靠的数据和所处发展阶段的了解进行合理性、可行性分析，对机遇和风险进行充分评估，对其未来动态发展进行准确预测，以严谨可靠的研判来保证选择的正确性，避免重大投资失误。

（2）技术选择的标准。技术选择的标准是技术选择的依据，其主要基于对技术性质、类别、先进程度和发展阶段的认知而确立。目前，学界对于待选择技术有多种分类方式：根据其先进性程度，技术可分为尖端技术、先进技术、中间技术、落后技术、淘汰技术等；根据技术所处的周期阶段，技术可分为研发期技术、成长期技术、衰退期技术、成熟技术；按技术中所包含的关键性生产要素，技术可分为资金密集型、劳动密集型、技术密集型、知识密集型；按引进技术的目的，技术可分为先进技术、中间技术、适用技术、累进技术等；[①]按能源消耗和排放程度，技术可分为高能耗、中能耗和低能耗技术，高排放、低排放、零排放技术（清洁技术）等。基于上述对待选技术的分类分级评判，技术引进方应该从自己的族情、国情或企情出发，结合技术引进的目标和技术发展态势，选择与本族、本国、本区或本企业相适合的技术。

3. 技术选择的分析内容。此项一般在宏观和微观两个层面展开。宏观分析是指在区域、国家和行业的水平上进行的技术选择分析，主要内容包

---

① 中间技术、适用技术、累进技术是20世纪后半期由西方学者提出的概念，意在表明技术引进要与技术引进方的能力和条件相适配，而不是盲目追求技术的"先进性"和"规模性"。中间技术由英国经济学家恩斯特·弗里德里希·舒马赫（Ernst Friedrich Schumacher, 1911—1977）于1963年提出，强调技术引进不应过于追求先进性，而要与引进者的能力相匹配，以充分发挥引进方的劳动、资本、技术和资源优势为鹄的；适用技术概念由印度经济学家雷迪（Amulya K. N. Reddy）于1975年提出，强调所引进的技术要与区情相适合，综合考虑现有技术基础、消费水平、劳动力素质、社会制度和文化传统，能够对现有技术要素进行最优化的组合；累进技术概念由凯斯·马斯丁（Keith Marsden）于1970年提出，意在强调技术发展具有传承性和累进性，技术选择要考虑本族（国）技术的承接能力、与既有技术体系的契合程度等，在条件许可范围内循序渐进地获得技术进步的能力，而不是照搬国外的技术。以上三个概念没有实质性的区别，只是侧重点和表述方式不同而已。黄茂兴，冯潮华. 技术选择与产业结构升级：基于海峡西岸经济区的实证研究［M］. 北京：社会科学文献出版社，2007：12-13.

括：①技术分析。拟引进技术的未来发展前景，其在整个行业中的地位，对行业的引领性、带动性和辐射性，对宏观产业结构优化的作用。②经济分析。宏观投资规模和行业成本，可能带来的经济效益、机会成本等；对宏观经济造成的影响，如市场结构、资源供应、就业转岗、信贷与税收规模等。③环境分析。拟引进技术可能给生态环境造成哪些危害，对其影响范围和大小给予定量和定性分析，计算消除这些危害所需要投入的成本，以确保引进技术的生态效益为正。④社会分析。拟引进技术会有多方面的社会影响，如对教育、就业、立法、制度、价值观等的影响，这些影响有的是正面的，有的是负面的，还有的是中性的，通过充分了解和全面评估，确保所引进的技术能够促进社会的健康发展和良性循环。微观分析是在企业层面进行的技术选择分析，主要包括技术工艺水平、生产流程的先进性和效率、生产设备的可靠性与安全性、本企业的吸收消化能力、技术结构的优化、技术要素的匹配、产品的市场情况、竞争对手与竞争技术的反应，以及与上述因素相关的财务核算等。

4. 技术选择的原则。在实践中，主要把握好以下四方面的"统一"：①先进性与适用性相统一。先进性是技术评估的首要标准，但是先进性具有相对性，如果这种相对性不能有效地带动引进方的技术发展，为引进方所消化吸收，产生应有的经济收益，那么这样的先进性是无意义的。所以，技术引进的先进性必须立足于引进方的"适用性"。另一方面，过分强调适用性，而忽视技术的未来发展，忽视先进技术的引领作用，必然会陷入落后被动的境地。②成本与收益的统一。市场机制下的技术引进活动会把经济性作为基本原则，即以最少的成本投入换取最大的经济收入，后者要确保大于前者。但是这种营利目标是在一个较长的时段内实现的，短期内往往表现为投入多、营利少，甚至没有营利回报，所以要求技术引进主体具有较为雄厚的经济实力，对投资计划有较强的执行力以及防风险的措施，保证在计划期内实现营利，形成生产经营的良性循环。③经济效益与社会效益的统一。技术的显著特点是其"异质集成性"，其对社会的影响也是多维的、复杂的，以致很难对技术的社会后果进行准确预测（存在所谓的科林格里奇困境①）。所以，技术主体在获取经济利益的同时，还要承担应尽的社会义务，对技术可能造成的可预见的负面后果及时预防，趋利避害，使局部利益、眼前利益服从于整体利益、长远利益。④技术结构的合理化原则。我们前面已经说明，技术内部和技术之间存在着不同层级的比例结构关系，从而形成不同规模和级别的技术体系，无论企业、行业还是国家都需要保持技术体系结构的和谐与动态优化，这样才能保持全局的最优状态。技术引进一方面会打破原有的技术结构关系，从而产生暂时的、局部的关系失调，另一方面也会建立新的结构关系，取代原来落后、低效、失衡的结构关系，形成新的、高水平的有序结构，所以技术引进就需要在创新与守持、变革与稳定之间保持适当的张力，既保持合理的结构关系，又要使技术体系富于创新活力。

二、模仿学习

评估选择完成后即进入技术的引进实施阶段，技术引进方需要在此前调研和决策的基础上有序地组织各项技术构件的转运、安装与调试，建立相应的生产经营组织，确立管理架构和管理制度。所引进的技术构件可以分为硬件、软件、人员三大类。硬件包括机器装备、零部件、辅助设备、维修工具、原材料、测试检测设备、样品等；软件包括反映设备安装方法、工序流程、操作方法、产品设计、制造方法、测试方法、材料配方、技术标准等重要信息的各种技术文件；人员包括外方的技术指导人员、引进方接受培训的工程技术人员等。该阶段的主要任务是把以上技术构件组合到位，安装调试，达到与技术传出方相同或相近的运行状态。

一般来说，技术引进的安装调试阶段要经历较长的过程，这主要是因

---

① 科林格里奇困境（Colling ridge's Dilemma）是指在技术发展早期，其社会后果并不能被完全预测到，尤其是技术可能造成的消极后果并不能被准确、详尽地预见到。随着技术的进一步发展，当其负面效应逐渐显现时，技术通常已经深深嵌入整个社会结构之中，此时再对其进行控制和调整就变得异常困难，需要付出很高的社会代价。

为影响技术正常运行的因素和环节较多。特别是现代的自动化（或半自动化）生产线，动辄数千个零部件，几百道工序，部件与工序之间彼此关联，安装调试过程烦琐复杂，任何一个部件或环节出现问题，都会影响整个生产线的运行。影响此阶段进度的另一个关键因素是引进方工程技术人员的知识和技能。由于所引进的技术一般都是本族（国、区）所没有的，具有一定的新颖性和先进性，所以引进方的专业技术人员和技术工人一般都不具备相应的专业知识和技能，因此其需要系统地学习和训练。这一点对现代技术传播（转移）而言尤其重要。培养东道方工程技术人员和一线工人的专业知识技能，使其能够理解有关的技术文件，了解基本的技术结构和原理，熟悉工艺流程和操作方法，掌握机器设备的维护、维修方法，遵守有关技术规章，这是技术引进的初期阶段必须完成的任务。它不仅影响着技术引进的进度，而且决定着技术民族化（在地化）后续各阶段的成败，是技术引进由模仿学习发展到改进创新、再到自主创新最为关键的要素。所以，对引进技术知识技能的学习是技术引进中最为重要的内容。西方学者很早就认识到了这一点，罗纳德·多尔（Ronald Dore，1925—2018）指出，技术转移的"主要问题不是发达国家的跨国公司是否愿意转让硬件或工业产权"，而是"如何将存在于外国人头脑中的知识转化为本国民众的知识"。①

如果说前现代时期，技术传播与技术引进中的学习主要是个体层面的"个人学习"模式，那么在现代产业模式下，技术传播与技术引进中的学习主要是企业层面的"组织学习"模式。迄今国内外学者对这种学习模式与技术引进各阶段之间的关系多有研究，笔者在吸取前人成果的基础上，提出了以下四种学习模式。

---

① DORE R. Technology in a World of National Frontiers [J]. World Development，1989，17（11）：1665–1675.

1. 适应性学习模式。^① 在技术引进初期阶段，引进方面对的是全新的或者与己方原有技术差距（异）较大的技术，为了消除陌生感，使新技术尽快投入使用，引进方技术人员和操作工人不得不"照单接受"与之有关的知识和技能，照搬各种指标要求，模仿各种行为技能，熟悉有关的操作规程，学习有关制度规范。这种学习方式尽管是被动的、适应性的，甚至是"囫囵吞枣"式的，但是引进方技术人员和工人初步了解了全新的知识和技能，培养了必要的技术行为纪律，认识了由新技术带来的外部文化，从而在知识结构、行为习惯和文化观念上有了较大改变。

2. 理解性学习模式。度过技术引进的"陌生期"后，对待外来技术就进入消化吸收阶段。这一阶段的主要任务是维护技术生产过程的稳定性，使其在预期技术能力和生产质量指标下安全运行。对专业技术人员和操作工人而言，深入系统地认识新技术的工作原理和运行机理、熟练掌握各种调控技术和手段、习得各种操控技能，从而能够全面驾驭和操控新技术，就成为其专业技能学习的主要目标。显然，这一阶段学习的基本特征是理解—领悟式的，而不是机械地记忆和接受，目的是培养其独立工作的能力。这是摆脱对族（国）外技术人员的完全依赖，走向技术独立的基本前提。

3. 探究性学习模式。要实现外来技术的在地化，完成技术的民族化过程，必须在接纳学习和消化吸收的基础上能够独立研制，模仿建造，并有所创新，把本土社会的一些优势元素融入新技术之中，从而实现关键技术的国产替代。如果不能实现"国产化"，意味着技术引进方要持续不断地依赖从技术传出方进口关键技术设备，永远处于产业链的下端，充当他族（国）技术销售市场，甚至陷入"引进—落后—再引进—再落后"的不良循环之中。因此，在改进创新阶段，"加强企业自身的研究与开发，结合自己的国情，进行一定的产品功能改进，使企业的技术体系沿既定的技术

---

① 在《二次创新的周期与企业组织学习模式》一文中，吴晓波对适应性学习的表述要点是"进行秩序调整以形成相对宽松的、能适应一定变化的新系统秩序"，笔者认为其没有切中适应性学习的实质，所以进行了新的阐释。参见：吴晓波. 二次创新的周期与企业组织学习模式[J]. 管理世界，1995（3）：168–172.

轨迹有所发展成为这一阶段'组织学习'的主导模式"①。如此，就要求企业管理人员和专业技术人员树立自立自强的观念，培养自力更生的精神，组建起一支善于学习、勇于进取，能够独立攻关的专业技术团队。

4. 创造性学习模式。实现技术国产化后，表明本族（国）企业已经完全掌握了此类技术的相关知识和技能，成功地把外部技术移植到本土文化环境之中，实现了技术的有效传播。在前现代时期，由于技术发明创新的速度十分缓慢，技术传出方与传入方可能会从此并驾齐驱地发展此类技术。但是自西方近代工业革命以来，科学发展以及技术创新的速度不断加快，技术传播在波浪式推进的同时，策源地的技术在以更快的速度进行发展。这意味着很多被传播的技术刚实现了国产化，就变得落后了。要打破这种技术发展的"魔咒"，就需要技术引进方要从"追赶战略"及时过渡到"超越战略"，在与族（国）外技术合作中，紧盯技术前沿，紧跟创新趋向，超前介入先导性技术的研发中。这对"组织学习"模式提出了新要求，即"以全新型发明或采用新技术为突破点，实施重大技术创新，进行一系列积极的、根本性的系统重构"②，这样，技术引进方才能实现技术范式的根本转变，摆脱所引进的技术旧范式，确立具有更多民族要素、民族底蕴的新技术范式。从技术追赶者转变为技术引领者，确立起本民族的技术品牌。

对于技术引进中的学习模式，还存在一些其他的表述方式，如陈劲把技术引进分为技术吸收、技术改进与自主技术创新三个阶段，与之相应存在"干中学（learning by doing）""用中学（learning by using）""研究与开发中学（learning in research and development）"三种学习模式。③"干中学"之所以是技术吸收中的主导学习模式，是由于其主要与生产过程相联系，其获得的是"如何做"和"为什么"做的知识，学习主体主要是技术工人；

① 吴晓波. 二次创新的周期与企业组织学习模式［J］. 管理世界，1995（3）：168–172.
② 吴晓波. 二次创新的周期与企业组织学习模式［J］. 管理世界，1995（3）：168–172.
③ 陈劲. 从技术引进到自主创新的学习模式［J］. 科研管理，1994（2）：32–34，31.

"用中学"指的是技术主体"在使用产品或设备中可能导致渐进创新",所以"用中学"是技术改进创新中的主导学习模式。"用中学"也不是严格意义上的研发活动,其行为主体仍然是技术工人;进入自主创新阶段后,技术主体需要形成自己的研发能力,以自己的重要(大)创新成果取得竞争优势,所以需要在研究与开发中学习,积聚新知识、新技能,形成创新能力。此时的学习主体主要是专业技术人员。

　　笔者基本认同陈劲的上述看法,但是认为需要在以下方面进行"修正":①技术引进的初期阶段应该有"模仿学习"的过程,这一阶段引进方基本上是照搬模仿,还不具备消化吸收的能力,对有较大技术差距的供需双方而言尤其如此。②在模仿学习阶段,学习模式主要是"用中学"而不是"干中学"。这是因为,模仿学习不是一种创造性和探索性的活动,主要是学会如何使用新的机器设备,掌握有关的操作方法和技能,是重复性的实训活动,是"用"中的学习。在引进技术的吸收、改进阶段,则是"干中学"的方式,因为这一阶段不再是机械的模仿训练,而是具有了理解、领悟、探索、创新的成分在其中,是在实践中主动获取知识的过程。从"干中学"的最初倡导者约翰·杜威(John Dewey,1859—1952)的本意来看,"干中学"就是指从实践经验中获取知识的活动,具有探究和创新的性质,故与技术引进的吸收、改进阶段相对应。③在陈劲所说的技术引进的三个阶段中,专业技术人员都是最为重要的学习主体。显然,对引进技术全局性、原理性和专业性的学习远比局部岗位的操作技能的学习更为重要,工程技术人员系统的、深层次的知识积累是贯穿技术引进本土化过程始终的,也是企业能够持续创新发展的最重要的财富。

三、吸收消化

　　前面已经述及,吸收消化是所引进的技术投入使用后由引进方进行的深度学习过程,主要表现为引进方技术主体深入系统地学习并理解外来技术知识,使外来技术的有关知识和技能为东道方所掌握,转化为东道方工程技术人员和操作工人的基本能力。从技术传出方的角度看，这也是技术适应新环境和新条件的过程，其间会根据传入地的特殊条件而进行必要的改变与修正。所以，这既是一个"同化于己（内）"的过程，也是一个"顺应于物（外）"的过程，① 是主、客双方互相建构的过程，最终使技术范式从一个环境成功传入另一环境之中。

外来技术的吸收消化与本土技术的独立研发有着相反的探究路线。本土原创技术的研发一般遵循的路线：技术知识（原理）→集成技术要素→开发工艺流程→产品→市场，而外来技术的吸收消化采用的路线：市场需求→产品→生产技术→操作方法→管理方法→设计方法→研究开发。日本学者基于本国经验，较早总结出技术引进中的这种学习规律，并称为"反求工程"。吸收消化阶段的反求方法之所以必要，一方面是由于技术传出方与技术传入方之间存在着技术差距（technology gap），另一方面是由于技术知识的学习方式有自身的特殊性。从技术差距的角度看，技术传出方与传入方的技术差距越大，"反求"的学习路径越长，技术追赶的时间越长；反之，"反求"的学习路径越短，技术追赶的时间越短。所以，在进行技术选择时，未必越先进的技术就越好，要考虑本族（国）技术的现实差距，在保证一定先进性的基础上，能够使本族（国）技术主体更好更快地吸收，迅速转化成工程技术人员的素质和能力，这是不能忽视的因素。从技术知识的学习方式看，技术知识的习得必须借助于实践操作，通过情景性、沉浸性、具身性地参与技术主体才能掌握有关知识技能和诀窍，这与理论知识的抽象式、逻辑式学习有很大不同。在技术引进实践中，技术传出方为了保持自身的技术优势，通常不会把核心技术和一些关键性的诀窍倾囊相授（除非是即将淘汰过时的技术，或者是技术合同有明确的规定），而只能靠引进方技术人员在技术实践中不断地进行追溯探求、解剖分析，靠己

---

① 根据皮亚杰的认知心理学学说，"同化"是指主体利用原有认知结构对客体进行选择、加工，将其纳入既有认知结构的过程；"顺应"是指当无法同化时，主体改变调整原有认知结构，生成新的认知结构，以适应客体的过程。

方力量重新获取。

外来技术的吸收消化既与技术差距有关也与引进方的技术吸收能力有关。关于引进方的技术吸收能力国外学者在20世纪90年代已有研究，如韦斯利·M.科恩（Wesley M. Cohen）和丹尼尔·A.列文索尔（Daniel A. Levinthal）把技术吸收能力（absorptive capability）定义为辨识新的、外部（技术）信息的价值，吸收并把其转化为商业利益的能力。[①] 总体来看，存在三种关于技术吸收能力的理解。①基于技术研发能力的吸收能力。科恩、列文索尔等人认为，技术知识的生产具有自我积累性和路径依赖性，知识存量越大则研发能力越强，企业越有能力去开发更多的技术产品。技术研发的这种加速机制使后发地区的技术追赶变得不太可能。要打破引进—落后—再引进—再落后的怪圈，就必须迅速提升后发地区的技术研发能力，更快的学习能力和更强的创新能力有可能使后来者弯道超车。②基于人力资本的吸收能力。对于1966—1994年美国跨国公司在40个国家的技术输出实证分析表明，跨国公司的技术输出对发达国家的生产率提高具有显著作用，但对于发展中国家却效果甚微。[②] 这一方面支持了上面的"技术差距说"，另一方面表明人力资本水平在技术传播中起着关键性作用。发展中国家由于人口受教育程度低，现代科技素养差，所以对于现代技术知识的吸收能力差。韩国学者金麟洙基于韩国经济发展和企业技术学习能力的实证研究，也得出相同的结论：教育是影响技术学习和技术吸收能力的一个重要因素。③综合的吸收能力。有的学者认为其他一些间接因素也应该被视作吸收能力的一部分，如经济开放度、知识产权保护制度、产业关联度等都会间接影响到东道国的技术吸收能力。[③]

① COHEN W M, LEVINTHAL D A. Absorptive Capacity：A New Perspective on Learning and Innovation [J]. Administrative Science Quarterly, 1990, 35（1）：128–152.

② BIN X. Multinational Enterprises, Technology Diffusion, and Host Country Productivity Growth [J]. Journal of Development Economics, 2000, 62（2）：477–493.

③ 吴晓波，黄娟，郑素丽. 从技术差距、吸收能力看FDI与中国的技术追赶 [J]. 科学学研究，2005（3）：347–351.

如上所述，影响技术吸收消化能力的因素有技术人员的专业素养、企业的研发投入力度、企业的组织学习机制、政府和民间投资力度、国家战略和政策等，相应地提高企业的吸收消化效率的途径就不外乎以下五种：①提高引进方技术人员的专业素养。包括在企业内部组建专业技术团队，系统地进行专业技术培训；从外部引进高层次专业技术人才，聘请专家进行技术指导；外派技术人员去技术传出方进行专业技能培训；职工全员培训和学历进修，普遍提高职工的受教育程度。②加大企业的研发投入力度。研发能力是企业的核心竞争力，既承担着对先进技术的吸收消化任务也担负着自主创新研发新技术的使命，因此被赋予"看门人"的角色。[①] 企业研发人员的数量和质量、研发的组织模式、研发经费的投入都直接影响着企业的研发能力。在人员方面，具有一定规模的研发队伍是必要的，规模大小与企业技术水平和要素密集度有关，知识密集型的高技术企业研发人员所占的比例较高，劳动密集型和资源密集型企业的科研人员比例相对较低。研发人员的知识结构和水平同样重要，高度相似的知识结构和单一的知识类型不利于研发创新，互补性的知识结构和多元化的知识类型则会增强协同创新能力。与此同时，高水平的研发人员会有高水平的研发成果，人才层次指数与创新能力指数具有正相关性。在研发的组织模式方面，适应不同的企业规模和发展水平，分别有线形模式、交叉平行模式、项目组模式、矩阵模式和虚拟模式等，不同模式的共同原则是要建立动态、开放、竞争、高效的激励机制，赋予研发部门较大的自主权，建立与科研机构、高等院校和其他企业的广泛合作机制，最大程度地利用社会科技资源。在研发经费的投入方面，随着技术水平的不断提升，企业的研发经费投入比重总体呈现上升趋势，对于一些高新技术企业，研发投入的

---

① 科恩和列文索尔认为，企业的"看门人"发挥着两方面的功能，其一是负责监控外部环境，评价组织的相关知识；其二是向组织内部成员转移所获得的新知识。选择"看门人"的标准是其专业知识与组织外部知识源的相似度，相似度越高，则该成员越适合作为"看门人"。

上升速度远超过营业收入的增长速度。①产业技术转移史表明，高比例的研发投入是提高企业吸收消化能力的关键所在。20世纪70—90年代，日本与韩国的消化吸收投入与技术引进投入比例达到了5∶1~8∶1，其中相当大的比重是研发费用，这使它们对外来技术的吸收消化能力空前提升，并迅速转化为自主创新能力，从而迅速崛起为工业强国。③企业的组织学习机制。企业虽然由个人组成，但企业的任务和使命是通过集体来完成的，因此在企业内部建立积极进取、乐于探索、充分交流的组织学习机制非常重要，这是企业持久发展的动力源泉。企业的学习能力除包括向外部吸收新知识外，还包括知识在组织内部的传播、扩散和流动，使组织成员共享知识成果，普遍提高专业素养，内涵式提升人力资源质量。为此就需要打破内部单位的条块分割状态，建立以研发中心和培训机构为主导的协同交流学习机制，推动跨部门的知识信息沟通，开展综合项目合作，以多元参与的方式综合提升企业的吸收消化能力。④政府和民间投资力度。在科技创新日新月异的今天，每个民族、国家或者企业都不可能独自创造出所有的知识和技能，因此，分工合作和互市交易变得异常重要。对后发展的民族、国家和企业来说，引进外部先进技术比自己独立研发此类技术更为经济高效。二战后，日本在1950—1970年花费了100亿美元引进吸收了西方发达资本主义国家的大部分最新科技成果。据估算，这些成果如果靠其本国进行开发，可能需要60年的时间，耗资超过1000亿美元。②中国改革开放以来，积极引进吸收国外先进技术，用了40余年的时间使一个贫穷落后

---

①　目前，中国高新技术企业申报须满足以下规定：企业近三个会计年度（实际经营期不满三年的按实际经营时间计算，下同）的研发费用总额占同期销售收入总额的比例符合如下要求，即企业最近一年销售收入若小于5000万元（含），研发费用占比不得低于5%；若最近一年销售收入在5000万元至2亿元（含），那比例就不得低于4%；如果最近一年销售收入在2亿元以上，比例就不得低于3%。其中，企业在中国境内发生的研究开发费用总额占全部研究开发费用总额的比例不低于60%。参见：高新技术企业认定管理办法　国科发火〔2016〕32号［EB/OL］. 新乡市科学技术局，2019-11-01.

②　潘凤湖. 论引进技术的消化吸收与创新［J］. 中国高新技术企业评价，1997（4）：21-22.

的农业大国发展成为工业大国，在诸多领域已经接近甚至达到世界先进水平，且正在迈向工业化强国和创新性国家行列，其成功经验就是重视学习吸收国外的先进技术和管理经验。通过政府、民间高强度地持续投资，为消化吸收国外先进技术创造条件，如各级各类科研项目的申报与资助，建设各级重点实验室、工程技术研发中心、共性技术创新平台、开放实验室、设立各种科研奖励机制等。⑤国家战略和政策。引进技术的消化、吸收与扩散具有明显的外部性，国家须从全局性和战略性对其进行高度的宏观管理，通过出台系列配套政策增强企业吸收消化能力。如建设技术交易市场，扩大技术来源；加强知识产权保护，维护创新主体的得益；提供金融信贷支持，为高成长型科技企业提供更多的融资途径和成长空间；对引进开发的产品实现税收优惠，针对重要领域和关键技术实行特殊的财税支持等，从总体上营造一个鼓励消化吸收、学习创新的技术发展环境。

四、改进创新

如果说消化吸收阶段主要以学习外来技术为主，那么改进创新阶段则是在外引技术范式的基础上能够有所创新，针对原有技术的缺陷与不足进行主动性改进，并有意识地加入本民族的元素，使其显现出不一样的风格和理念，其典型形式是外引技术的国产化。这一阶段是技术民族化过程的中心环节，标志着在跨民族技术传播中技术民族化过程的阶段性完成。

我们之所以把"国产化"作为这一阶段的典型形式，是因为只有引进技术的国产化才能把引进方此前习得的知识技能转化为实际生产能力，形成独立自主的工艺技术体系，从而摆脱对外族（国）的依赖，实现技术自立，开发出有自身特色的技术品类。国产化是各民族（国家）实现知识共享，进行文化传播，追求技术自立的结果，其核心内容是技术引进方能够模仿生产出原来需要进口的生产技术装备，尤其是生产出关键（核心）技术设备，建立起一批国内零配件生产厂家，形成一定程度的独立研发能力。因此，从改进创新的角度可以对国产化做如下理解。

1. 国产化是一种改良性创新和适应性创新。国产化虽然沿用了原来引进的技术模式，但一般不会是生搬硬套、照搬照抄，而会在原有技术基础上有所改进，针对使用中所暴露出来的缺陷进行改良性创新，使某些非关键性技术得到一定程度的提升。更为重要的是，东道方技术主体会根据本民族（国）的国情，在资源要素、技术体系、社会关系等方面实现新的整合，如使用更为丰富、低价的本土资源，使产品的功能结构和品质风格更加贴近本土消费习惯，与更多的本土企业建立配套协作关系，在管理制度和企业精神建设方面有意识地融入本土优秀传统文化，由此实现外引技术的适应性创新。

2. 国产化有不同的层次和阶段。产品的国产化、零部件的国产化、产品和零部件的自我设计、关键技术的自我开发、关键设备的自我生产等。产品国产化只是实现了终端产品的进口替代，是最低层次的国产化；零部件国产化是延伸国内技术链的重要环节，其以渐进的方式减少了对国外技术传出方的依赖；产品和零部件的自我设计，是外来技术本土化的初始环节，引进国技术人员将会根据本国的技术条件和资源条件进行再设计，形成上面所讲的"适应性创新"，从而初步实现技术自立；关键技术的自我开发是企业（民族或国家）走向技术自立的关键环节，意味着最初的技术引进方不仅掌握了既有的技术秘诀和相关知识，而且具有了新的知识和技能，从而能够独立开发出全新的、拥有完全自主知识产权的技术产品，这些技术产品在类别、性能、功能、成本等方面将全面超越既有产品；关键设备的自我生产是关键技术自我开发能力的实现，需要有相应的制造生产能力和硬件支持技术，是一个企业（民族或国家）完全走向自立并实现赶超的标志。

3. 国产化是一个过程，并可以用指标进行量化。选择—引进—学习—消纳—改进—创新是一个持续的积累过程，表现为工程技术人员和产业工人知识与技能的提升，管理方法和制度的科学化水平不断提升，技术装备不断完善和先进化，上、下游产业链不断拓展等方面。这些方面可以具体化为国产化水平评价指标：产品生产的国产化水平指标（国产化规模系数、零部件供给系数、成本系数、质量系数）、产品和工艺设计的国产化水平指标（产品和工艺设计国产化率、技术效果）、研究与开发的国产化水平指标（自主技术发展能力，如研发人员的比例、研发投入比例、人均装备率、年开发项目数；产品制造工艺国产化装备系数，即自行研制的设备工装价值占生产线价值的百分比）等。① 这些指标可以判定一个企业或国家在实现技术国产化（本土化）过程中所处的阶段和达到的水平。

有必要说明的是，改进创新虽然可以借助国产化概念来说明，但其外延显然小于后者，因为完整意义上的"国产化"与本章的主题词"民族化"相近，包括技术民族化的各环节。所以，这里的改进创新主要是指基于既有技术实践的改良性创新，本质上并没有脱离原来所引进技术的知识原理和操作范式，是原有技术在新社会环境中的形式化改造，是技术"进化"中的新分支。对技术引进方而言，其重要意义在于能够立足国内生产出关键技术设备，形成自主可控的生产能力，初步实现该项技术的"独立自主"和"进口替代"。

五、自主创新

自主创新是相对上述模仿创新（改进创新）而言的，是技术国产化也是技术民族化的高级阶段。自主创新超越模仿创新的关键之处在于其原创性、先进性和自有性，是在技术原理和方法方面的根本性突破，是在功能、效率、成本、收益等方面的压倒性优势，是有完全知识产权的独家绝技，是全新技术范式的形成，因此实现了对外部引进技术的全面升级和迭

---

① 喻金田，凌丹，万君康. 引进技术国产化水平评价研究 [J]. 国际商务（对外经济贸易大学学报），2000（3）：5-8，59.

代。至此，技术的传播和转移就以"互鉴""共享"的方式实现了价值最大化，技术的民族化过程就有了最为理想的结果。

自主创新虽然是技术引进方所要努力达到的目标，但并非都能够实现，关键是要技术引进方培养起来自主创新的能力。历史经验表明，许多技术引进国在大规模引进外来技术后会经历一个经济快速发展期，然后陷入"中等发达陷阱"，经济长期处于徘徊停滞的状态，如南美洲的巴西、阿根廷、墨西哥等国，东南亚的马来西亚、泰国、菲律宾等国，在经历1960—1980年间的高速增长后，经济一直处于低迷不振的状态，究其原因，主要在于外来技术没有得到真正的消化吸收，在产业化的同时没有培养起本土的技术自主创新能力。[①] 这些历史经验告诉我们，企业和国家自主创新能力的形成需要做好以下四方面的配套工作：①企业要持续增加研发投入，建立技术研发中心，组建技术研发队伍，形成产品研发平台。二战以后的日本和20世纪80年代以后的韩国，在关键领域的技术引进和消化吸收经费投入比达到了1∶5~1∶8，这使他们的自主创新能力迅速提升。[②] 而自主创新能力提升的关键是技术引进方形成了较多的"产品研（开）发平台"。[③] ②加强知识产权的创造与保护。以发明专利为主要形式的知识产权是现代企业（民族或国家）技术竞争力的核心要素，发明专利的数量

[①] 现代技术创新的速度不断加快，技术升级迭代的周期越来越短。当技术引进方处于模仿学习、消化吸收阶段时，技术传出方的技术也在不断"高级化"，而且由于传出方具有更强的自主创新能力其技术发展速度会远远超过传入方，因而始终保持着一种技术优势，使后者无法占据技术链和产业链的高端，而只能处于低技术附加值的状态。不仅如此，随着技术传入方劳动力、土地和其他资源成本的上升，依靠外来技术发展起来的企业会逐步减少利润空间，失去竞争优势，从而引发企业倒闭、工人失业、资本外流等情况。以上因素的叠加会造成"引进—落后—再引进—再落后"的被动局面。

[②] 徐冠华. 关于自主创新的几个重大问题 [J]. 中国科技产业，2006（5）：9-15.

[③] 路风教授对产品开发平台的重要性有过专门论述，他认为产品开发平台是技术能力生成和成长的组织层次，是知识、经验和技能积累创新的场所，是技术与科研、市场、应用和社会其他方面进行集成的场所，它嵌入组织结构中，具有内生性和高度组织特定性，不可复制、模仿、交易与转移，所以是企业的核心竞争力。参见：路风. 新火：走向自主创新2 [M]. 北京：中国人民大学出版社，2020：26-41.

与质量是企业（民族或国家）自主创新能力的直接体现，因此通过各种激励措施和制度优化，充分持久地调动科技人才的创造热情，建立严格的知识产权保护制度，保护创新成果、维护竞争秩序就成为法治建设的必然之举。③大力发展科技成果转化的中介机构。在市场经济条件下，科技成果的让渡和转化需要以商品交易的形式进行，这需要大量专业的科技中介服务机构，如知识产权机构、资产评估机构、风险投资机构、共性技术服务机构等，它们可以有效地把众多企业、大学、科研机构等联结起来，实现科技资源的自由流动和高效配置。④政府积极发挥组织协调作用，营造良好的政策环境，同时实施若干重大工程技术专项，以局部的突破带动整体提升。技术创新推动下的经济和社会发展越来越需要政府的主动介入和宏观调控。企业作为技术创新的主体和经济活动的基本单位，其健康成长首先依赖于一个适宜的社会环境，这样的外部条件和公共产品只能由政府来提供。除此之外，政府作为民族国家利益的代表和意志的体现，还应该主动实施一些关系国民经济全局和长远发展的重大技术项目，以若干关键、共性技术的突破带动产业、行业的整体升级，起到引领创新方向、优化整体布局、激励经济增长、振奋民族精神的作用。与此相反，放任自流的市场经济和"无为而治"的政府则可能使企业处于恶性竞争之中，丧失自主创新能力，甚至沦为国外资本单纯的"生产工具"，而国民经济整体上可能处于畸形发展、垄断过度、低迷不振的状态，甚至沦为技术发达国家的经济附庸和产品倾销地。

以上是理想的技术民族化过程所经历的五个必要阶段，然而由于种种原因，族（国）际外的技术移植并非都能顺利地完成上述转变，而是有的早期夭折，有的半途而废，有的徘徊不前，有的迁移蜕变，能成功步入自主创新阶段的可谓凤毛麟角。由此我们可以看到，由技术的族（国）际移植所导致的各种技术、经济和社会的演变形态，从动态发展的角度把握这些多样化的文明形态，实现技术、经济与社会的良性互动，是人类学、经济学、社会学的重要课题。

第三节　技术的民族化与社会转型

技术的民族化作为一个客观的物理过程，必然会对引入方的技术、经济、文化和社会结构产生影响，外来技术也会在新的社会环境中被改变，因此这是一个双向重塑的过程，其发展的方向和结果有很大的不确定性。在现代民族国家出现之前，技术的传播及其引发的民族化过程多是随机的、自发的、个别的民间行为，其发生发展遵从着社会的自然历史法则，结果是不确定的（当然也偶尔存在官方发起的较大规模的移民、工程建设、技术移植活动以及战争所引发的技术人员流动等）。在现代民族国家兴起之后，特别是近代西方资本主义经济形成后，产业技术及其商品的大规模族（国）际流动就成为一种有组织的行为，甚至由国家政府出面来系统地规划实施这些行为，这样由技术的移植所引发的技术民族化过程就在短期内呈现出明显的宏观效应，即现代技术的全球化传播和传统民族国家的社会转型。

前两节我们分析了理想状态下技术民族化过程的机制和环节，然而实际的技术民族化过程发生在从微观到宏观、从局部到总体的不同层面上，发生的领域和部门并不同步，其作用的具体机理和方式也各有差异，因此其产生的实际效果大相径庭。我们知道，一个稳定的社会都是由若干相对独立又相互联系的产业技术部门支撑起来的，产业部门之间以及社会终端消费市场之间存在着相对稳定的结构关系（产品流、信息流和货币流），每一个产业部门内部又有若干主干产业、分支产业和辅助产业组成。这些产业技术体系从物质资料生产的角度规定了一个社会的基础结构，而产业技术体系中的主导产业、支柱产业和产业中的关键共性技术决定了产业技术体系的总体水平和质量。所以，外引先进技术只有能对这些重要产业部门和关键共性技术领域产生显著作用时，才会触动该社会的产业结构体系，进而影响到社会的其他部分。如果技术的引进仅发生在辅助部门、附属产业和小众领域，则短期内不会对该国产业技术体系产生根本性影响，比如，一些农作物品种的引进只是丰富了引进国的农产品品类而已，影响是局部的，并不会从根本上改变引进国原有的农业技术基础。其中的主要原因是，主导产业、支柱产业和关键共性技术的辐射关联效应更强，这些产业和领域技术进步的外溢正效应要远远大于其他产业和领域。所以，当现代国家引进国外先进技术时，一般都会优先选择在这些部门进行。当然，即使选择了这些重要产业，实际的技术改造也只能从少数重点、骨干企业开始，逐步延伸到其他企业和关联部门，因此这是一个由点到面，由局部到全局，由量变到质变的过程，即使有良好的外部环境，也需要经历一个较长的历史过程。

在第三章第二节中，笔者提出了"技术—社会系统"概念，用于表达本土技术进入成熟阶段后所形成的稳定的社会结构，通过此结构技术才能持续地对社会产生影响，社会反过来对技术的进一步改进完善和应用形成持续性支持，因此这是技术与社会互动影响的一种结构机制。外引技术的在地化（技术的民族化）本质上也是建立一个稳定的"技术—社会系统"的过程。由于外来技术进入新的民族（国家）后，即面临着一个迥然不同的环境，通常情况下会遭遇到东道方明显的排异性和阻抗性，即来自东道方认知上的陌生、文化上的排斥、社会面的抗拒和自然因素方面的不适应，这使外来技术的系统化发展变得十分困难，尤其是其还要面临打破此前旧的"技术—社会系统"的任务。解构旧的"技术—社会系统"时必然要受到来自当地的阻力，没有政府和其他社会力量强有力的干预和支持，这一过程将进行得异常艰难。因此，在现代民族国家建立后，主动的政府干预成为技术国际转移的共同选择。

就单项技术而言，技术民族化过程的完成意味着一个新的技术—社会系统的建立，不同领域的若干技术—社会系统通过复杂的外部联结会组成更高级的技术—社会系统，通过层层递进的关系最终生成一个以某项或若干项基础性、共性技术为支撑的国家产业技术体系。这种情况只是一种理想化的抽象，一个国家产业技术体系的先进性和完备性具体取决于技术民族化进行的程度和范围。如果在主导产业、支柱产业和关键共性技术领域内技术民族化进行的不够彻底，外引技术始终停留于跟踪模仿阶段，不能实现向自主创新的转化，那么会形成对国外技术传出方的长期依赖，由此形成的局部技术—社会系统就具有依附性和外源性特点，通过上述递进传导关系使更高层次的技术—社会系统进而使国家产业技术体系也具有宏观上的依附性和外源性特征。对外部技术过多的依赖必然会影响国民经济和技术系统运转的完整性，进而影响国家主权。在当前国际关系中，经济关系以及其所依赖的产业技术已经是影响国与国关系的重要因素。很多国家因为在某些领域中受制于外部技术和资本的控制而长期处于产业链的下端，在经济贸易中处于不利地位。这种情况的恶化甚至会影响国家和民族的稳定。所以，形成独立自主的国家技术创新体系，拥有自主可控的关键（核心）技术，是当今大国孜孜以求的目标。当然，贸易的自由化客观上会形成国家和民族间的技术分工，通过比较优势形成一种合理的分工体系，但是这种分工一定是要建立在民族国家经济和主权安全基础上的，只有基于平等、互利、安全、健康原则形成的国际产业链和贸易链才是可持续的。

借助技术—社会系统，外来先进技术持续地、成规模地引进有可能会对引进国产生脱胎换骨的影响，最终导致引进国的社会结构转型。这种转型首先发生于技术体系内部，通过技术与社会的广泛连接，尤其是通过技术—社会系统而依次传导到社会的其他领域。在前面的章节中我们曾指出，技术的特点是"异质构成性"，其天然负载着多种自然要素和实用目的、知识、观念、审美、经济等社会因素，在某种自然—人文场域中形成与社会的有机联系。在本土技术成长发育和外来技术的民族化过程中，关键技术通过知识、工艺、人才、资源、消费、市场、政策、法律等途径与广阔的社会领域关联起来，通过技术—社会系统把原本没有联系的因素和领域联结为一个相对稳定的结构，从而实现与社会的互动。这种系统内的互动作用机理是不难理解的。新技术需要新知识、新技能，新知识和新技能的学习促进了人才教育，接受新式教育的人会具有新的观念和视野；新技术生产出新产品，对新产品的消费培养出新的消费习惯和生活习惯；新技术需要有新的操作方式和管理方式，由此形成新的组织制度，新的组织制度对人的行为方式产生影响，进而形成新的行为模式和职业习惯；新技术形成的新产业和新市场改变了行业格局和市场格局，由此新的生产关系和利益分布格局，形成新的社会群体和阶层。随着新技术—社会系统的衍生与扩展，旧的社会系统趋于瓦解，新的社会有机体逐步形成，由此完成社会的结构转型（如图5.1所示）。在此意义上，马克思曾说，"蒸汽、电力和自动纺织机甚至是比巴尔贝斯、拉斯拜尔和布朗基诸位公民更危险万分的革命家"[①]。近代西方技术的全球化传播充分印证了这一点。

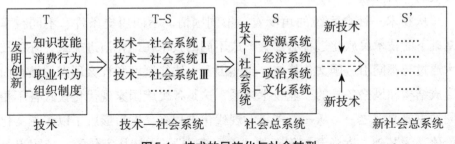

图5.1 技术的民族化与社会转型

上述过程的完成显然不是一蹴而就的，要经历一个较长的"阵痛"期，对技术传出方而言需要面临失败的风险，对技术引进方而言需要承受因革新而带来的不适、混乱和损失，相对而言后者所要付出的努力和代价会更大一些。近代以来，非西方国家经历的工业化过程充分说明了这一点。就

① 中共中央马克思恩格斯列宁斯大林著作编译局. 马克思恩格斯选集：第1卷［M］. 北京：人民出版社，1995：774.

实际情况而言，各个国家因国情和历史际遇的不同而具有巨大差异，以亚洲几个国家为例予以说明。近代日本在面对西方列强的坚船利炮时，选择"脱亚入欧"的策略，明治维新使日本较快地完成了西式的工业化过程。中国清朝末期，清政府顽固地坚持"中学为体，西学为用"，试图在维持封建帝制的前提下引进西方技术，但是僵化的制度、腐朽的体制与"西学""西技"根本无法相容，最终以失败告终。直到辛亥革命和新民主主义革命后，对西方近代科技的学习、消化、吸收才成为可能，而系统地摆脱对西方资本的依赖、开启自己的现代化历程，是在中华人民共和国成立后才开始的。印度在18世纪中期沦为英国的殖民地，成为英国工业资本的商品倾销地和原料产地。1947年独立后，印度在经济和产业技术领域并未摆脱对国外资本的依赖，依附性的经济和产业技术体系使其长期处于自然经济与市场经济、传统手工业与先进制造业、种姓制与议会制的割裂式发展中，时至今日这种畸形的"二元结构"仍然是制约印度发展的一大障碍。

从技术—社会系统的角度看，不同国情、不同历史条件、不同技术基础下的技术民族化过程必然会形成不同的技术在地化演进模式，外引技术通过与不同引进国文化传统、自然因素、法律制度和社会形态的结合而形成结构和风格各异的产业技术体系，这是各民族国家现代化模式各不相同的主要原因之一。从一百多年的现代化进程看，先后形成了以多元文化价值观为基础、崇尚开拓创新的"美国模式"，秉持儒家传统、依附追赶的"东亚模式"，以混合文化和弱政治理为特征的"拉美模式"，政治、经济、文化二元结构下渐进发展的"印度模式"，以计划经济、国家干预和集中管理为特征的苏联模式，以政教合一的君主制和单一石油产业为特征的"沙特模式"。① 因此，西里尔·埃德温·布莱克（Cyril Edwin Black,

---

① 因为现代化还包括有制度、管理、经济、文化、教育等多个维度，因此关于现代化模式的分类和表述是多样化的，这方面可以参见：戴木才. 论世界各国现代化的共同特征 [J]. 思想理论教育，2023（4）：40–47；许开轶，方军. 现代化模式的多样性与东亚现代化 [J]. 生产力研究，2008（23）：16–19.

1915—1989）在其著作《现代化的动力》中说道："没有两个社会以同一种方式实现现代化——没有两个社会拥有相同的资源和技术、相同的传统制度遗产、处在发展的相同阶段以及具有同样的领导体制模式或同样的现代化政策。"[①] 还需要说明的是，现代化是一个持续进行的过程，随着科技发展和创新活动的加速，包括现代化源发地的西欧诸国也处于现代化的升级迭代中，以科技创新为核心的各项现代化指标也在与时俱进中，所以，所谓的"现代化模式"并不是一个已经定型的东西，而是对某些民族国家在某个时段内现代化过程特点的总体概括。中国从清朝末期的洋务运动算起，现代化的过程进行了150多年，在经过师夷自强、实业救国、民主建国、学习苏联、独立探索、改革开放、自主创新等不同的阶段后，终于进入全领域建设国家创新体系的新阶段，初步形成了"中国式现代化"新模式。[②] 创造了人类文明新形态，其历史经验具有世界性意义。

需要补充一点的是，本章重点关注了技术的跨文化、跨区域移植的情形，而对本土技术在外部先进技术引入情况下的创新发展没有涉及，所以这里有必要稍作分析说明。首先，从历史和现实经验看，本土技术在没有外部知识和技术传入的情况下也会缓慢发展，本土的知识经验和社会变迁也是技术创新发展的动力源之一。其次，技术的先进与落后、优势与劣势、好与坏具有相对性，随着条件的改变情形会逆转。有些所谓的先进技术在进入异域环境后可能成为"屠龙之技"，或者因成本过高而限制其应用范围；有的本土技术因其生存环境的独特性而能长期存在，在外来技术大规模侵入的情况下也能独善其身；有的外来技术为了在当地生存而伪装

---

① 布莱克. 现代化的动力：一个比较史的研究 [M]. 景跃进，张静，译. 杭州：浙江人民出版社，1989：87.

② 习近平总书记对我国现代化的基本特征作出了深刻揭示：既有各国现代化的共同特征，更有基于自己国情的中国特色。中国式现代化是人口规模巨大的现代化，是全体人民共同富裕的现代化，是物质文明和精神文明相协调的现代化，是人与自然和谐共生的现代化，是走和平发展道路的现代化。参见：习近平. 高举中国特色社会主义伟大旗帜 为全面建设社会主义现代化国家而团结奋斗：在中国共产党第二十次全国代表大会上的报告 [EB/OL]. 中央人民政府门户网站，2022-10-25.

成本土技术，以本土技术的形式获得市场份额；有的本土技术在外来技术的竞争下走向了品牌化、老字号道路，在持守固有工艺的情况下也能发展壮大。最后，许多本土技术在吸收外来技术的长处后能推陈出新，或者在外来技术的加持下再次走向自主创新的道路。所以，即使在当代，非西方国家的本土技术也存在着广阔的生存发展空间，是本民族（国家）文化传承的基因之一。

第四节　案例——中国高铁技术的引进与自主创新

一、技术引进前中国铁路状况及提速的必要性

1978年是中国历史上重要的一年。党的十一届三中全会召开前夕，邓小平出访日本，这是中华人民共和国成立后国家领导人第一次访问日本。同年10月26日，邓小平在日本乘坐"光"号新干线高铁去京都（在当时，"光"号新干线是日本以及世界上唯一营运的高铁线）。这次访问对中国高铁的发展产生了深远影响。

改革开放初期，中国境内的铁路大约有5万千米可正常使用，其中4万千米是蒸汽线路；全国拥有机车约1万台，其中近8000台是蒸汽机车；电力机车不到200台，剩下的是烧柴油的内燃机车。火车最高时速100千米左右，平均时速刚过40千米。[①]

改革开放后，经济制度和经济体制向市场化方向迈出了关键步伐，生产力被充分释放，加之对国外先进技术的引进，经济活动日渐活跃。产业技术的迅速发展使社会商品供给在短期内明显增长，市场和贸易变得空前繁荣，货物运输需求剧增。与此同时，农村剩余劳动人口开始大规模向城

---

① 高铁见闻. 大国速度：中国高铁崛起之路［M］. 长沙：湖南科学技术出版社，2017：5.

市和中国东部发达省区流动，客流需求也出现大幅增长。在此背景下，中国铁路运力不足的问题日益突出，促使中国铁路管理者开始对本国铁路业的发展进行新一轮规划建设。

彼时，国外发达国家的铁路技术状况如何呢？首先看德国。德国是试验高速铁路列车最早的国家，在二战之前，德国在提速方面已经做了很多尝试。1931年，"齐柏林号"快车的试验速度突破了230.2km/h，之后这一记录保持了23年。二战后，德国又把研发高速列车提上了日程。1965年，DB Class 103电力机车问世，1970年5月27日正式投入运营，速度达到200km/h。1991年德国ICE高速列车又横空出世，此时，德国在高铁技术上处于傲视群雄的地位。其次看法国。法国在1955年利用电力机车牵引创造了331km/h的世界纪录，1976年开始了东南线高速铁路（TGV）建设。其后30多年，法国高铁技术一直处于世界领先地位，1994年建成了"欧洲之星"高铁运营线。日本作为最早拥有载客运营的高速铁路线国家，其高铁建设始于1957年。当年设立了由专家学者组成的"日本国有铁路干线调查会"，经过多种模式选择，最终于1964年建成运用多动力分散牵引模式的东海道新干线。1967年山阳新干线又开工建设。高铁的开通营运极大地改变了日本人的生活和休闲方式。最后看美国。美国曾是19世纪世界铁路技术的领导者，但二战后汽车公司日益活跃，美国政府为了迎合汽车业的发展趋势，大力推广公路运输，弱化了对铁路业的投入和技术研发。这样的规划符合美国地广人稀、城市数量较少的国情——短路程可以个人驾车，远距离出行可以乘坐飞机，所以航空业也被带动发展起来。因此，二战后美国铁路建设基本处于停滞状态，甚至部分地区开始拆除铁路。美国模式影响了多国的高铁政策，出现了20世纪80年代的铁路"夕阳论"，这个论调在中国也一度盛行。

中国改革开放初期，铁路"夕阳论"的影响只是暂时的，中国的实际情况是铁路里程少、运能低、交通运输对铁路倚重很大。在经济和人口流动空前增长的新形势下，铁路作为方便、安全、便宜、快捷、流通量大的运输方式成为当时国人的首选，发展铁路交通是大势所趋。

　　鉴于当时铁路技术的既有水平无法支撑中国经济高速增长，铁道部就存在的问题广泛征询铁路改进方案，探讨相关产业发展的基本理论。在讨论过程中出现了"建设派"与"缓建派"两个派别，他们就"建"与"不建"及"何时建"等问题展开了争论。西南交通大学（以下称"西南交大"）教授沈志云先生和铁道部是"建设派"的代表。"建设派"以京沪线为例，说明既有的京沪铁路运能已经满足不了持续增长的运输需求（运能缺口已到50%，农民工南下超员300%，货运量达到每年9000万吨），认为在这种情况下铁路拓展建设势在必行。①华允璋和姚佐周先生是"缓建派"的代表。"缓建派"提出的观点是中国此时在经济和原材料的供应上依然十分落后，即使有钱修建铁路，但是钢材产能跟不上，市场上无法买到。此时姚佐周先生的文章《新建高速铁路并非当务之急》使国家决策层听到了不同声音，为了慎重起见，中国决定暂缓高速铁路建设。

　　但是中国铁路业面临的困境日渐加重，局部改造只能暂时缓解一些矛盾突出的铁路段，并不能从根本上解决巨大的运能缺口。面对短期难以定夺的各种声音、各种方案，以及院士、专家、铁道部、国家领导层的多方博弈，中国铁路管理者依旧在积极寻求解决方法。1986年，国家计委和铁道部分别派出科研人员去日本和欧洲研修学习高铁技术，铁路建设者们对当时日本和欧洲铁路技术的优越性深信不疑。1988年，国家科技部拿到了一笔世界银行贷款用于建设一批国家重点实验室，西南交大沈志云（建设派）获得其中一个项目——时速450千米轮轨滚动试验台。最终，经济发展对铁路运能的迫切需求使得"建设派"的声音逐渐占据上风，2004年国务院常务会议原则上通过了以"四纵四横"（总长度1.2万千米）高速铁路网为核心内容的《中长期铁路网规划》，以国家规划的形式确定了中国高速铁路建设的未来蓝图。

---

① 高铁见闻. 大国速度：中国高铁崛起之路 [M]. 长沙：湖南科学技术出版社，2017：24.

二、选择与争论

铁道部做出了进行铁路大改造的决策后，引进国外先进的铁路技术迫在眉睫。在面对如何引进这一问题时，政策的制定者和行业的引导者再次征询专家和投资人的意见，这时"建设派"内部又分为了"轮轨派"与"磁悬浮"两派。面对各有优劣的两种技术方案，两个派别分别选择了实验线。"轮轨派"选择广深铁路，通过租用瑞典摆式列车X2000，开通了最高时速200千米的旅客列车。摆式X2000是租用的，没有拿到技术，并且试乘效果尚有不能令人满意之处，运行两年后即返还瑞典。"磁悬浮"列车是和德国合作，选择上海到南京段，造价昂贵，每千米3亿元。运营3年后亏损超过10亿元。后来上海磁悬浮想与杭州等城市合作，终因造价昂贵没有达成协议。在"轮轨派"与"磁悬浮"的竞争试验中，磁浮派由于费用太高而败下阵来。从这场选择和争论可以看到，选择最佳技术，不能忽视自然环境、经济和社会条件，还要兼顾到已有技术与新技术之间的延续性。激进式的创新固然很重要，但前后相继的渐进式创新也同样重要，适配性更好的技术才更容易胜出。①

中国高铁建设经过了艰难论证及各种尝试后，人们越来越相信轮轨派更适合中国国情。确定了高铁发展方向的铁道部提出了"跨越式大发展"的口号。2004年，中国铁道部开始和多家外国公司接触，尝试引进有关技术。中方公司和外方公司合作方式有多种，其中技术转移渠道包括原装进口、合资建厂生产、提供零部件、技术转让等。鉴于此前中国汽车产业发展的教训——公路上跑的多为进口车及合资车，中国铁道部下决心要拿到核心技术，而不是仅做一个改良了的产品或者生产工艺，甚至只是组装商。

当高铁引进时，德国西门子公司、法国阿尔斯通公司、日本川崎重工公司都在中国铁道部的考虑范围内。相比之下，德国西门子的品牌影响

---

① 争论一直在持续，有些论调还具有误导性，但中国高铁的发展没有因此止步。铁道部在多个时间段、多条线路、多次选址进行提速试验，其间生产出多个明星机车，这是本土高铁技术知识和能力积累的过程。

力和技术实力兼具，也最受铁道部的青睐；法国阿尔斯通对技术转让的态度最为开放，表示可以接受全面技术转让；日本公司在这些厂商中态度最为保守。虽然三家公司对该项技术引进态度各异，但铁道部的原则非常明确——中国必须拥有完整的高铁核心技术。据吴俊勇回忆，"哪些技术对方可以转让，哪些必须保留，哪些转让到什么程度，都非常明确。虽然一些外商心有不甘，但是转让核心技术是我们一开始就明确提出的，他们觉得有利可图就同意合作，这是生意，不存在窃取"[①]。最终，三家外企选择和三家不同的国内公司分别合作，分别转让高铁技术。

法国阿尔斯通公司的转让对象是长客股份公司，产品为 SM3 动车组。但由于该车型并不适用动力分散技术，故长客公司与阿尔斯通公司再次修改、调整、试制。在联合研发的过程中，中国工程师们对该项技术的掌握愈加完善，为日后的自行升级积累了全面的经验，并最终开发出了动车CRH5A。德国西门子与中车唐山公司合作，引进了 Velaro 动车技术，其动车技术设计时速为 320 千米，该项技术也是所有项目中最顶尖的。四方股份公司和日本川崎重工合作，川崎重工卖给中国的是时速 200—250 千米的动车组，这并不是日方的最先进技术，多项不涉及核心部件。但日方的技术最为完善，稳定性最好，对中方技术人员的培训也最为全面，国产化进程最顺畅。

三、技术引进的消化吸收

在经过较长时期的探索和积累后，2004 年，中国高铁进入从国外引进技术然后消化、吸收的阶段，至 2008 年时，经过数年的"逆向求解"工程，中国工程师们初步掌握了当时世界先进高铁的主要关键技术。

为了避免形成引进—落后—再引进—再落后的怪圈，铁道部在引进协议初期就明确规定：首先原装引进，然后消化吸收。技术引进的流程为：进口整车—散件进口—中方员工安装。其中，使中国工程师们具有吸收先

---

① 高铁见闻. 大国速度：中国高铁崛起之路 [M]. 长沙：湖南科学技术出版社，2017：181.

进技术和掌握新生产技术的能力十分关键，因此与外资合作协议中的"员工培训"条目显得尤为重要。为了中国高铁的长远发展，铁道部要求所签的合作协议中都要有对中方员工进行培训这一条，并且是包教包会。在外企专家临场指导下，中国工程师们完成了部件的组装，同时也完成了技术能力和管理能力的积累。从全面引进技术—模仿成熟技术—中外联合设计，这一系列阶段的学习吸收为中国高铁国产化奠定了坚实基础。

从零部件的国产化起步，每一个替换上的零部件都要经过严格的实验调试评估，这是从国外厂商那里学来的先进管理制度之一。类似的管理制度与对新知识、新技能的学习并重是中国高铁引进—消化—吸收阶段的基本理念。先进的技术产品固然重要，本土技术人员的技术水平与创新能力培养同样不可或缺。大多情况下引进来的高铁技术项目都需要经过调试改造才能达到预期效果，为了与中国的运营环境进行磨合，中国工程师们在外方的培训过程中，结合本土的实际环境，逐渐发展出了一套拥有中国特色的高铁技术知识体系，从而铺平了我国在高铁技术上的本土创新之路。

四、自主创新——创立民族品牌

在使用并改进外来引进技术的过程中，中国铁路业积累了丰富的经验，为高铁时代的到来打下了坚实基础。从2009年开始，中国高铁开始步入自主创新阶段，拥有了在高起点上的"正向设计"能力。

自主化阶段的核心是自主设计与自主知识产权的拥有。根据此前国务院确定的"引进先进技术，联合设计生产，打造中国品牌"的方针，中国高速列车统一采用"CRH"（China Railway High-speed）标志。第一代动车组实现了国产化，但是整车设计非"自主化"，这个阶段以获取技术和积累技术能力为主要任务。第二代高铁的研发是基于第一代进行的，在对前人经验进行全面总结后，工程师们开始对多种部件进行深度挖掘与开发创新，取得了重大突破，其中铝合金车体设计和转向架技术的突破最为关键。铝合金车体的重新设计改善了机车在高速运行时的共振问题和气动变形问题，从而极大地提高了乘车的舒适度；转向架则加装了蛇形减震器，减轻了震动问题。这两项技术的突破为第三阶段动车的提速奠定了技术基础。中国高铁生产的不同板块分属于中国铁路总公司的诸多下属公司，这些公司分别和不同的外国公司合作，通过持续地相互观摩学习，取各家之长，避各家之短，中国高铁的集成创新能力得以提升，初步具备了整体设计能力。

从2000年年初国家批准"时速270公里高速列车产业化项目报告"开始，中国电动高速列车的生产大致经历了三个阶段，在第一阶段中国电动高速列车的国产化率为30%，第二阶段为50%，第三阶段已发展至70%，国产化率的不断提升说明技术知识和能力积累是产业发展的根本动力。第三阶段于2008年4月11日起步，以首列国产化CRH3C在中车唐山公司的下线为标志。它继承了西门子Velaro平台的优秀基因，在京津城际高铁的实验中跑出了394.3km/h的最高速度，拥有彼时国产化动车组中最佳的性能。[①]

从技术引进到技术自主创新，发达国家的高铁技术完成这个过程一般需要10~20年的时间，而中国高铁建设只用了3~5年，这与中国设计师和工程师们的自主创新探索是分不开的。例如，中国高铁大多是桥梁设计，原因为：中国幅员辽阔，地质环境千差万别。高铁对地基和线路的平直和平顺要求很高，为了达到应有的标准，在面对地质条件变化时，中国工程师们利用桥梁桩基的技术特性（会根据地质条件的变化而变化）解决了这个问题，保证了高速运行列车的安全，还节约了大量的土地。[②]还有一个典型的技术创新是"无砟轨道技术"。高铁建设初期我国分别从三家德国企业引进了三种规格的无砟轨道技术（博格板式无砟轨道系统、旭普林双块式无砟轨道系统、雷达2000型双块式无砟轨道系统）。通过对引进技术的充分解析，在国产化过程中，中国工程师们重新设计出了CRTSⅢ型

①　雷风行. 中国高铁联调联试技术创新［J］. 中国铁路，2011（1）：23-30.
②　高铁见闻. 大国速度：中国高铁崛起之路［M］. 长沙：湖南科学技术出版社，2017：188.

无砟轨道系统，使之成为我国拥有自主知识产权的无砟轨道系统。综上可知，技术能力的增强不能仅仅依靠外来技术的引进，还需要一定的技术积累和"适地化"技术再创新。当然，其中离不开产业界的投资推动与社会的需求拉动。[①]

五、确立中国标准

2013年，中国正式启动了由中国铁道科学研究院牵头的中国标准动车组研发项目，目的主要有两个：一是针对部分关键设备和系统尚未完全自主化的问题，形成自主知识产权导向的产品设计和开发方式，确保中国标准动车组"走出去"不存在知识产权纠纷；二是针对之前开发的多种车型不统一造成运营成本过高的问题，实现各车型机械接口能够互联、电气接口逻辑互通、控制指令和操作界面互操作的要求，推动国内高铁技术、知识产权和标准的整合。

在中国铁路主管部门协调下，国内相关企业、高校、科研院所等产学研用领域开展联合研制工作。通过协作攻关，2015年6月30日中国标准动车组正式下线，时速达到350千米，具有完全自主知识产权。同年11月，中国标准动车组在大西客运专线上试验时速达385千米，各项技术指标表现优异，取得重要阶段性成果。标准动车组的下线和试验成功，为中国高铁技术全面实现自主化、标准化奠定了坚实基础，标志着中国高速列车实现了从"中国制造"向"中国创造"的转变，形成了中国高铁自主品牌。

截至2018年2月，中国标准动车组产生了1000多项发明专利。高速动车组的11个系统、96项零部件实现了不同供应商提供的车体设备、旅客信息及娱乐系统主要部件互换通用，降低了铁路运输部门的运维成本，促进了国内高铁供应链的整合与升级。到2016年3月，在260项重要标准中，中国标准约占83%。除此之外，中国高铁标准还具有更好的兼容性，

---

① 小田切宏之，后藤晃. 日本的技术与产业发展：以学习、创新和公共政策提升能力［M］. 周超，刘文武，肖丹，等译. 广州：广东人民出版社，2019：8.

更大程度上满足了中国高铁"走出去"的需要。①

　　中国高铁的创新不仅仅体现在产品的开发上，在生产过程、人员管理、市场营销、国际合作交流以及技术管理体制方面均要求有相应的能力提升与制度创新。中国高铁从原装进口到零部件进口、零部件国产化，再到适应中国环境对配套技术的改装、革新、重新设计，直至完全本土化，中国高铁走过的每一步都包括了相关能力的提升，包括国内外市场营销能力、保障供应能力、人力和财务管理能力、作出战略决策的能力以及执行决策的能力。在高铁建设过程中，铁道管理部门也进行了体制和制度改革，其中原来的主管行政部门被改组为交通运输部的国家铁道局，而主管企业部门被改组为中国铁路总公司，隶属关系与运作方式的改革使管理制度也发生了相应的变化。管理体制和制度的革新使中国铁路经营方式更加灵活，融资更为便利，营销产品更为顺畅，为中国高铁产业注入了新活力。

　　中国高铁不仅对本土产业经济和社会空间格局产生了巨大影响，也将对世界政治经济格局产生重要影响。目前，中国正在构建"一带一路"国际合作开放新格局，这必然要求中国铁路发挥起更加高效、安全的运输功能，通过物流、商品流和经济流重塑地缘经济—政治关系。高铁作为一种具有产业、商品、客流承载功能的工业产品，涵盖设备出口、施工建设、人员培训、安全评审以及标准认定等多个领域，是一项高度综合化的国际经贸载体。所以，作为世界铁路技术的领先者，中国高铁"走出去"将推动高铁技术标准的国际化进程，促进高铁国际产能合作，扩大人员、商贸和文化的对外交流规模，因此，高铁正在成为中国参与和引领"一带一路"国际合作的重要领域和优先方向。②

①　贺俊，吕铁，黄阳华，等. 技术赶超的激励结构与能力积累：中国高铁经验及其政策启示［J］. 管理世界，2018，34（10）：191-207.

②　吕健，刘静静. 中国高铁经济研究的现状、演进与趋势［J］. 产业经济评论（山东大学），2019，18（3）：87-113.

第六章

中国式现代化的技术之维

技术的民族性与民族化问题既是关于技术本质、技术传播、技术创新、技术适地化的理论性问题，也是关乎民族国家及其区域社会发展的实践问题。从这个角度来审视中国的现代化历程，审视中国现代化历程中的技术发展实践，认识"中国式现代化"过程中技术活动的中国品格和中国特色就具有了一种新视野，为透彻理解中国式现代化理论和系统实施国家创新驱动发展战略提供了理论支持。

中国式现代化是当代世界各国现代化模式中的一种，是中华民族对自身现代化经验的总结，是对中国现代化过程的本质性认识。习近平总书记指出："世界上既不存在定于一尊的现代化模式，也不存在放之四海而皆准的现代化标准。"[①]"中国式现代化既有世界各国现代化的共同特征，更有基于自己国情的中国特色。"[②] 作为新时代的重要理论成果，中国式现代化具有丰富深刻的内涵，在实践指向上具有经济、政治、文化、社会、生态等多方面的要求，其中经济的高质量发展具有首位重要的意义，而经济的高质量发展依赖于以"科技创新"为核心的全面创新。所以，阐明技术创新维度的中国式现代化的特点、规律和趋向，具有重要的理论与现实意义。

---

① 习近平在省部级主要领导干部"学习习近平总书记重要讲话精神，迎接党的二十大"专题研讨班上发表重要讲话. ［EB/OL］中央人民政府门户网站，2022-07-27.

② 习近平. 高举中国特色社会主义伟大旗帜 为全面建设社会主义现代化国家而团结奋斗：在中国共产党第二十次全国代表大会上的报告［EB/OL］. 中央人民政府门户网站，2022-10-25.

第一节　中国特色技术创新体系的形成

中国的现代化从19世纪60年代的洋务运动开始，"师夷长技"开启了近代中国技术引进的先声。在之后的150多年里，西方技术及其承载的科学知识、管理方式、生活方式、价值观念源源不断地传播到中国大地上，中国社会因之发生了脱胎换骨式的变化。当然上述过程是曲折和艰辛的，既有主动的学习提升，又有西方资本的侵略和控制，既有照搬照抄、囫囵吞枣，又有消化吸收、自主创新，既有受制于人的无奈，又有自强不息的探索。根据第五章所述的"技术的民族化"原理，西方技术与中国社会的长期融合，必然会形成有中国本土特色的技术创新之路，在新中国的社会主义建设时期，尤其是改革开放以来逐步形成了中国特色技术创新体系。

一、西方技术的引进及其中国化

西方技术被大规模地引进中国国内经历了几个不同的历史时期，每个时期都是当时社会客观条件所致，承载着中国社会的追求和梦想，经历了与中国本土文化、社会结构和自然环境的碰撞与融合，最终以不同的方式促进了中国的现代化过程。

发生于19世纪60—90年代的洋务运动是近代史上中国第一次成规模地引进西方工业技术。洋务运动最早引进的是西方的军事技术如船舶、火炮和枪械，以及制造这些装备所需要的钢铁冶炼技术，随后是采矿、铁路、电报等技术。晚清政府试图通过这些技术抵御列强侵略，求得民族生存。与上述技术引进同步展开的是开办新式学堂、培养西学人才，派遣留学生到欧美国家学习等；技术引进需要有相应的产业工人和工程师，这客观上造就了中国近代第一代产业工人和技术人员；技术的运营需要相应的管理人员，这造就了中国近代第一批具有官方背景的企业家；洋务以官办、官督商办、官商合办的方式进行，也客观促进了当时中国本土工商业的发展。洋务运动虽然最终以失败告终，但把西方工业革命的成果首次在中国大地上进行了推广，使西方现代文明在较大范围内为封闭保守的中国社会所认识，使知识界和上层社会开始觉醒、反思和探索本国的发展道路，为后面的现代化进程准备了先期条件。

辛亥革命结束了统治中国社会两千多年的封建帝制，把资产阶级民主共和观念植入人心，但是由此开始的地方割据、军阀混战局面使以"三民主义"为核心的资产阶级建国方略迟迟不能实现。1912—1926年，西方列强和日本等国凭借之前的一系列不平等条约取得的特权，扩大了在华殖民投资，企图在铁路、矿产、钢铁冶炼、机器制造等重要领域获得控制权，加强对中国经济资源的掠夺。此时，中国国内刚刚萌发的资本主义民族工业根本无法与外资企业抗衡，更谈不上对国外技术的系统学习和吸收。如日本在中国东北开办的两家钢铁企业"本溪湖煤铁公司""鞍山制铁所"，在建厂之初就具有强烈的资源独占性和排他性。1911年本溪湖煤铁公司筹办时，日本大仓组就向担任公司督办的奉天交涉使许鼎霖（1857—1915）提出，在距本溪湖铁厂100华里（50千米）范围内，不允许再建同类炼铁企业。鞍山制铁所在开办之初，技术和管理人员都由日本人担任，并对中国职工的业务和作业范围进行严格限制："根据业务的性质，有不少地方无论需要多少经费，也要有适合的日本人担任，避免中国人担任。这类地方大致是负责的岗位，担任领导监督之责的岗位；需要保密的岗位；需要特殊技术的业务。"[1] "应该使中国人主要从事下级业务。"[2] 即使到1940年，该厂的技术人员中仅有0.3%为

① 方一兵. 中日近代钢铁技术史比较研究：1868—1933 [M]. 济南：山东教育出版社，2013：256.

② 方一兵. 中日近代钢铁技术史比较研究：1868—1933 [M]. 济南：山东教育出版社，2013：256.

中国人。鞍山制铁所成立的鞍山铁钢会的会员全部由日本人担任，这表明该厂所建立起来的技术系统只是一个存在于殖民地的"技术飞地"。[①] 1927—1936年是民国时期中国民族工业发展的黄金期，由于国民政府相继推出了一系列鼓励实业发展的政策，[②] 加上"实业救国"思想的影响，尤其是一战提供的良好机遇，民族工业年增长率一度达到7.5%，年均增长率为2%~3%。[③] 不过，根据邵俊敏的统计分析，1927—1931年，除机械工业情况不明外，外国资本在煤炭、钢铁和电力工业的投资额在第 I 部类行业（煤炭、钢铁、电力、机械）总投资额中的占比明显高于华资。从具体行业看，在钢铁工业中，中外资本额几乎各占一半，煤炭与电力工业中外资占比几乎是华资的两倍多。外资与华资在第 II 部类行业（棉纺、缫丝、面粉、卷烟、火柴等）的占比也与第 I 部类行业相似。1931年东北沦陷后，中国本部（关内）华资的投资占比略有上升，这是因为统计口径发生了变化（未计入中国东北的统计数据），华资在东北的规模远比外资少得多。例如，1927年，第 I 部类行业（煤炭、钢铁、电力、机械）中，中资投资额和外资投资额分别是175 188 948元、390 554 236元，二者占比分别是30.97%、69.03%。到1935年，中资投资额和外资投资额分别是226 417 113元、296 572 909元，二者占比分别是43.29%、56.71%。[④] 可见，即使在南京国民政府建立后的"黄金十年"，中国的工业技术也主要掌握在外国资本手中，南京政府发展民族经济、壮大民族工业的梦想随着1937年日本全

[①] 方一兵. 中日近代钢铁技术史比较研究：1868—1933 [M]. 济南：山东教育出版社，2013：256.

[②] 南京国民政府于1929年、1930年相继发布了《特种工业奖励法》《奖励特种工业审查标准》，前者又于1934年被修改为《工业奖励法》。奖励对象为：一、应用机器或改良手工制造货物，在国内外市场有国际竞争者。二、采用外国最新方法，首先在本国一定区域内制造者。三、应用在本国享有专利权之发明，在国内制造者。参见：中国第二历史档案馆. 中华民国史档案资料汇编（第五辑）：第一编财政经济（五）[M]. 南京：江苏古籍出版社，1994：111.

[③] 邵俊敏. 南京国民政府时期的工业经济分析（1927—1937）：基于资本、产出与市场的视阈 [D]. 南京：南京大学，2013：1.

[④] 邵俊敏. 南京国民政府时期的工业经济分析（1927—1937）：基于资本、产出与市场的视阈 [D]. 南京：南京大学，2013：88.

面侵华以及后来的解放战争而被搁置。

1949年中华人民共和国成立至改革开放前的30年间，有过三次大规模的国外技术引进活动。第一次，也是三次中规模最大的一次，是新中国成立后苏联援建的"156工程"，即从1950年开始苏联政府先后分三批进行的、旨在帮助新中国奠定现代工业基础的156项建设项目。[①]这些项目涵盖重工业、轻工业、农业三大部类，有钢铁、煤炭、电力、石油、机床、汽车、船舶、化工、军事工业（如航空、电子、兵器、核工业等）、纺织、医药、农机、化肥、水电站等，技术水平总体接近或达到当时世界先进水平。考虑新中国区域均衡、资源分布和配套基础条件等因素，中国政府把引进的项目主要安排在东北、中部和西北等内陆省份，由此从根本上改变了旧中国形成的畸形的产业布局（70%的工业集于东部沿海城市）。苏联援助的方式是低息贷款、合股开发、无偿提供产品制造特许权等，中方主要以钨、锑、钼等金属矿产以及羊毛、茶叶、橡胶等农副产品给付。从1950年算起，苏方先后派出了约18 000名专家来华指导，与此同时，中国也先后派出约32 000名学生和技术人员赴苏联学习。由于当时两国间"同志加兄弟"的友好氛围，苏联专家对中方人员的技术传授是真诚的、无保留的，面对面、手把手的现场交流使中方技术人员在较短时间内掌握了相关知识和技能。"156工程"及与此相配套的900余项大中型项目初步奠定了新中国工业化基础，史无前例地构建起了较为完备的工业技术体系。20世纪50年代，时任中央财经委员会主任的陈云说："第一个五年计划中的一百五十六项，那确实是援助，表现了苏联工人阶级和苏联人民对我们的情谊。"[②]

新中国的第二次大规模技术引进肇始于中国政府1973年年初提出的"四三方案"。新中国成立后在苏联援建下形成的重工业优先发展战略使轻工业、农业发展相对滞后，与民生直接相关的吃、穿、用等日常消费品和

---

① 实际落实的项目是150项。

② 陈云. 陈云文选：第三卷［M］. 北京：人民出版社，1995：286.

能源、原材料供应严重不足，这种情况随着中苏关系恶化和战备工业发展而日益严重。在此背景下，中国政府于1973年开启了旨在大规模引进西方先进技术装备的"四三方案"——从西方国家引进价值43亿美元的化肥、化纤、煤炭开采、轧钢、发电等方面的技术设备。由于该时期西方技术已经有了较快的发展，在自动化、电算化、集成化、规模化方面有了大幅度提升，所以引进上述成套设备时对相应的软件技术和安装、调试、操作、管理等知识就提出了相应的要求，而这方面的专业人才在当时的中国十分稀少。与此同时，西方国家的承包商和技术人员不可能像20世纪50年代的苏联专家那样给予全面、细致的技术指导，而只会按照合同约定与中方人员进行有限的接触和交流，因此上述生产装备在引进后很长时间内达不到设计生产能力，更谈不上对技术的消化吸收和再创新。因此，这次技术引进并没能从总体上促成相应工业技术的升级。[1]

新中国第三次大规模技术引进是20世纪70年代末至20世纪80年代初从西方国家引进的约65亿美元的22个成套设备项目（简称"六五方案"）。"文化大革命"结束后，当时的中央领导认为仅仅依靠中国自身的力量不能实现经济快速发展，需要利用国外资金并大量引进国外先进技术装备。因此，1977年年初提出在尽快完成"四三方案"项目的基础上，再进口一批成套设备、单机和技术专利，总额为65亿美元（主要集中于冶金、化工、能源领域）。[2] 这次引进没有经过充分论证和规划，尤其是没有充分吸取"四三方案"的经验与教训，仍然以进口成套设备形成"生产能力"为主，对于引进设备的维护、研发、工艺设计、专利服务等方面缺乏足够投入，因此也未能达到预期目的。尽管如此，本次引进也有一定的积极意

---

① 20世纪70年代末、20世纪80年代初，"四三方案"所引进的项目陆续建成投产，但引进装备的技术经济指标普遍达不到设计要求。从设备能力利用率来看，1978年年底之前建成投产的17项成套设备中，能做到满负荷开工的，只有7项，开工率在50%以上的只有2项，其余均在50%以下。参见：林柏. 新中国第二次大规模引进技术与设备历史再考察 [J]. 中国经济史研究，2010（1）：126-133.

② 实际购买费用远远超过了预期。参见：刘荣刚. 新中国三次大规模成套技术设备引进研究综述 [J]. 中共党史资料，2008（3）：159-169.

义，一是客观上形成了一批现代化大型企业，增强了中国工业实力，二是开始吸引外资到中国开办合资企业，产生了设立特区的构想。[①]

1978年中国开始实行改革开放政策，技术引进进入了一个高速度、高质量的时代。资料显示，1979—2007年，中国共签订技术引进合同97 780项，合同金额2611.9亿美元。其中，1979—1989年的头十年，共引进技术3761项，超过以前30年的总和。2001—2007年，中国签订技术引进合同56 031项，合同总金额1203.1亿美元，占改革开放以来技术引进金额的46.1%。[②]除了技术引进速度、规模呈现加速发展态势外，技术引进的水平、结构和消化吸收的程度也呈现日益优化的态势，具体有以下特点：其一，技术引进的主动权逐步增强，引进方式和途径多样化。除了机器设备等"硬技术"引进外，更多地向许可证贸易、合作生产、顾问咨询和技术服务等"软技术"转变。外汇来源和合作方式也多样化，如政府贷款、出口信贷、合作生产、租赁、补偿贸易、中外合资等。技术引进来源国也由原来的10多个扩大到50多个，减少了对特定国家和地区的进口依赖。其二，技术引进的结构不断优化。从原来单一的生产技术引进逐步转向以调整产业（品）结构、提高附加值、增强创新能力为目的的技术引进，由大规模成套设备引进为主转向关键技术、关键设备的引进为主。其三，外商直接投资成为新中国成立以来技术引进的主要方式之一。以跨国公司为主要形式的外商直接投资带来了先进的技术和管理经验，推动了技术引进目的由进口替代向出口导向转变，通过先进技术的转移效应、扩散效应和溢出效应等推动了中国技术进步和技术创新。其四，企业在技术引进中的主体地位和主体作用不断加强。在国家政策允许范围内，企业在确定技术引进的内容、规模、来源、方式以及资金来源等方面自主权越来越大，但同时也要独立承担相关的各种风险。与此同时，政府在技术引进中的作用由决

---

① 陈东林. 20世纪50—70年代中国的对外经济引进［J］. 上海行政学院学报，2004（6）：69-80.

② 商务部服务贸易司课题组. 提高技术引进消化吸收再创新能力［M］// 中华人民共和国商务部. 中国服务贸易发展报告·2008. 北京：中国商务出版社，2008：68.

策者变成了宏观调控者、政策制定者和服务者，具体体现在：制定和实施国家科技发展中长期规划，确定技术引进的主要方向和领域，创造有利于技术引进的环境条件，通过税收、补贴、贷款等方式鼓励对引进技术的消化吸收和创新等。其五，技术引进与自主创新并行发展，注重从消化吸收到模仿创新再到自主创新转变。1986年，国家出台了《关于推进引进技术消化吸收的若干规定》（经科98号文），对引进技术的消化、吸收、发展、创新等内容提出了具体要求；2006年，《国家中长期科学和技术发展规划纲要（2006—2020）》发布，提出到2020年进入创新型国家行列；2016年，《国家创新驱动发展战略纲要》发布，提出要把"创新驱动发展"作为国家的优先战略。除适时出台相关规定、规划和战略外，还在构建产学研联盟、跨区域研发合作、协同创新、构建服务平台、人才培训等方面持续发力，初步形成了本国技术自主创新体系。

二、中国现代技术创新体系的形成

中国的现代化过程既是引进国外先进技术进行消化、吸收、再创新的过程，也是基于自身已有基础进行自主研发、迭代升级、融合创新的过程。新中国成立以来，尤其是改革开放后，具有完全自主知识产权的专利技术呈现加速发展的态势，先导性、前沿性、高端性技术在多领域呈现突破之势。与自主创新成果同步发展起来的还有各类技术创新主体、新产业链（群）、高效的技术创新机制、国家科技治理职能转变与能力提升、完善的法律制度以及宽松的社会创新环境，这些因素共同构成当代中国的技术创新体系，成为中国科技全面走向现代化的主要支撑。

1. 多元化的技术创新主体

新中国成立初期，在苏联模式影响下中国开始实施计划经济体制，这一体制使新中国的经济和工农业生产得以迅速恢复，奠定了工业化的必要基础。但是随着经济繁荣和科技活动的广泛开展，这一体制也在很大程度上限制了微观经济主体和科技创新主体的能动性，使他们成为单纯的计划执行者和指令的落实者。因此，在社会主义改造完成后的20多年里，可以说政府是集计划、分配、执行、检查、考评于一身的唯一经济主体。1978年党的十一届三中全会后，上述局面得到了根本性扭转，在"放开搞活"的思路下，企业自主经营、自负盈亏，成为经济活动的主体，同时也是技术创新的主体。企业通过技术创新实现产品质与量的提升，从市场中获得超额利润，回报创新劳动，积累起更多的发展资金。在公有制企业改制放权的同时，大量民营企业也雨后春笋般地成长起来，与外资企业、中外合资企业、混合所有制企业等共同成为市场中的独立主体。统计数据显示，进入21世纪后，企业开始超越政府成为科技创新投入的主要力量，且其所占比重持续升高。[①]与此同时，各类科研院所也按照"稳住一头，放开一片"的方针分类改制，所谓"稳住一头"是指对从事基础研究和公益性研究的科研机构仍给予事业费，"放开一片"是指对从事应用研究、开发研究的科研机构，实行企业化改制，实行科技成果有偿转让。对于高等院校，鼓励科研人员与企业、科研院所展开科技合作，联合建立研发团队和平台，高校可以拥有科技成果的使用权、处置权和收益权，允许高校通过协议定价、技术市场挂牌交易、拍卖等方式确定成果交易。在企业、高校、科研院所与市场的结合方面，经历了"产学研联合"到"产学研结合"再到"产学研用密切结合"的转变，目的是激发各类技术创新主体的活力，使他们形成面向经济发展和产业升级的技术创新合力。

2. 市场与调控相结合的技术创新机制

从刚性、定向的政府计划管理到弹性、普惠的市场机制调节，是中国70多年来经济社会中发生的巨大转变，由此才可能产生上述各类富于活力的技术创新主体。可是市场机制的引入是否会导致计划机制的取消？1992年，邓小平同志在南方讲话中对两者的关系有精辟论述："计划多一点还是市场多一点，不是社会主义与资本主义的本质区别。计划经济不等于社会主义，资本主义也有计划；市场经济不等于资本主义，社会主义也有市场。

---

① 马名杰，张鑫. 中国科技体制改革：历程、经验与展望 [J]. 中国科技论坛，2019（6）：1-8.

计划和市场都是经济手段。"①从此，如何发挥"看得见的手"（计划）和"看不见的手"（市场）的功能，使它们相互配合、相互补济，有效地驱动国民经济健康运行，实现资源优化配置，就成为国家顶层设计中的一个重要课题。40多年来的实践探索表明，在科技创新领域，政府的计划功能应主要集中在战略性科技发展计划和规划、导向性科技政策的制定、国家产业重大比例关系的协调、关键共性技术和战略先导产业的扶持、知识产权保护、技术市场公平交易的维护等方面，也就是所谓的公共领域和"市场失灵"的情形（在存在垄断因素、外溢效应、信息不对称和分配不公时会出现这种情况）。如改革开放以来实行的星火计划、"863计划"、973计划等，2006年发布的《国家中长期科学和技术发展规划纲要（2006—2020）》、2016年发布的《国家创新驱动发展战略纲要》等都是国家"计划"机制的实施形式。②除此之外，税收、补贴、转移支付、利息等也是国家调控经济的重要手段。与此相对应的是，市场的价值规律和竞争机制主要发生在微观经济领域，即发生在广大民生领域进行的日常生产经营活动和消费活动中的交易行为中。对于技术创新活动的调节表现为，在价格、供求和竞争机制的作用下各类市场主体致力于改进旧技术、发明新技术，充分地利用已有资源，开发利用新资源，以更好的产品和服务来赢得市场认可，通过获取更多的利润使自己发展壮大，积累起更强的竞争优势。随着认识的深化，市场对于资源的配置作用已经从"基础性"地位上升至"决定性"地位。③

3. 层级化、职能化、统分结合的科技管理组织结构

中国的科技管理组织机构发端于新中国成立之初，之后经过阶段性演变，逐渐形成了一套适应中国国情的科技管理组织结构和体制。1949年11

---

① 邓小平. 邓小平文选：第三卷 [M]. 北京：人民出版社，1993：374.

② 1953年开始的国民经济和社会发展"五年计划"，其中科技发展是重要内容之一，目前已经制定了14个。

③ 中共十四大确立了社会主义市场经济体制的改革目标，提出市场在资源配置中起"基础性作用"。之后随着认识的深化，中共十八届三中全会提出市场在资源配置中起"决定性作用"。

月1日，中国科学院成立，成为新中国第一个以科研和科技管理为职能的机构。1956年科学规划委员会、国家技术委员会相继成立，中国科学院原来所承担的全国科技管理职能得以剥离。1958年，上述两个机构进一步合并为国家科学技术委员会（下文简称"国家科委"），负责统一领导全国的科学技术事业，上至国家科技方针政策制定，下至技术发明成果的推广应用，职能涵盖了科技活动的所有方面。国家科委内设15个功能不同的局，各省、市、区也根据国家科委的结构与职能设置了本级对应机构，首次实现了对全国科技事业的集中统一领导，初步形成了完整的新中国科技管理体制。1967—1976年，受"文化大革命"的影响，国家科技管理工作基本处于停滞状态，"中国科学院革命委员会"负责管理全国的科技发展事业，但由于其职能混乱、效率低下，未能真正发挥规划和领导全国科技事业的职能。改革开放后，国家科委再度成立，行使管理全国科技事业的职能。为适应这一时期经济和科技体制改革的需要，以及社会、经济、科技快速发展的需要，一些新的机构和组织被设立起来，如中国科学院科学基金委员会、国家自然科学基金委员会、中华人民共和国专利局、各级科学技术委员会（科学技术协会、科学技术厅、科学技术局）等，在决策层面上有国家科技教育领导小组、国家科技计划管理部际联席会议。总体来看，近40多年来中国科技管理组织呈现出"多层次、多部门、多分工"和"统与分结合"的趋向，职能分工更加明确和精细，机构间的横向协调更加有效，决策效率和执行效率大幅提升，从而较好地适应了中国经济高质量发展与科技自主创新发展的需要。

4.门类齐全、结构完整的产业技术体系

目前，中国已经形成了门类齐全、结构完整的产业技术体系，覆盖了联合国所列的41个工业大类、207个工业中类、666个工业小类，其中500种主要工业产品中有220多种产量居世界第一。[①] 这些成就是经过70多年

---

① 贾康，刘薇，许磊，等. 新发展格局中的国内大循环内生动力和可靠性考察 [J]. 经济研究参考，2023（7）：5-31.

的持续积累形成的。新中国成立后，面对当时残破落后的工业局面，中央人民政府选择了重工业优先发展的产业技术道路。"156工程"以及相继展开的第一至第四个"五年计划"初步确立起相对完整的产业技术体系，使中国从一个落后的农业国迅速步入工业国行列。[1] 改革开放后，民生产业空前繁荣，与此同时广泛开展的国际技术贸易也使产业结构关系趋向优化。1978—2000年，第一、二、三产业占国民经济的比重由28∶48∶24调整为14.7∶45.5∶39.8，由"二一三"型结构转变为"二三一"型结构。到2017年，三次产业结构进一步调整为7.9∶40.5∶51.6，形成了发达国家普遍具有的"三二一"型产业结构。[2] 在产业内部，轻工业从食品、纺织等温饱型消费品为主向家电、汽车等耐用消费品为主转变，重工业从采掘工业、原料工业为主向先进制造和智能制造工业为主转变。[3] 目前，中国产业技术体系正在完成由"全"到"强"的转变，通过创新驱动，在新一代信息技术、高端装备、新材料、新能源等领域建成了45个先进制造业集群，带动了产业基础能力和产业链实力的提升，加快形成新时代的现代化产业技术体系。

5. 相对完善的技术创新法律保障体系

新中国成立初期，科技基础薄弱，科技活动还处于起步状态，在此情况下政府以计划和行政规章的形式对科技行为予以规范，如1950发布的《政务院关于奖励有关生产的发明、技术改进及合理化建议的决定》《保障发明权与专利权暂行条例》，1963年颁布的《发明奖励条例》，1957年发布的《关于改进科学仪器生产、修配和供应的方案》《改进化学试剂工作

---

[1] "一五"结束时，工业总产值在工农业总产值中的比重，由43.1%上升到56.7%，农业比重下降为43.3%。参见：《中华人民共和国简史》编写组. 中华人民共和国简史 [M]. 北京：人民出版社，2021：78.

[2] 王云平，盛朝讯，任继球，等. 我国产业发展的结构性特征、趋势及建议 [J]. 宏观经济管理，2018（3）：29-36, 66.

[3] 黄汉权. 新中国产业结构发展演变历程及启示 [N]. 金融时报，2019-09-16（9）.

方案》等，对当时的科技创新起到一定程度的促进作用。[①] 改革开放以来，科技创新活动大范围展开，新技术、新领域、新业态不断涌现，对于科技创新立法在广度、深度和体系性上提出了急切的要求。在此背景下，科技法律的数量迅速增加。这些法律主要在于规范两类科技关系。一是科技创新管理关系，即由政府对科技创新主体的管理而产生的法律关系，包括政府监督、服务、保障、激励和奖励等活动。如《中华人民共和国科学技术进步法》（1993）、《中华人民共和国促进科技成果转化法》（1996）、《中华人民共和国科学技术普及法》（2002）。二是科技创新成果应用关系，即科技创新主体对科技创新成果进行转化、保护和交易所产生的法律关系。如《中华人民共和国商标法》（1982）、《中华人民共和国专利法》（1984）、《中华人民共和国技术合同法》（1987）、《中华人民共和国著作权法》（1990）等。[②] 除这些专门性科技法律外，还有其他法律中涉及科技创新活动的规定，以及针对特定技术领域的法律和地方性科技法规，如《中华人民共和国农业技术推广法》（1993）、《中华人民共和国网络安全法》（2017）、《上海市科学技术进步条例》（1996）等。上述法律法规共同构成中国科技创新活动蓬勃开展的保障体系。

上述五个方面是当代中国技术创新体系的主要支撑，除此之外，还有科技人才的教育和培训机构、科技人员流动制度、产学研用一体化平台、科技创新服务和监管、科技创新文化和氛围等因素的配套与加持，它们共同组成一个层级化、综合化和协同化的体系。还需要指出的是，中国现代技术创新体系是一个动态开放的系统，正是在广泛深入的国际技术交流、合作与竞争中它才确立起来，因此国家保持高水平对外开放，把国际合作与自主创新紧密结合起来，才能迈向全球产业技术链的中高端，铸牢本国的技术创新体系。

---

① 杨利华，王诗童. 科技创新的法律之治：科技法律体系的构建研究 [J]. 科学管理研究，2022，40（5）：2-12.

② 随着经济与科技活动的深入展开，这些法律法规也处于密集修订调整之中。参见：李源. 改革开放以来中国科技创新法律发展研究 [J]. 人民论坛·学术前沿，2019（5）：80-83.

三、中国特色技术创新体系的内涵

就一个民族国家而言，无论是技术引进、消化吸收、再创新，还是集成创新、原始创新，都是技术与该国本土的社会历史因素、自然地理因素、人文因素融合发展的过程，技术的各种形态及其形成的创新体系必然具有该民族国家的基本特征，在政治、经济、制度、文化和自然等方面呈现本国特色。[①] 依此逻辑，中国现代化过程同时也是中国特色的技术创新体系形成的过程，其基本内涵可以表述为以下四点。

1. 以民族复兴，国家富强，人民富裕为目标

中国是一个历史悠久、儒家文化传统深厚的国家，家国情怀是每位国民与生俱来的精神品质和价值根基，所以从洋务运动以来，通过发展现代技术实现国家富强、民族复兴就是技术活动的基本动力。在不同的历史时段，上述价值追求以不同的方式被表达出来，如"师夷长技以制夷""自强""求富""实业救国""科技兴邦""赶英超美""实现四个现代化""科技强国""建设创新性国家"等。新中国成立后，实行了人民民主专政的社会主义制度，以公有制为主体，把增进最广大人民群众的福祉利益作为基本原则，这样经济发展和科技创新就成为共同富裕、强国益民的手段，是在社会主义核心价值观统领下的战略性安排。新中国成立以来，随着科技力量的增强，中国把改善民生、消除贫穷、提高人民基本生活水平作为经济和技术发展的首要任务，如各个时期实行的科技兴农、科技下乡、科技扶贫政策。2006年取消全部农业税后又加大了对"三农"的支持力度，如"村村通"工程、"现代农业产业园""一村一品、一镇一特、一县一业""科技小院"等举措，而中国共产党第十九次全国代表大会提出的"乡村振兴战略"更是一个综合的、系统的实现农业农村现代化的战略举措。

---

① 1986年康荣平先生就发表文章认为，技术及其体系是具有民族特性的，极有远见地提出要"建立具有中国特色的技术体系"，对此技术体系的要素进行了预言。本部分可以视作是对康先生文章的历史回应。参见：康荣平. 建立具有中国特色的技术体系：技术的民族性与民族化初探 [J]. 自然辩证法研究，1986（1）：48-53.

在补"短板"的同时，中国科技界也在致力于关系国计民生和国家长远发展的关键领域的"攀高峰"行动，通过重大创新解除制约区域经济和社会发展的技术瓶颈，以若干共性技术、基础技术和先导技术推进中国现代化水平的整体提升。简而言之，当代中国的技术创新体系就是在以上目标追求中形成的，内蕴着中国特色社会主义的核心价值观，包含着中国政府的战略意图。

2. 基于中国国情，因地制宜，量力而行

中国是一个人口大国，自然地理条件复杂多样。从北到南跨越了从温带季风气候到热带季风气候的五种大陆气候类型，从西到东分布着从青藏高原到东部平原、丘陵的阶梯状地貌，在"胡焕庸线"① 以西56.82% 多的国土面积上居住着6.32% 的人口，"胡焕庸线"以东43.18% 的国土面积居住着93.68% 的人口。拥有世界约9% 的耕地面积，却要养活近20% 的人口［人均耕地仅1.4亩（约933.33平方米），不到世界人均耕地面积的一半］。② 以上客观条件，决定了中国的现代化必须发展出与之相适应的技术手段，做到因地制宜、因势利导。为了把西部的资源优势转化为发展优势，中国先后实施了"西气东输""西电东输"工程，前者促进了沿线10个省、市、自治区的产业结构、能源结构优化和经济效益的提高，拉动了机械、电力、化工、冶金、建材等行业的发展，后者激发了我国特高压输电技术的发明与创新，形成了可向世界推广的系统的特高压智能电网技术标准体系。与此同时，为了利用中西部地区丰富的光能、风能资源，我国大力发展光伏发电技术和风力发电技术，无论装机量还是技术水平中国都处于世界领先地位。中国14亿人口交通出行是个大问题，为此中国政府把

---

① 地理学家胡焕庸（1901—1998）于1935年提出的一条标示中国人口分布密度的地理分界线，即"黑河—腾冲一线"（原称"瑷珲—腾冲一线"）。后来的研究表明该线不只具有人口学的意义，还具有多重人文地理学和社会学意义。它的存在还提醒人们，所谓的"技术转移"会受到地理环境的约束，具有时间和空间上的限制。

② 滕吉文，董庆，孟德利，等. 青藏高原隆升对中国疆域自然环境的影响：破解"胡焕庸线"的思考［J］. 科学技术与工程，2024，24（1）：1-33.

铁路建设作为中远途公共交通的重点发展方向。与美国以家庭轿车为主要出行工具的高速公路交通相比，这样的规划无疑是符合中国国情的。1990年，中国提出了发展"高速铁路成套技术"计划，之后经过20多年的技术积累与调研论证，于2004年开始系统引进德国、日本、法国和加拿大的高铁技术，经过充分消化吸收后，于2009年开始步入自主创新期，形成了一系列以自主知识产权为核心的高铁技术标准。中国工业的现代化需要巨大的能源供给，在环境污染和气候变暖的压力下，必须转向对可再生和清洁能源的利用，为此，除上面提到的光伏发电和风能发电技术外，中国还一直致力于安全、高效的核电技术开发，迄今已经自主研发出具有世界领先水平的第四代核电技术——高温气冷堆技术。与此同时，中国在可控核聚变能源技术上也取得了突破性进展——"东方超环""中国环流器二号改进型"托卡马克装置即中国自主研发的关键技术装备。以上仅是部分基于中国国情进行的方向性的技术创新，其他领域的"量身定制"技术也是普遍现象，限于篇幅不再展开。

3. 融入中国元素，敢于创新，确立中国标准

如果说中国的自然—社会方面的客观因素塑造影响了本国技术创新方向的话，那么中国的传统文化、伦理规范、审美情趣也同样是塑造本国技术创新发展的重要因素，中国本土的诸多原创性成果也作为创新链条中的必要环节发挥着基础性作用。本国传统文化对技术创新的影响既有理念、方向方面的，也有格局、规划方面的，既有形式方面的，也有内涵方面的。在组织技术创新活动时，中国传统儒家、道家思想对技术创新的组织管理模式有很大影响，出现了"和合管理""和谐管理""道本管理""人本管理"等新模式（因对不同中国传统文化的秉持和践行，很多企业家被冠于"儒商""道商""佛商""红色企业家"等头衔），以及决策中的"时""势""变""易"理念，行动中的"工匠精神"等。在规划实施工程技术项目时，充分考虑天时、地利、人和、工巧、材美等因素，做到相关因素的最优组合与完美匹配，如改革开放以来实施的"三峡工程""南水

北调""青藏铁路"都渗透着中国传统工程哲学思想。在建筑、饮食、服饰等方面的西方技术引入中国后，这些方面的中国传统不断与西方技术融合，衍生出诸多"中西合璧"的新类型，如建筑中"中式大屋顶+西式墙身"的组合模式，"斗拱、檐椽、券门、歇山式屋顶+水泥、钢筋、水泥花砖、花玻璃"的不同组合等。2018年竣工的港珠澳大桥也有很多中国元素，其中的青州桥又称"中国结"，将最初的直角、直线造型曲线化，寓意"三地同心"；九洲桥又称"风帆塔"，寓意"扬帆远航"；江海桥又称"海豚塔"，寓意"人与自然和谐发展"。新中国成立以来，中国本土取得的一系列原创性成果如人工合成牛胰岛素、青蒿素、砒霜治疗白血病、籼型杂交水稻、汉字激光照排技术、超算技术、高铁技术、北斗导航技术、第四代核电技术、5G通信技术等已经成为和正在成为未来技术创新的基石，成为技术产业化的"中国标准"。

4. 集中力量办大事的举国体制

社会主义改造完成后，中国仿效苏联建立了高度集中的社会主义计划经济体制，把国家的经济活动和科技发展纳入统一规划之中，通过系列"五年规划"（原称"五年计划"）对国家重大建设项目、生产力布局、国民经济重要比例关系、远景目标和方向等进行规划。在此体制下，苏联援助下的"156项工程"迅速奠定了工业化基础，第一个"五年计划"结束之时，工业总产值在工农业总产值中的比重由43.1%上升到了56.7%，[①] 在制造业领域，出现了中国历史上诸多"第一"，如第一架飞机、第一台新式机床、第一套1万千瓦水轮发电机组、第一艘中型鱼雷艇等。随后进行的"两弹一星"研制，以及1964年开始的"三线建设"，通过部门协同、集中资源、合力攻关，使中国的尖端科技有了重要突破，科技水平大幅提升，工业体系的区域布局明显改善。新中国成立初期确立起来的举国体制充分体现了短期内集中资源、凝聚力量办大事的优势，但是随着时间的推

---

① 鄢一龙，胡鞍钢. 中国十一个五年计划实施情况回顾 [J]. 清华大学学报（哲学社会科学版），2012，27（4）：35-45，158.

移，其弊端也逐渐暴露出来，一是制度僵化，计划没有灵活性；二是激励机制缺失，行动主体没有主动性；三是不能对经济和科技领域中的变化及时做出反应。1978年改革开放后，市场机制逐步成为配置社会资源的基础性方式，政府职能向以间接手段为主的宏观调控、提供公共服务和市场监管转变，企业、科研院所、高校成为科技创新的微观主体，国家以法律法规、发展规划、项目支持、财政补贴、税收减免等方式对科技创新活动进行规范、引导和支持。企业、科研院所主要致力于面向市场和产业化的技术创新活动，国家主要致力于科技创新机制、平台和环境建设，以及系关国家全局和长远发展的基础性研究、关键共性技术研发、战略新兴技术的追踪孵化等。实践证明，这种新型的举国体制更能有效促进科技创新活动开展和科技成果产出。数据显示，2017年，全社会研发支出约为1.76万亿元，较2012年增长70.9%；研发支出占国内生产总值比重为2.15%，超过欧盟15国2.1%的平均水平。国际科技论文总量比2012年增长70%，居世界第二位。发明专利申请量和授权量居世界第一位。科技进步贡献率在2000—2020年间稳定上升：2000—2005年为43.2%；2005—2010年为50.9%；2010—2015年达到55.3%；2015—2020年超过60%。[1]国家创新指数世界综合排名在2000—2023年间上升了28位（2000年世界排名第38位，2023年上升到第10位），[2]实现连续十年上升。在上述大数据背后，载人航天、空间站建设、深空深海探测、卫星导航、量子通信、超级计算机、大飞机制造、新能源等领域取得重大成果，关键核心技术不断突破，战略新兴产业日益壮大。这些成就充分表明，打造"国之重器"需要政府的有效组织协调，动员多个部门、调配多种资源、组建多支团队，充分发挥社会主义集中力量办大事的政治和制度优势。

以上梳理和剖析说明，中国的现代化虽然是外源式现代化，但不是

---

① 胡鞍钢. 中国式科技现代化：从落伍国到科技强国［J］. 北京工业大学学报（社会科学版），2023，23（2）：1-19.

② 刘垠. 中国创新能力综合排名上升至第10位［N］. 科技日报，2023-11-22（1）.

西方国家现代化模式的移植和照搬，而是西方科技文明成就与中国的历史境遇、自然环境、社会治理、政治理想、法律制度、文化传统等因素反复融合，锻造新生的过程，是中国古老文明的一次涅槃重生。历史经验再次表明，文明互鉴是各种原生文明蝶变为新文明形态的必要条件，文明互鉴不是机械的拿来主义，而是一个"适地化"过程，是文明借鉴国变被动为主动的创新进取过程，其熔铸了本民族、本国家的诸多因素而具有鲜明的本土特色。中国从一个半殖民地半封建的落后农业国蜕变为独立自主的社会主义现代化国家，最直接的推动力是现代技术，而现代技术创新能力的形成需要有一个和平安宁的社会环境，需要有自身的战略规划和持续的资源投入。后两个因素的形成离不开中国共产党的领导和中华人民共和国的成立，正是因为这两个前提条件，中国才持续积累起科技创新能力，形成了有中国特色的现代技术创新体系。中国特色技术创新体系的形成把科学知识、产业经济、社会体制、组织制度、管理方法、价值观念等方面有机结合了起来，承载起中国文化的历史传统，托举起中华民族繁荣富强的梦想，为中华民族伟大复兴提供了一个稳定可靠的物质技术框架。

第二节　中国民族地区发展的技术对策

在中国式现代化视野下，中国民族地区的发展具有特殊重要的地位。由于历史原因和自然地理条件限制，中国西部民族地区长期处于相对落后状态，产业结构单一，工业基础薄弱，是中国现代化建设中的一个短板。依据"木桶原理"，中国能否在"三步走"发展战略中全面步入现代化强国行列，主要取决于这个区域发展中的短板。

新中国成立后，中国政府开始不遗余力地从各方面支持西部民族地区的发展，把消除贫困、实现小康、社会和谐作为中心工作来抓，从而使西部民族地区的工业化水平和产业结构有了巨大发展，2020年，各民族全部脱贫，人民生活水平上升到一个新高度，实现了中华各民族梦寐以求的"小康"目标。但是，站在新的历史起点，中国西部民族地区还要向更高水平的小康社会迈进，为此需要在技术发展战略、产业结构优化等方面进行深入研究和科学规划，坚持不懈地把西部民族地区建立成富强、民主、文明、和谐、美丽的社会主义现代化强国的一部分。

一、中国民族地区发展的特殊性

中国式现代化是基于中国国情的现代化，而中国的国情具体由中国国内各区域的区情构成，因此中国国内各区域的现代化必须奠基于其各自的"域情"之上，是各省区依据自身域情并在中央政府统一领导和协调下进行的现代化，这是一条基本的行动原则。所以，中国西部民族地区的技术发展应该首先考虑该区域的特殊性，从自然生态、历史文化、产业结构、资源禀赋等多方面进行系统性调研认识。在与中国东部地区比较视野下，中国西部民族地区的特殊性可以简单概括为以下五点。

1. 少数民族聚集地，有多样性的文化生态。历史上，由于长期的冲突、迁移、融合等原因，中国少数民族原住区多分布于"胡焕庸线"的两侧及其西北部地区，共有44个少数民族，分布面积占中国陆地面积的56.82%。该区域内多民族杂居，语言和生活习俗迥异，多元文化并存，是原生态民族文化的荟萃区。

2. 气候、地理条件复杂，自然生态有多样性、脆弱性特点。西部区域内，分布了从热带雨林到寒温带季风的几乎所有类型的中国大陆气候；地形地貌从高山峡谷到高原盆地，从戈壁沙漠到草原冻土，差异巨大，生物多样性优异，具有多种生态地理单元；由于西部区域海拔高，气候条件恶劣，动植物再生能力较差，所以生态环境脆弱。对中国东部而言，该区域构成了一个生态安全屏障。

3. 是中国的矿产资源富集区。西部地区的矿产和能源资源十分丰富，在中国已探明储藏量的156种矿产中，西部地区占了138种，在45种主要矿产资源中，西部地区有24种占全国保有储量的50%以上，另有11种占比为33%~50%；西部地区的天然气和煤炭储量占全国的比重分别高达87.6%和39.4%。[①]除此之外，还有丰富的地热、风能、水能、光能资源。

4. 产业结构单一，产业位势较低。中国西部地区的传统产业以畜牧业和山地农业为主，技术手段低下，经营方式粗放，产业结构单一、趋同；新中国成立后，矿产采掘业和石油、天然气能源产业得到较快发展，但是长期处于产业链的低端，缺乏深加工能力。

5. 科技素养和科技创新能力低下。历史上，由于自然条件恶劣、交通闭塞、经济贫困、阶级压迫、民族歧视等原因，西部地区各民族的教育水平低下，外部的先进知识和理念很难普及，加之传统保守观念根深蒂固，有关现代科技知识在当地传播十分困难。新中国成立后，通过大力推进义务教育，以法制的形式保障基础教育的实施，但是总体来看，西部地区在人才、教育和科技体制建设方面与东部地区仍有较大差距。

在以上特殊的自然—人文地理条件下，中国少数民族地区的发展势必要走多元化、个性化、有差别的道路，这本质上取决于技术的情境性与各民族地区千差万别的自然—人文地理环境条件。从技术的民族性和民族化角度看，各民族地区的发展应该首先基于自身的"区情"，立足于既有优势，充分利用本地自然资源、本土知识和传统技术工艺，拓展产业链，培育构建有本地特色的产业技术体系，形成区域发展中的"绝对优势"和"比较优势"，这样就会在总体上形成各地区间优势竞现、协同互补、各有特色、多元一体的国民经济发展格局，而不是"重复建设、同质发展、同业竞争"的局面。

在特色化、差异化、专业化发展理念下，民族地区的发展目标和定位应该是多元化的、互不相同的。西部概念下的我国民族地区承担着"边疆安全""民族团结""生态安全屏障""重要战略资源接续""脱贫攻坚""文

---

① 西部地区［EB/OL］. 搜狗百科网站，2022-05-27.

化传承""新型城镇化"等多重功能，各地区须在国家主体功能区规划基础上，合理定位自身，发挥好自己在整盘"棋局"中作为棋子的作用，而不是盲目"追赶""学习"和"模仿"。鉴于中国西部长期以来"以'物'为中心、经济增长优先"模式的不适当性，胡鞍钢和温军提出，应该确立"以'人'为中心、社会发展优先"的新模式，"西部民族地区发展战略目标，应该是'保证民族生存与持续繁荣发展'。这一战略目标的基本内涵，就是在充分体现自然生态环境特点，反映民族文化传统，继承发扬千百年来形成的传统民族文化，在适当照顾民族生活习俗的前提下，充分利用生物资源多样性及民族文化多样性的本土化优势，构建具有区域特色、民族特色的经济结构体系，努力实现战略安全、经济安全、生态安全和文化安全，促进自然生态环境的良性循环以及人文生态环境的继承延续，确保民族生存条件安全稳定以及区域经济的持续繁荣发展。"① 从此角度考虑，充分发挥本土技术的非经济功能就显得十分重要。一直以来，人们重视的是技术的经济效益功能，而忽视了技术在生活服务、家庭和社区稳定、文化传承、生态调节、交流交融、教育塑造等方面的功能，因此使整个地区的技术体系发展呈现畸形化趋势。在"以人为本，社会优先"发展理念下，发展植根于本土的、安全适用的"民生技术"体系，对于民族地区生态、文化、人口、经济、社会的协调发展，增强民族地区的自我发展能力，就具有了异乎寻常的意义。

二、民族地区可持续发展的技术对策

尊重本土知识，发挥传统技术潜力，并非要把现代科学技术和西方文化拒之门外，而是要有选择性的引入，并进行本土化、地方化改造，使之"合天时地脉，尽物性人需"。长期以来，"西部"概念下的民族地区发展普遍采取了"追赶战略"，为了迅速缩短与东部地区的经济、技术差

---

① 胡鞍钢，温军. 社会发展优先：西部民族地区新的追赶战略 [J]. 民族研究，2001（3）：12-23，106.

距，欠发达的民族地区不惜花费重金从国外或东部发达地区引进"先进技术"，指望依靠技术上的先进性、尖端性、高效性来提升本地区的产业技术水平。但是，这样做的后果常常是技术上的"水土不服"，即"先进技术"因为地理环境、市场、材料、技术人才、配套技术、管理等方面的制约而无法正常发挥作用，成为"中看不中用"的累赘，而无法成为带动当地产业技术升级的"龙头"。现在我们反思这些发展中的教训，究其原因是缺乏"本土化"和"民族化"的视角。

技术转移（传播）实质上是一个"再社会化"和"再情境化"的过程，新技术需要与当地的自然资源、生态环境、社会文化和市场经营等因素"适配"，建立起与这些因素间的互补增益关系，这样从长期来看，技术才能成为带动当地产业技术和社会文化演进的"引擎"，实现技术、经济与社会的可持续发展。而反观那些技术"飞地"，无不存在着与当地资源、生态、文化、生活、市场等某一方面或几个方面的脱节和分离，甚至是彼此间的掣肘关系，无法使引进技术与当地经济社会实现协同发展。所以，"选贵的不如选对的"，而且所谓"对的技术"也必须经过"情境化"和"再情境化"，经过社会和自然因素多次塑造后，才能在新的场域中发挥其"动力"功能。因此，技术并非越先进越好，只有把先进性与适用性有效结合起来，才能使技术成为民族地区持续发展的动力。鉴于以上，我们提出以下技术发展对策。

（一）发挥本土技术潜力，提升本土技术创新能力[①]

所谓本土技术，是指源起于当地或者虽然源自外民族、外地区但已经充分融入当地社会并实现了当地化的技术。这类技术通常具有较为悠久的历史，已经成为当地人生产生活中的一种习惯和传统，故而又可称为传统技术。在现代科学技术传入前，这类技术在民族地区的生产生活中居于主导地位，构筑了民族地区各具特色的生活基础。

---

① 附案例一：青海藏毯特色产业技术的发展，见文后。

从知识论的角度看，本土技术的基础是本土知识和经验性知识，这类知识的特点我们在第一章中已经进行了详细阐释，这里我们简要归纳为：构成的混杂性、内涵的丰富性、对象的局部性、形式的规则性、计量的模糊性和生活指向性。这些特征无疑是在西方现代科学知识的背景下显现出来的。与现代科学知识相比，二者优劣互现，各有长短，并非前者一无是处，后者占尽优势（之所以有此认知是因为现代科学主义和资本主义文明全球扩张造成的）。由于知识是技术形成的先行本质，所以，知识类型的特点必然会传导到技术物和技术活动中。本土知识（地方性知识）的上述特点会很大程度上决定本土技术的特点。

本土技术虽然在创新性、效率性、精确性和标准化方面不及现代科学化的技术（只是相对程度而言），但是我们可以在以下方面看出本土技术所具有优势：①天然的文化亲和性。由于不具有文化"排异性"，本土技术更容易在本土环境中得到推广，吸取了现代科学成果的本土技术也远比纯外来技术容易为当地人接受。②宽广的就业吸附面。由于技能简单，不需要系统的专业知识培训，本土劳动力可以大面积就业。③维护家庭和乡邻社会的完整性。本土技术和本土就业使得工作与生活不再分离，实现了劳动、收入、教育、养老、亲情、社交等内容的有机统一。④物尽其用。本土技术多取材于本土自然环境，本地人对本土的自然物性有丰富、细致的认知，对于本土资源有许多独特的利用方法，所以，许多未能被现代科学技术纳入资源库的自然资源可以在本土技术中发挥关键性作用。⑤守护本土生态。各民族在长期的生存实践中都对各自赖以生存的生态环境有自觉守护的意识，他们深知"皮之不存，毛将焉附"的道理，所以在本土技术行为中，会充分考虑资源的可再生性和可持续性，"不涸泽而渔，不焚林而猎"。⑥文化的传承性。本土（传统）技术本身就是本土（传统）文化的一部分，一方面生产出日常生活中所需要的日用品，另一方面也渗透着、负荷着传统的价值观、审美观，所以其在生产物质财富的同时，也生产着人们的精神观念。

人文主义思想家、技术哲学家刘易斯·芒福德（Lewis Mumford，1895—1990），对传统社会中的传统技艺给予了极高的评价，对传统技艺的本质进行了深刻揭示。芒福德认为传统技艺本质上是生活指向的，是有机的、综合的，而现代技术的本质是权力指向的，是无机的（机械的）、单一的（效率的）。结合中国40多年来的社会变革我们可以深切地体会到其思想的深刻和伟大。改革开放以来，中国在引进吸收西方发达资本主义国家的科技文明方面取得了巨大成就，但是，在迅速工业化、城市化和现代化同时，中国社会的传统文化、社会结构、生态环境、自然资源也遭受了巨大的破坏，甚至影响了社会的稳定与可持续发展。如由于大规模农村劳动力外出打工造成的"空心化"现象、留守儿童问题、无人养老问题、不断增加的城市边缘人口问题、城市就业压力加大问题、环境污染问题、资源枯竭问题等，一定程度上都与产业结构的畸形发展有关，其中很重要的一点就是本土技术没有得到应有的发展。由于对本土技术的忽视和放弃，广大农牧业地区的多项社会事业不能同步发展，农牧业剩余劳动力不能实现本地就业，经济增长缓慢，生活气息萧条。如果在中国农牧林业地区较早发展本土技术和适用技术，构建有本地特色的产业，加强非城市地区的公共事业和公共服务投入，使较大部分的剩余劳动人口能够就近工作，那么上述负面现象就很大程度上可以避免。

鉴于以上，笔者认为理想的文明演进方式不应该是断裂，而是绵延与创新。在现代西方科学技术咄咄逼人的态势面前，有悠久文明传统的各民族应该重拾文化自信，走向文化自觉，充分发挥传统优秀文化的长处和优势，彰显其魅力，同时也要主动学习现代西方文明的科技成果，以他山之石攻自家之玉，使包括本土技术在内的本土文化恢复活力，走上一条创新发展之路。传统本土技术由于其封闭性、内敛性和经验性，通常处于十分缓慢的演进过程中，与科学化和资本化的现代技术相比堪称"龟兔赛跑"。所以，本土技术要想得到较快的发展，就必须借助于现代科学知识，借助于资本的力量，借助于市场机制，还要得到政府的持续性、系统性支持。结合中国西部民族地区发展本土技术的经验，笔者认为有以下四点需要强调。

1. 在对本土技术进行开发时，应注重其历史文化内涵的呈现。本土技术的独特性既体现在其实用功效上，也体现在其历史文化内涵上，二者本来就共存于技术物与技术实践中。现代技术的"去背景化"趋向使本土技术的文化特色优势凸显出来，成为文化传播和市场需求的一个引力点。为此需要进行品牌设计，把民族元素融入产品设计、制造、销售的诸环节中，以民族风和特殊的功效赢得市场认可，如藏族藏药、壮族壮锦等，最终都凭借它们各自的实用价值、审美价值和浓郁的民族风格而创造出了巨大的市场。

2. 本土技术需要与现代科学技术联姻，提升其创新能力。重视本土技术的开发并非是对现代科学技术的排斥，而是某种意义上的"旧瓶装新酒"，通过与现代科学技术结合，引入新的技术要素，使传统文化的优秀成果再现生机。本土技术中的本土知识虽然具有实用性、针对性和丰富性，但是缺乏对事物原理的深层次认识，局限于现成的经验，因而发展缓慢，长期处于停滞状态。而科学知识以探索发现为宗旨，以新知新识为鹄的，因此处于加速发展之中；现代技术由于持续地应用现代科学发现的新知识而得以不断创新进展。所以，各民族的本土技术也需要自觉地引入现代科学知识，对本土资源的加工利用方法、本土工艺技术流程、本土技术的组织管理进行改造创新，优化其结构内涵，提升其品质，形成持续的自主创新能力。与此同时，也需要主动借助现代技术，通过共性技术平台实现产业升级，如当代的数字信息技术和互联网平台，都是助推本土技术走向世界的有力手段。

3. 本土技术开发需要引入现代管理制度。在传统社会中，本土技术活动都是分散的、小规模的、粗放的、非核算的，这决定了其效率的低下性和推广的有限性。在现代市场经济条件下，必须以现代企业制度来改造本土技术的经营活动模式，把分散的、孤立的个体技术活动转变为有组织、有计划、有保障的企业实体行为，通过科学的工艺流程设计、严格的经济核算、全面的市场调研使其转化为集约型经济行为，这样才能扬长避短，实现与现代技术"同道赛跑"。

4. 本土技术需要适应当代审美标准，与时俱进。工艺美术界广泛流传着一种观点："传统是过去的时尚，时尚是未来的传统"，放在文化演进的历史长河中，本土技术在保持民族风格的同时，也不能一味"守旧"，止步不前。所以本土技术（尤其是艺术）也需要充分融入当代社会的审美趋向，甚至通过主动创新来引领时尚，以有本土特色的文化创意来获得大众认可。以景德镇陶瓷釉彩为例，景德镇制瓷工艺在当代又实现了诸多创新，其中的彩虹釉（邓希平发明）能在盘类产品上形成黄、橙、白、红、紫等多种颜色的彩环，极为符合当代人的审美标准，具有极高的审美价值。该瓷器获得了第39届尤里卡国际发明博览会金奖，是本土技术在工艺和审美风格上与时俱进的典范。

（二）构建有本土特色的技术体系 [①]

民族地区的技术发展，不仅是单项本土技术的发展，还是本土技术体系的发展。所谓技术体系，就是各种相互关联的技术通过一定的内在结构而形成的宏观社会系统，它具有有机性、综合性、反馈性、规模性等特征，构成了一个区域技术经济的主体，对区域经济社会发展起着举足轻重的作用。因此，构建有本土特色的技术体系是民族地区摆脱贫困，走上可持续发展道路的关键之举。

历史上，我国西部民族地区由于受严酷自然条件的限制，技术手段原始、技术结构单一、技术体系脆弱，生产力低下，所以对自然资源的利用程度都处于一个极低的水平。新中国成立后，中央政府向民族地区实行政策倾斜，大力推进技术扶持，通过引进新技术，培植新产业，特别是培育各种加工制造业，以增加当地社会对本土资源的利用程度，从而使其原来简单、原始的技术体系发生了质的改变。但是，从横向比较看，我国西部

---

① 附案例二：广西横州市茉莉花产业技术体系的构建，见文后。

民族地区的技术体系（进而是产业结构体系）相对于东部地区仍然显得单一、畸形，表现为对初级产品的过度依赖，产品加工程度低，产品附加值低、产业链短，配套辅助技术不完整等问题，这使民族地区的经济发展和民生改善受到极大制约，这使得我国东、西部地区间的发展差距在很长一个时段内有扩大的趋势。

造成以上情况的原因有多种，但主要原因之一是对构建有本土特色的技术体系（同时表现为有本土特色的产业体系）认识不足。从政府到企业在相当长的时间里都认为，西部地区的落后是因为没有先进的制造业，没有像东部地区一样构建起门类齐全的工业技术体系，所以才有前述"追赶战略"的形成。对"追赶战略"的反思，以及我们对技术民族性和民族化的认识，西部地区构建有本土特色的技术体系需要注意以下五方面。

1. 立足于特色资源，发展特色产业。这一点虽然已成为各地发展的共识，但对于特色资源、特色产业的理解可能还有偏差。笔者认为，这里的"特色"之"特"，一是体现在资源，二是体现在工艺，三是体现在地域，其间有许多理论与实践问题需要解决。如在资源方面，不仅有自然资源还有文化资源，传统产业技术活动在此两个方面都有深厚的蕴藏；在工艺上，传统产业有其独特之处，但也存在技术落后和效益不佳的问题，因此需要创新，对其进行现代技术改造，但是如何处理好"原汁原味"与"推陈出新"的问题，需要在实践中进行摸索探讨；在地域方面，西部民族地区天然存在着许多传统"文化圈"，这就需要打破行政区划，以文化圈进行特色产业规划。

2. 延伸特色产业链。长期以来，西部民族地区的产业以初级产品加工为主，处于产业链和技术链的低端，产品附加值低，对当地经济的带动能力不强。要改变这种状况，就是要把自己的特色产业向高端延伸，进行产品的深加工和精加工生产，增加产品的附加值，以高端产品参与市场竞争，增加经济效益，带动当地经济的规模化发展。

3. 构建特色产业群。产业链是技术体系的纵向构建，产业群则是技术体系的横向构建。前者反映的是产品与技术前后之间的生成、依赖关系，后者反映的是产品与技术之间的彼此支持与协同关系，二者从宏观上反映了一个区域总体的技术能力和产业状况。技术民族地区的特色技术体系除要延伸特色产业链外，同时还要构建自己的特色产业集群，这样才能从整体上增强产业竞争力，使区域经济社会发展奠基于坚实的基础之上。具体来说，特色产业集群具有如下优势：①特色产业集群有高度复杂又高度一致的产业价值链，这不仅可以提高单项技术环节的生产效率，还可以使本土技术体系拥有更高的市场抗风险能力；②特色产业集群内部的企业（或机构）有着相似的技术背景、历史渊源、价值观念，这些因素会促使当地技术环境越来越适合本土技术的生根发芽，也可以提高企业间配套生产协作的能力；③特色产业集群的形成有助于提高本土技术资源的附加值。本土资源不是最终产品，特色产业集群的复杂程度和协同能力决定了生产过程中各种不同技术产品的价值增加度。以哈萨克族畜牧业的发展情况为例。传统哈萨克族畜牧业以牧民家庭为基本的生产组织单位，对家庭内的牲畜进行小规模养殖，生产出来的产品为肉和奶，自己消耗外的剩余产品会送往集市上售卖。经过近20年来产业化的发展，现在哈萨克族以畜牧业为基础，已经发展出草种业、牲畜养殖业、肉类食品加工业、奶类食品加工业等行业，其中仅奶类制品就有巴氏鲜奶、酸奶、奶酪、奶油、奶皮等不同的产品，初步实现了规模化生产。

4. 构建"循环经济"模式。西部地区自然生态脆弱，工业废料的排放可能会对当地环境造成难以修复的破坏，因此需要使当地的工农业生产做到清洁无害（或少害），尽量做到"减量化、再利用、资源化"，在工艺技术设计中考虑资源的多级利用，在生产、运输及销售各环节做到过程的集成化和废物的再利用，在流通与消费环节延长产品使用寿命，在产品周期末端阶段能够重复利用和回收循环。此即所谓的"循环经济"，其实质是对资源的加工利用做到闭合循环，物尽其用，减少排放，这样才能使民族地区的发展处于可持续的良性状态。

5. 呈现特色产业的文化蕴涵。上面论及，民族地区的资源包括自然与人文两方面，传统产业技术在此两个方面都有丰富的内涵，在发展特色产业时不能仅开发其自然资源及实用功效，还应该同时开发呈现其丰富的、独具魅力的文化内涵，在产品同质化、产业同构化的今天，这一点尤其重要。为此，在发展特色产业技术时要进行必要的艺术加工和提炼，将民族文化美好的一面呈现出来，这一点在民族地区的各类传统工艺中体现得尤为明显。从这个角度看，还需要加强文旅融合，即把文创特色产业与旅游休闲结合起来，增强二者的协同关系，把西部民族地区的特色优势充分释放出来。

（三）积极引进外部先进技术，进行"适地化"创新[①]

经过70多年的社会主义建设，中国西部民族地区虽然在技术和经济上有了巨大发展，取得了有目共睹的骄人成就，但是总体上与东部地区仍有较大差距。因此，存在继续从中国东部地区甚至国外发达国家引进先进技术，提升产业结构的必要性。

虽然新中国成立后，中国东部发达地区就不断地以各种形式支援西部地区开发建设，使其在较短时间内奠定了现代工业基础，但是很长时期内，东部地区的技术和经济支持都是以"输血"和"造血"方式进行的，而西部地区是模仿或照搬东部发达地区发展模式，由此造成了诸多产业技术的"水土不服"现象。特别是在20世纪60年代开始的"三线建设"，许多重要技术项目成了无依无靠的"飞地"，没有对当地的经济建设和社会发展起到应有的带动作用。2009年，国务院下发了《关于中西部地区承接产业转移的指导意见》，提出为了实施西部大开发和促进中部地区崛起战略，中国东部沿海地区产业应加快向中西部地区转移的步伐，中西部地区同时应"积极承接国内外产业转移"，以"推动东部沿海地区经济转型升级，在全国范围内优化产业分工格局"。在此背景下，西部地区如何承接东部发达地区的

---

① 附案例三：新疆滴灌技术的在地化创新，见文后。

产业，如何引进外部技术，又成为一个必须认真研究的现实问题。

从技术的民族性和民族化的角度，笔者认为，中国西部民族地区引进外部先进技术，承担东部发达地区的技术转移，尤其应该注意"先进性"与"适用性"问题。以先进的外来技术取代（或者改造）本土的落后技术，是西部地区技术引进的主要目标。但是这一目标的实现必定受制于既有条件的约束，即外引技术须在资源、技术要素、支持条件、市场环境等方面与引进地相适配，或者具有适配、融合、示范的能力，这样外引技术才能更好地融入当地的产业技术体系，起到引领带动的作用。当然，百分之百适配的技术是没有的，也是没有意义的，关键在于要对引进的技术进行"适地化"创新，使之与西部民族地区的技术条件、自然条件、人文条件相契合，这样才能更好地发挥其先进性功能。当然，"适地化"创新（也是"二次创新"）并非只是引进后才进行，而是在初期调研阶段就进行了，贯穿于技术的生命周期各阶段。从"适地化"创新的角度看，引进外部技术需要注意以下五方面。

1. 被引进的外部先进技术应该具有充分利用本地资源的能力。西部民族地区矿产资源十分丰富，多种地理环境也造就了各民族绚烂多彩的文化，外部先进技术在进行"适地化"创新过程中应注意物质资源和文化资源的双重开发利用。这要求我们必须对外部技术引进进行认真周密的选择评估，选出能与本土资源环境相匹配的先进技术，才能使外来技术更好地发挥其功能。

2. 被引进的外部先进技术应该能够适应当地的市场需求。民族地区的传统生活方式，使他们的日常生活消费品有别于东部地区，如藏式炕桌、糌粑盒、若巴盘、藏式小蒸笼、蒙古包大毡、哈萨克族花毡、瑶族八宝被等都是各民族专用的商品。20世纪70年代中国政府先后在呼和浩特、兰州、乌鲁木齐、贵阳、西宁、延吉、海拉尔、拉萨等城市建立少数民族特需商品生产基地，1997年和2001年国家民族事务委员会两次发布少数民族特需用品目录，确定了10个大类，共500余种少数民族传统日用品和新的特殊需求商品。[①] 随着经济水平的提高和消费时尚的改变，民族地区的这些特殊商品需求还会呈现出持续增长的态势，所以相关外引技术要能够顺应这种个性化、特色化的市场需求，积极开发出传统与时尚相结合的此类产品，适应和引导当地市场发展。

3. 被引进的外部先进技术应有助于"绿色西部""生态西部"建设。前面提到，中国西部民族地区有多种独特的地理生态单元，有多样性的生态系统，但是由于其高寒气候和高原、雪山、戈壁、沙漠等特殊地貌，自然生态的自我调节和自我平衡能力差，而西部地区的生态安全对当地和全中国来说都关系重大。在中国政府的"十一五"发展规划中，国土空间按照自然生态状况、水土资源承载能力、区位特征、环境容量、现有开发密度等因素被划分为优化开发、重点开发、限制开发和禁止开发四类主体功能区，其中西部地区多为国家重点生态功能区。这种战略规划对于西部民族地区的技术引进提出了高标准生态要求，即绝不能以牺牲生态环境为代价，来换取暂时的经济增长。技术引进必须经过严格的环保评估，针对不同地区的主体功能，制定不同的准入门槛，把环境风险和生态效益作为政绩考核的主要指标。

4. 被引进的外部先进技术应该能够促进本土技术体系的升级迭代。民族地区的传统特色技术缺乏自我进化的动力，因此需要从东部发达地区（或国外）引进先进的技术对其进行改造升级，使其在保持原有特色的基础上，在品质、功用、成本和收益等方面能有所改进和创新，这既是外来技术"适地化"的要求，也是本土技术演进发展的不可缺少的条件。无论是单一技术的引进，还是成套技术的引进，其最终目的都是带动当地技术体系和产业体系的整体升级跃进。虽然欠发达地区需要引进全新的技术使本地技术经济实现"跨越式发展"，或者"弯道超车"，但我们会发现，这种现象往往只发生在个别技术领域和局部产业，其对整个技术体系和产业

① 中华人民共和国国家民族事务委员会. 国家民委关于印发少数民族特需用品目录（2001年修订）的通知［EB/OL］. 北京：中华人民共和国国家民族事务委员会，2001-11-14.

体系的影响依然在经历一个较长的过程，这是因为，对于基础产业和基础技术进行改造提升都须经历一个渐进积累的过程，而不可能实现一日"蜕变"。从此角度看，技术引进需要考虑其在当地产业技术链和产业技术群中所处的地位，从延链、建链、补链、强链、结链的角度对其进行选择，从建群、成群、强群的角度对其进行二次创新，最终是生成一个充分活力的技术生态。

5. 被引进的技术有助于促进当地的品牌建设。在外来技术的"适地化"过程完成之后，技术的品牌效应对于该技术的市场竞争起着举足轻重的作用。一般来说，品牌是一个包括了技术水平、质量水平、营销水平的标志。它的出现可以防止其他企业（或机构）盗用本土技术的核心知识，使前期的努力功亏一篑。我国民族品牌不多，优秀、过硬的品牌更是屈指可数。可以说，由于先天地理优势不足等原因，西部民族地区特色产业比东部发达地区先进产业更加需要吸引市场的注意。品牌已经成为制约民族地区经济发展的一个重要关节，许多质量优秀的本土技术产品因为缺少品牌标志的支撑而变成了廉价商品，丢失了当地本应得到的良好收益。反之以蒙牛、伊利等企业为例，在一个优秀的民族特色品牌支持下，一个传统产业焕发出巨大的生机，为民族地区发展注入了持续的经济活力。

案例一：青海藏毯特色产业技术的发展

一、传统藏毯制作工艺

藏毯（如图6.1所示）是由青海藏族独有的编织技艺制作而成，其原材料是青海藏系绵羊毛，代表了本土独具特色的藏民族传统文化。它的制作流程可分为四个板块：挑选梳洗棉毛、手工纺线、植物染色以及独特编织技艺。因其具有精湛的编织技艺、丰富的色彩渲染，加之别具一格的藏族风格和地域文化，所以藏毯也与波斯地毯、东方艺术毯并称为世界"三大名毯"，具有极高的艺术价值和经济价值。

图6.1　藏毯（王延茹提供）

藏毯的种类丰富，根据不同的分类方式可以划分出许多类型，其中，依据不同的藏毯原材料种类，可以将藏毯分为绒藏毯、仿古藏毯、丝毛藏毯、纯丝藏毯和天然色藏毯五种不同类型。它们的区别之处在于毛纱——有牦牛毛、绵羊毛、山羊毛等。青海藏毯选用当地特产的藏系绵羊毛制作而成，也称为"西宁大白毛"。此毛是世界公认的适合地毯生产的优质绵毛，具有光泽好、纤维长、弹性强、韧性足等品质特点，所产的藏毯细腻柔软、平滑厚实。

藏毯的制作工艺繁杂、精细，需要耗费较多的时间和精力。第一步要经过前期的原料处理：将羊毛整理成可编织的纺纱，其中包括选毛、梳毛、纺线、染线等多道工序。第二步即编织，包括设计样稿、挂经线、手工编织。在编织过程中，亦有许多方法可以选择（"8"字扣法、"砍头"扣法、平织、凹凸织、带花织等）。第三步就是后期加工，这也是最后一个步骤。最后步骤完成即可以进入市场流通。以下是具体的制作流程。

（一）原料处理

原料处理有多个步骤，第一步是选毛，就是从羊身上剪下羊毛进行挑选，将原毛中混合的一些杂质挑拣出来。由于西宁大白羊羊毛颜色有泛灰、泛白、泛黄、泛黑等情况，所以同时需要根据原毛颜色的不同对羊毛进行分类。第二步就是梳毛，梳毛就是将分类好的原毛梳成两指宽的毛条，梳毛的过程中还可以进行二次选毛，将隐藏的杂质去除掉。第三步是纺线，顾名思义就是将梳理好的毛条纺成毛线。其中，纺线分为手工纺线和机械纺线，手工纺线就是直接用手一边整理毛条一边扯着纺好的线往外拉，这极为考验工人的个人技能，需要有经验的工人来做。用机械纺线则可以轻松许多，只需要将毛条放在纺线机上，机器就会自动纺成毛线。第四步是染线，即用植物染料将纺好的毛线进行染色。常用的几种植物染料有板蓝、茜草、核桃皮、红矾、黄矾、黑矾等。[①]将这些染料放入锅中烧制两三个小时，染料便可调制完成。随后将毛线放入染料中，不断搅拌，使得毛线色彩分布更加均匀。上述染色方式是比较原始和传统的做法，现在亦有机器可以替代，使染色效率飞速提升，但过程原理是一样的。

（二）藏毯编织

藏毯编织是藏毯制作过程中最重要的一步。藏毯的编织过程也不简单，大致可分为三个步骤，即设计样稿、上经（挂经线）和编织。第一步是设计样稿，这要求设计者具备较高的绘画技能和艺术审美，线条是否流畅大方将直接影响作品的呈现效果，图案是否匀称灵动则决定了作品的艺术审美价值。第二步是上经，这需要根据所要求制作的毯子大小进行幅度调整。工人通常会选用粗壮、结实的线，将经线挂在编织机器的上下横梁上（经线长度要长于地毯长度），具体挂多少经线依据生产工艺的要求来

---

① 王晓丽. 江孜藏毯艺术研究［D］. 北京：清华大学，2015：21.

确定。上经时要求经线排列均匀，经线与经线之间保持固定的距离，且经线两头平行，松紧程度一致。每10厘米确认经线的垂直度并做好标记，用尺子进行宽度复核，转动挂毯器来调节松紧度。第三步骤编织，即通过纬线与经线交织打结的方式扩展毯面。编织方法主要有"砍头"法、穿杆结扣法、平织、带花织、凹凸织等。"砍头"扣法和穿杆结扣法是常用的两种方法。以"砍头"扣法（又叫栽绒法、栓头法）为例，通常右手握刀，拇指和食指挑起经线，左手握纱，用拇指和食指卡齐毛纱，右手平行于纬板垂直砍断，通常挂毯留 2~3 厘米，地毯 3~4 厘米。其基本要领是"平、顺、短、齐、地"。①

（三）后期加工

编织好的藏毯还不算是正式成品，仍旧十分粗糙，这就需要后期进行一些加工处理。后期加工包括平毯、剪花、洗毯三道工序。平毯是加工的第一道工序，就是把编织过程中留下的线头、杂毛修理平整。其次是剪花，剪花是为了凸显立体感，用剪刀将图样花纹边缘的线剪掉，使其出现向下凹陷的痕迹，这样图案就凸显出来了。最后一步洗毯很简单，直接将毯子洗净晾干即可。接下来等待专门技术人员验收即可。

藏毯在青海已有2000多年的历史。几乎每家每户都有相应的纺织机械，家庭成员也多是纺织能手，从剪羊毛、羊毛捻成线再到编织，整个过程都由他们亲手制作完成。纺织工作通常是在农牧闲暇之时进行，家庭成员会自发组织起来，除生产有一定市场需求的产品外，他们也会生产一些自己日常使用的藏毯种类，如卡垫、地毯和藏被等。

二、藏毯特色产业技术的创新发展

进入21世纪以来，藏毯编织作为一项民族特色产业，不断引入现代先进纺织技术，实现设计创新、工艺创新和产品创新，从而焕发出新的活

---

① 刘婧雯. 西藏藏毯艺术元素在服装设计中的创新应用［D］. 北京：北京服装学院，2019：25.

力。在此背景下，藏毯的生产方式逐渐从传统的手工制作转向机器制作，从分散的作坊式生产走向规模化、标准化的工厂生产，又进一步走向个性化、特色化的订制生产。传统作坊—工厂制造—个性化订制的演进路线体现出民族传统产业在现代化转型中的一般规律和模式。如今，藏毯已发展出26个系列、130个品种、1000多个花色图案，远销20多个国家和地区。①

青海藏毯产业技术创新既有基于本土传统技术的自主创新，也有外部引进的外源式技术创新。在保留传统工艺技术特长的同时，藏毯生产企业不断对传统生产工具如梳纺机、手工纺纱机、缠线车、编织工具、洗毯机等进行改进创新，对于编织、染纱、整理工序等进行工艺方法创新。如传统栽绒地毯织做工艺"穿杆结扣法"具有绒头长、绒头粗的特点，毯面厚度可达3~5厘米，但是存在部分结扣不牢固的缺点。青海藏羊地毯有限公司在此基础上研发出"双经锁子扣"工艺，有效弥补了穿杆结扣法的缺陷，获得了相应的技术发明专利。这一独特的工艺创新，使藏毯粗犷、自然、古朴、大气的地域民族风格得到充分彰显。② 为了跟上市场变化步伐，西宁市南川工业园也主动引进世界先进的地毯织机，大力发展机织藏毯，因此，机织藏毯产量呈现逐年增长的态势。截至2015年年底，青海省藏毯机织产能达到3000万平方米，产量达2507万平方米，相比2009年增长了58.3倍。③ 在接受记者采访时，圣源地毯集团有限公司生产副总经理高文兰说："从手工编制到手工枪刺，从人工纺织到机器编织，经过不断地升级，企业已实现了现代化工业体系模式，在机械化程度提高，成本降低、效率提高的基础上，技术不断更新，机纺水平进一步提高，企业将特殊纤维、特殊工艺用在地毯上，产品也从最初的手工编织藏毯，延伸到机织地毯、手工枪刺地毯等多种样态，逐步实现企业高质量发展。"④ 近年来，藏

① 李燕. 青海藏毯产业发展现状研究 [J]. 柴达木开发研究，2018（6）：15-24.

② 李燕. 基于SWOT分析青海藏毯产业发展对策研究 [J]. 柴达木开发研究，2020（1）：20-27.

③ 李燕. 青海藏毯产业发展现状研究 [J]. 柴达木开发研究，2018（6）：15-24.

④ 张国静. 青海地毯远销21个国家和地区 [N]. 西宁晚报，2023-05-19（A04）.

毯产业的信息化、数字化、智能化程度不断提高，仿人工编织机器的研发速度加快，推动了青海藏毯产业转型升级。

在提高技术创新能力的同时，当地各级政府还致力于强化产业链，构建产业群，实现藏毯产业集群化发展。2003年，青海省政府正式将藏毯特色产业纳为重点扶持对象。这期间，青海省政府出台了一系列优惠政策鼓励和支持藏毯产业发展，并就藏毯产业的形成和发展做出了明确的规划。规划蓝图表明，青海要打造以藏毯特色产业为核心，面向国际市场以及带动相关产业毛纺织产业集群的发展。为此，青海省政府一方面致力于做好相关产业规划，合理进行产业分工，按照藏毯产业上、中、下游进行纵向专业化分工，各企业根据自身的特点和优势，形成既有分工合作又有规模效应的发展态势；另一方面充分发挥龙头企业的带动辐射功能，通过农户、中小企业、龙头企业的战略联盟，不断提高配套能力、降低成本、共同发展。[1]为此，青海省政府2008年2月成立了西宁市南川工业园区，该园区的核心任务是打造"青海国际藏毯城"，发展以藏毯生产为主导的毛纺织产业集群，并推动周边相关产业协同发展。经过政府不断努力和积累，青海藏毯产业进入全新发展期。此后，青海凭借各项优惠举措成功吸引多家纺织生产企业入驻，进一步培育和壮大了藏毯产业集群的市场主体。

青海藏毯产业集聚发展是一种典型的政府推动模式。[2]在培育藏毯特色产业及产业集群的过程中，青海各级政府通过采取一系列措施加强相关基础设施建设、建立产业基地、构建生产网络，使藏毯产业呈现集聚协同效应。在市场主体培育方面，给予企业各种形式的补贴、税收优惠和奖励，鼓励新建企业，吸引外地企业，帮助企业扩大生产规模，鼓励龙头企业通过技术创新引领行业发展，由此拓展了藏毯产业链的长度和网络宽

① 陈雪梅. 提升青海藏毯产业竞争力的对策探讨［J］. 青海民族大学学报（社会科学版），2010，36（3）：117-119.

② 李毅，王英虎. 青海藏毯产业集聚现状与产业集群化研究［J］. 青海社会科学，2009（5）：53-57.

度。仅2004年，由政府资助建立的加工厂就达200多个，到2007年年底政府累计扶助建设的加工厂达300多家。与此同时，通过从上海、江苏、浙江等沿海东部地区引进高技术企业和品牌公司，实现技术升级、产品升级和规模化生产，积极开拓国外市场，创建民族品牌。[①]

强化产业品牌是提高产业知名度、提升市场竞争力的有效方式。这是由于品牌具有更强的凝聚力和更大的影响力，共同打造产业品牌有利于区域内、产业内企业的良性发展，使产业从追求规模、产量向追求质量、品质转变。为此，当地政府出台诸多措施鼓励企业发展自己的品牌，支持龙头企业引进高新技术，兼并小规模企业，实现产业整合，集中打造区域产业标志。目前已经形成"藏羊""圣源""喜马拉雅""三江源"等诸多品牌，其中不乏"中国驰名商标""国家免检""中国名牌""国家地理标志保护产品"等。2004年"青海藏毯国际展览会"首次举办，此后每年举办一次。经过多年市场培育，该展览会已被打造为青海藏毯特色产业进入国际大舞台的一张闪亮名片。2006年，由青海和西藏联合发起成立"中国藏毯协会"，为传承和发展藏毯制作工艺，促进藏毯产业繁荣发展提供了行业组织保障。2010年，西宁市南川工业园区被中国纺织工业协会授予"中国藏毯之都"的称号。目前，以"世界藏毯之都"建设为目的，通过优先发展藏毯特色产业，西宁市南川工业园区已经形成了以藏毯生产为主导的特色产业群，成为全国首屈一指的藏毯生产基地。

绿色企业、绿色产业是新时代高质量发展的基本要求和主要方向。青海藏毯产业在发展过程中始终坚持绿色可持续发展方针，将藏毯生产与自然生态保护、文化生态保护协同起来。藏毯特色产业不仅是实现增收致富的产业，还是绿色环保型产业。藏毯生产过程几乎是零污染，不论是前期的原材料处理阶段抑或是后期编织加工阶段，既不会排出废气又不会排出

---

① 李毅，顾延生. 制度嵌入性视角的产业集群发展研究：以青海藏毯产业集群为例［J］. 青海社会科学，2013（3）：86-91.

污水。在坚持绿色发展的同时，政府还组织专家和学者深入发掘藏毯的文化内涵，提升产品文化价值，邀请设计专家开发新图案、新纹样，将藏族的神话故事、民间传说、宗教元素、文学艺术和风俗习惯等融入产品中，向消费者展示属于藏民族的独特风采和文化魅力。通过以上措施，将藏毯生产与文化传承、生态保护、旅游观光等结合了起来，逐步走上"创新、协调、绿色、开放、共享"的高质量发展之路。

三、藏毯产业的本土性及其优势

1.原材料优势

特点鲜明的本土技术资源是藏毯生产的重要基础。青海藏毯产业的一个先天优势是这里独一无二的"西宁大白毛"。其毛质柔软而不失韧性、光泽亮丽、蓬松绵密，是业内公认的好毛料。以此为原料而生产的藏毯具有严密厚实、平软细腻、不易虫蛀的特点，明显优于其他原料地的地毯品质。青海年产"西宁大白毛"17 000吨以上，还有较为丰富的羊绒、牛绒资源，为青海大力发展藏毯产业提供了先决条件。[①]

2.能够吸收较多的本地劳动力

藏毯生产属于劳动密集型产业，从剪毛、选毛、纺线、染线到最后的编织等各生产环节需要大量人员，即便是引入了现代生产技术和先进设备也只是提高了生产效率，各制作环节仍需人工参与。青海目前的劳动人口现状正好可以提供较为充裕的劳动力。藏毯生产靠近原料地建厂极大便利了城镇、农村富余劳动力就近就业。据统计，西宁周边农村富余劳动力大约有80万，占农牧业劳动力总数的60%以上，高出全国平均水平一倍。[②]大力发展藏毯特色产业，不但使农牧民脱贫致富，更是解决了农村富余劳

---

① 李燕. 基于SWOT分析青海藏毯产业发展对策研究［J］. 柴达木开发研究，2020（1）：20-27.

② 王兰英. 加快藏毯产业集群发展促进生态立省战略实现［J］. 青海社会科学，2008（6）：80-84.

动力就地转移的一大难题。并且青海省劳动力成本较低，劳动力充足，使得藏毯特色产业发展具有明显的市场竞争力。

3. 拥有深厚的民族文化底蕴

藏毯不单是生活日用品和工艺品，同时还负荷着藏民族的历史文化，具有浓郁的民族文化色彩。藏毯纹样别致、色泽艳丽、构图丰富、风格粗犷、对比鲜明，具有多方面的艺术和人文价值。藏毯图案吸收了藏族服饰、建筑、生活习俗、自然环境、传统艺术等方面的元素，层次分明，具有浮雕般的艺术效果，多方面反映了藏民族的风土人情、历史传统和地理风貌。特别值得一提的是藏毯浓厚的宗教艺术风格，其构图中对佛八宝、暗八仙、国王七宝等内容的表现，如佛八宝中的法轮、法螺、宝伞、宝盖、荷花等，暗八仙中的宝葫芦、渔鼓、阴阳板、仙笛等，国王七宝中的方胜、连环钱、犀角、令牌、象牙等图案表现了其精神寄托和现世期许。浸润了藏民族文化特色的藏毯，在产业化、市场化过程中展现出独特的价值。目前，青海藏毯在国际藏毯销售市场中已经占有重要的份额，仅次于尼泊尔排在第二位。[①]

四、藏毯特色产业发展的基本经验

可以看出，产业化、规模化、品牌化一直是青海省政府建构发展藏毯产业的总体方向。而构建藏毯产业链，培育产业集群，建立产业网络，就需要将企业和企业、企业和市场连接在一起，加强产业集群内外联系。只有这样才能提高企业的专业化技术水平，增强专业细分领域的分工协作，整体提升企业自主创新能力，保障产业长期稳定发展，甚至带动相关产业的协同发展。目前，青海藏毯特色产业不断发展壮大，产业集群模式已然成熟，且将自主研发、设计、生产、加工、营销等环节集成于一体，实现了藏毯生产专业化、规模化和特色化发展。在集群化发展态势下，融合了

---

① 王兰英. 加快藏毯产业集群发展促进生态立省战略实现［J］. 青海社会科学，2008（6）：80-84.

自然资源和文化资源优势的藏毯产业已然成为面向国际市场的优势产业。由此给我们的启发是，各地区发展自身民族特色产业时应结合实际情况，因地制宜，围绕"特色"二字做文章，创新设计理念，提升产品品质，形成产业规模，创立民族品牌。

案例二：广西横州市茉莉花产业技术体系的构建

广西横州市茉莉花产业的发展实践为民族地区的乡村振兴提供了多方面的借鉴经验，其中最重要的一点就是民族地区的产业技术发展一定要坚持特色化、差别化、专业化的道路，在充分调研、科学论证和循序渐进的基础上，培育有本土特色和优势的产业技术，通过持续的技术积累和连续性政策支持，构建起相对强大的产业技术体系。在市场机制起基础性、主导性作用的今天，分散、独立的产业技术很难形成规模化效应，难以在市场竞争中抵御风险、行稳致远，而根基深、覆盖广、价值链长、协作强的产业技术体系具有明显的集聚效应，具有更强的自适应能力和市场竞争力，因此可以成为乡村产业兴旺的有力保障。要做到这一点需要"久久为功"，持续发力，而非一朝一夕所能完成。

一、横州市茉莉花产业的源起与现状

（一）横州市概况

横州市，广西壮族自治区区辖县级市，市政府所在地距首府南宁市110千米，总面积3464平方千米。横州市周围群山环抱，中部地势平缓开阔，形似一个盆地。该区域属于亚热带季风性气候，年日照时间长，温暖湿润，雨量充足。由于全年无霜期长，为茉莉花生长提供了得天独厚的条件，是茉莉花的理想种植地。横州市古称"横州"，民国二年（1913）横

州改为横县，新中国成立后沿用此称。鉴于横县产业经济体量的增长及其区域副中心城市的功能定位，2021年2月3日，经国务院批准撤县设市，由南宁市代管。

（二）横州市茉莉花产业发展脉络

横州市茉莉花产业起步于20世纪80年代。1980年，广西横县茶厂为了制作茉莉花茶，派人到广州芳村参观学习茉莉花种植技术，并尝试从当地引种，免费送给横县附城镇蒙村试种。一开始，试种效果并不理想，但是通过加强田间管理和技术指导，后面的种植效果日趋变好。1985年种植规模扩展至130多公顷，1988年的收购量超过了100万千克。1990年前后，横县茶厂为进一步推动农户种植花卉，积极投入资金，扶持金额高达20余万元，有6000多家农户签订产销合同。[①]其间，由于茉莉花产量的迅速增加，一度出现了"花多茶少"的局面，供过于求的局面使茉莉花收购价不断下跌，造成了"花灾"。这种情况，随着外购茶的增加、本地茶叶种植量的增加以及本地新茶厂数量的增加而得以扭转。进入20世纪90年代，当地花茶窨制技术得到大范围普及和推广，茉莉花的种植面积和产量因此不断攀升。1998年横县种植茉莉花4000公顷，年产茉莉鲜花3.2万吨，占全国总产量的50%，鲜花销售额和花茶加工增值共计3.14亿元，比1990年增长了7倍。[②]

进入21世纪后，随着广西横县茉莉花茶产业的迅速发展，茉莉花产业也同步甚至更快地得到发展。横县茉莉花茶窨制技术原本来源于东部的浙江省、福建省等地，从20世纪90年代中期开始，浙江省、福建省等地的工业化进程加快，工业用地和人力成本不断攀升，这使当地的茉莉花茶产业效益不断降低，与此相应的茉莉花种植面积和产量也相应萎缩。在此

---

① 蒙振. 技术转移视野下的广西横县茉莉花茶产业发展研究［D］. 南宁：广西民族大学，2010：23-24.

② 王建晖，龚正礼. 关于广西横县茉莉花支柱产业的调查与思考［J］. 茶业通报，2002（4）：33-34.

情况下，广西横县政府抓住机遇，开始大力发展当地的茉莉花茶产业和茉莉花种植业，至2000年前后，便取代了福建省成为我国茉莉花茶产业规模最大的生产地，与此同时，茉莉花种植规模和产量也跃居全国前列。不仅如此，随着茉莉花深加工技术的发展，以及茉莉花种植与旅游、康养、餐饮、药用等领域的结合，茉莉花产业开始走上一条独立发展的道路，不再仅仅"傍茶而生"了。至2010年前后，全县种植茉莉花达6600公顷，横县种植茉莉花的农户有6.8万多户，花农33万人，年产茉莉花8万吨，销售收入7亿多元。[①] 2021年，横州市茉莉花种植面积约8000公顷，年产茉莉鲜花9.5万吨，有130多家花茶企业，全市茉莉花产业综合年产值达130亿元，茉莉花和茉莉花茶产量均占全国的80%、世界的60%，横州市因此成为享誉全国乃至世界的"茉莉花都"。[②]

二、横州市茉莉花产业链的形成

（一）茉莉花的种植技术

茉莉花适宜在温暖、湿润、阳光充足的条件下生长，喜温热，不抗冻，对土壤条件的要求是疏松、肥沃、微酸性。横州市的土壤、气候条件正好符合这些要求，所以是茉莉花种植的理想之地。每年的4月~11月是茉莉花的生长期，亩均产量可达600千克以上，横州市种植的茉莉花品质优良，花蕾大而饱满，香味浓郁，清新淡雅，深受消费者喜爱。

茉莉花的种植一般包括以下环节：选地种植、剪枝清园、科学施肥、合理灌溉、疏枝摘叶、适时摘花、更新轮作等环节。在栽培茉莉花时，需选择周围环境无污染、土壤肥沃且富含有机质的地块，同时确保排灌便捷，并优先选择略带酸性的沙质土壤。每年的春季和秋季是最佳种植时

---

① 卢婷婷，李烈干. 茉莉花香飘四海朵朵"白花"变"白金"[J]. 法制与经济（上旬刊），2011（9）：9-10.

② 何任朗，陈寿欢，苏寒梅，等. 横县茉莉花香飘四海融合发展绽芳华 [N]. 南宁日报，2021-06-28（T19）.

期。对于土地的整理，推荐的畦面宽度为110～130厘米，沟宽30～35厘米，畦的高度则应控制在20～25厘米之间。种植方式宜采用双行法，小行距设定为50～60厘米，穴距为25～30厘米，每个穴内种植2～3株茉莉，整体密度维持在每亩6000～8000株左右。为了促进茉莉花更好地生长，每年2月下旬至3月下旬期间，应对春梢进行打顶摘心处理。通过合理修剪，可以促使茉莉花早日萌发新梢，修剪的高度通常保留20～30厘米的桩高。[①]修剪下来的枝条和落叶应当集中起来进行焚烧，以彻底消除潜在的病虫害，必要时还应对整个园区进行消毒处理。当茉莉花进入花期时，每次花潮结束后，都应追施优质的茉莉花专用复合肥，施肥量建议为每亩25～40千克，并在施肥后进行适度的中耕和培土。茉莉花的健康生长依赖于良好的光照和通风条件。当枝叶过于茂密时，会过度消耗植株的养分，进而引发病虫害。因此，为了促进开花母枝的苗壮生长，适时地进行疏枝、摘叶以及打顶短截是十分必要的。茉莉花有一个开花的临界温度，即平均气温需达到或超过20℃。当日平均气温维持在26℃或以上，且最低温度不低于24℃时，花朵的品质最佳，表现为花苞洁白润泽，香气四溢。为了实现茉莉花的高质高产，花农们应精心选择摘花的时间。最佳的摘花时间通常是在上午11点之后开始，而下午的2点至3点之间尤为适宜。对于那些树龄超过10年且花的产量和质量均显著下降的老龄植株，应采取更新措施，即短截枝条，仅保留2～5厘米的桩高。若植株受到严重的病虫害影响或已严重老化，则应考虑更换种植其他作物，待4～5年后再重新种植茉莉花。[②]

（二）茉莉花的加工技术

根据制茶、香料、药用等不同的用途，茉莉花的加工工艺不尽相同。就用于制作花茶而言，茉莉花的加工工艺主要包括以下步骤：首先对茶坯

---

① 王建晖，龚正礼. 关于广西横县茉莉花支柱产业的调查与思考［J］. 茶业通报，2002（4）：33-34.

② 王建晖，龚正礼. 关于广西横县茉莉花支柱产业的调查与思考［J］. 茶业通报，2002（4）：33-34.

和鲜花进行处理，接着进行窨花拌和，让茶坯充分吸收花香。然后，将拌和后的茶叶静置窨花或堆窨，让花香更深入地渗透到茶叶中。在此过程中，需要适时通花散热，以避免茶叶发酵变质。之后，收堆续窨，让茶叶继续吸收花香，达到理想的香气浓度。随后进行起花，将花朵与茶叶分离。接着，对茶叶进行复火干燥，以进一步挥发内部水分，达到提香的效果。干燥后，对茶叶进行烘后冷却，使其温度逐渐降至室温。最后，根据需要进行转窨或提花，对茶叶进行匀堆装箱，完成整个加工工艺。这一系列步骤旨在最大程度地保留茉莉花的香气，并将其完美地融入茶叶中，制作出高品质的茉莉花茶。① 窨制工艺是茶味、花香融合的过程，以茶叶的吸香机理为基础，既有物理吸附机理也有化学发酵机理，还有茉莉花释放香气的生理过程。窨制过程中，除芳香物质增加外，茶坯中还发生了蛋白质、淀粉、果胶质等水解过程，以及酯型儿茶素转化成游离态等系列反应，使茉莉花茶较绿茶更为浓醇。② 茉莉花茶的窨制工艺有传统窨制、增湿连窨、隔离窨制等类型，从盛放方式看有堆窨、箱窨、囤窨等。茉莉花茶的香气浓度与窨制次数息息相关，一般而言，窨制的次数越多，花香就越浓郁。传统的窨制工艺包括五窨一提、四窨一提、三窨一提等多种方法，甚至还有半压半窨全提和全压全提等技艺。在这些工艺中，每一次的窨制都会让茉莉花茶的香气更上一层楼。连窨工艺相较于传统窨制方法，其显著特点在于窨制完成后的茶坯无需再进行复火处理，从而省去了烘干的环节。这一改进不仅有助于缩短整体的生产周期，还能有效减少香气在复火过程中的损失，确保茶叶香气的纯正与持久。而隔离窨制方法通过引入塑料纱网，将茶坯与鲜花分隔开来，这种隔离操作简化了起花和通花的步骤，使窨制过程更加高效便捷，同时也有助于保持茶坯与鲜花各自的品

① 刘迪，安丰轩，唐鑫，等. 广西横州市茉莉花种植业现状与建议 [J]. 广东蚕业，2022，56（8）：127–130.

② 崔宏春，赵芸，黄海涛，等. 茉莉花茶加工技术及风味品质研究进展 [J]. 安徽农业科学，2024，52（1）：17–20.

质特性。窨制完成之后，就要进行筛花，根据不同等级规格的茶叶选用相应筛号进行筛分，这个步骤称为起花。之后是极为重要的烘干环节，这个环节极为考验工人的技能，要严格控制烘干机的温度和茶叶水分的配比，丰富的操作经验是保证这一环节成功的关键。

横州市的茉莉花茶加工技术自20世纪80年代从外部引入后，就不断进行工艺创新，通过对既有设备的自主改造，大幅度提升了茉莉花茶的产量、品质和品类。2023年，全市有150多家花茶加工厂，年产量8.1万吨，年产值约99亿元。茉莉花茶品种有茉莉飘雪、茉莉金针、雪芽、茉莉女儿环、茉莉六堡茶等。[①] 2013年9月，"横县茉莉花茶"获国家地理标志产品认证；2020年7月，入选首批中欧地理标志协定保护名录。[②] 这些茉莉花茶加工企业通常设立在茉莉花种植区附近，以便捷地获取新鲜原料。

（三）以茉莉花为原料的食品、美容护肤品、文创产品等

除与茶结合制作饮品外，茉莉花还可以制作成食品、药膳、美容护肤品、文创产品等。在食品方面，横州市当地用茉莉为配料生产的特色食品如茉莉花糕、茉莉鲜花饼、茉莉凤梨、印象茉莉、帝王酥等茉莉特色点心，在食品市场中占有一席之地；茉莉花具有清肺、生津、止咳、疏肝理气、驱寒解郁等功效，因此还可以做成美味佳肴如茉莉炖鲢鱼、茉莉杏鲍菇、茉莉木瓜粥等；茉莉花深加工后还可以制成各种美容护肤产品如茉莉精油、茉莉肥皂、茉莉花爽肤水、抑菌洗手液、茉莉花护手霜等，从而成为护肤保健市场上的新宠；近年来，随着非遗保护和旅游业的兴起，当地商家开始用茉莉花制作各种文创产品和旅游用品，如茉莉茶香包、茉莉抱枕、挎包配饰等成为当地热销的产品。

---

① 横州市融媒体中心.横州市茉莉花茶销售迎来旺季［EB/OL］. 广西南宁横州市人民政府门户网站，2024-07-12.

② 李敏军，陈露露. 横县茉莉花茶入选首批中欧地理标志协定保护名录［EB/OL］. 人民网，2020-08-12.

（四）茉莉花销售

目前，横州市茉莉花生产和加工已经形成完整的产业链，依托产业链的各环节，形成了规模化、专业化的交易市场。在茉莉花产业链中，农户种植和采摘茉莉花，并将新摘的鲜花苞卖给交易市场中的商贩，商贩再将收购的茉莉花售卖给茉莉花茶加工企业，企业用收购的茉莉花窨制茉莉花茶，加工包装后由茶商销售。围绕上述过程，横州市形成了相对成熟和完备的交易市场体系。2007年，当时的横县就拥有8个茉莉花交易场所，总面积3万余平方米，有400余个交易摊位，年交易近4万吨茉莉花 [①]。2010年以来，随着"互联网＋"经营模式的深入发展，电商平台、网店、直播带货、名人代言等新的营销渠道相继出现，极大助推了当地茉莉花产品的交易。茉莉花产业的繁荣吸引了大量外地客商，催生了房地产、物流、加工和信息等相关产业的蓬勃发展。为了促进产业发展，此前的横县人民政府于2000—2009年，连续举办了六届全国茉莉花茶交易会。此后，又连续举办多届全国茉莉花茶交易博览会。最近的一次是2023年9月19日承办的第五届世界茉莉花大会暨第十三届全国茉莉花茶交易博览会，有广西壮族自治区党委常委、南宁市委书记农生文，全国茶叶标准化技术委员会主任委员王庆等政府和行业领导出席。

三、横州市茉莉花产业技术体系的形成

在纵向产业链形成的同时，横州市还形成了若干平行的茉莉花生产和再加工产业，它们与花茶产业"主链"形成了互补关系，以"副链""支链"的形式巩固和稳定了横州市的整个茉莉花产业体系，通过技术创新的不断拓展使横州市的茉莉花产业逐步做大做强。

---

① 广西横县人民政府. 横县茉莉花茶产业价格情况调研报告［J］. 茶世界，2007（7）：18-23.

（一）茉莉花盆栽的产业化

茉莉花种植的前端，一些公司一方面致力于茉莉花新品种的繁殖培育，另一方面也从事茉莉花盆栽和盆景经营。茉莉花盆栽是一门个性化的艺术，没有固定的审美标准，消费者的爱好与喜欢是最高原则。相比田间栽培，茉莉花盆景的价格要高出很多，在中老年群体中很有市场。茉莉花盆栽一般要培育3~5年，小型盆栽售价几十元，中型盆栽售价几百元，年份久的老桩盆景一盆可以卖出上万元。以广西莉妃农业科技有限公司为例，2023年，在采访中该公司总经理闭东海阐述了公司的多元化业务范畴，他表示，公司不仅致力于茉莉花新品种的研发与繁育，还积极投入茉莉花盆栽、茉莉花老桩盆景的生产与经营，并在茉莉花气味的研究与应用方面取得了显著进展。该公司计划在接下来的几年内，致力于打造全国领先的茉莉花新品种盆栽生产中心。一旦项目完成，预计年产能力将达到30万盆茉莉花新品种盆栽，实现年产值450万元。[①]此外，通过综合推进茉莉花盆栽的"产＋研＋育＋销"一体化项目，该公司在进一步延展茉莉花产业链的同时，还将有效优化现有的产业结构，为茉莉花产业的持续发展注入新活力。

（二）茉莉花香料产业

对茉莉花进行深加工，开发利用茉莉花的多种价值，延展相关产业链，是横州市产业规划中的一个重要内容。茉莉花在香料工业中也具有较为重要的地位，用茉莉鲜花提炼出来的香精，价格与黄金相当，在国际上供不应求。利用CO_2萃取技术，可以从1吨新鲜茉莉花中提取出2.5千克的茉莉香精浸膏。进一步加工后，每千克茉莉浸膏可以产出0.5~0.6千克的茉莉精油。这种茉莉精油的价值极为昂贵，1千克的价格与1千克黄金相当。为此，横州市孵化了一批专注于茉莉花深度加工的企业，其中广西香茹怡茉茶业有限公司便是佼佼者，其销售额达到6900万元。另外，在窨制

---

① 庞春妮，彭丽芳. 产业深耕广西横州茉莉花香飘万里［N］. 中国商报，2023-09-15（7）.

花茶过程中茉莉花挥发出来的芳香物质还可以有效回收，实现资源的闭环利用。横州市年产茉莉花高达10万吨，在精细制作花茶的过程中，仅有约20%~25%的芳香成分被茶叶所吸收，这些被吸收的香气在经历反复烘焙处理后，又会释放出大量的挥发性芳香物质。这些珍贵的芳香物质可以通过专业的回收技术进行利用，进而用于生产高品质的茉莉精油。目前横州市已有数家企业正在实现茉莉芳香物质的回收利用。横州市建立的国家现代农业产业园，特别是其中的茉莉极萃园，旨在推动茉莉花产业朝着更加精深、专业、规模化和品牌化的方向发展，以进一步提升该产业的综合竞争力和市场影响力。[①]

（三）以茉莉花为主题的乡村生态旅游

从2010年开始，横县就开始编制以茉莉花为主题的乡村生态旅游规划，尝试打造旅游品牌"茉莉之旅"。特色农业生态观光旅游的综合效益是明显的，可以在发挥传统农业资源优势的同时，开发其休闲、观光、消费、娱乐、康养等功能，促进农村第三产业发展，吸收更多农村剩余劳动力，增加当地农民的收入。[②]横州市作为全国最大的茉莉花生产基地，拥有6600多公顷的茉莉花种植面积，游客可欣赏洁白纯净的茉莉花，游览茉莉花田，参与茉莉花采摘过程，了解茉莉花的栽培与养护等，甚至可以进入工厂体验茉莉花茶的加工过程。目前，依托岭脚、汶塘、木祥等生态民俗村，已经形成竹溪休闲观光区、生态农业观光区、农家接待服务区等功能小区；形成了中华茉莉园景区、横州市圣茶谷景区、广西金花茶业工业旅游园、横州市顺来茉莉花茶展览馆，以及广西五星级乡村旅游区1家，广西四星级农家乐3家。[③]2020年第二届世界茉莉花大会，横州推出"千

---

① 庞春妮，彭丽芳. 产业深耕广西横州茉莉花香飘万里［N］. 中国商报，2023-09-15（7）.

② 区路基. 茉莉花特色生态旅游开发研究：以广西横县为例［J］. 中国农学通报，2010，26（15）：411-414.

③ 刘迪，李黄开媚，安丰轩，等. 横州市茉莉花茶文化旅游发展现状与对策［J］. 蚕桑茶叶通讯，2024（1）：23-25.

年茉莉情·世界花都行"主题文旅活动，促进文旅融合。同时还以创建国家现代农业产业园和"中国·茉莉小镇"为契机，将茉莉主题全方位渗透到乡村生态旅游中。

以茉莉花为核心的产业技术体系连接着上万家农户和上百家企业，关联着全市的主要就业人口和他们的生产生活。因此，当地政府以"强化龙头企业、完善产业链条、促进产业集聚"为核心策略，通过构建、延伸、补充和强化产业链条的综合措施，积极推动横州市在产业、生态、文化等多个层面向世界茉莉花产业中心转型升级，以实现更高水平的发展。

四、横州市茉莉花产业品牌建设

长期以来，横州市的茉莉花产业处于一种大而不强的状态，粗放式经营、低水平经营、增产不增收的情况是制约茉莉花产业转型升级的主要障碍。为了扭转这种局面，除增强技术创新能力、增强产品科技含量外，当地政府致力于实现企业间整合，通过淘汰竞争、强强联合、专业内分工实现茉莉花产业的规模化、高端化、精品化发展。

2000年初期，当地管理机构在产业调研中发现大部分茶企缺乏品牌意识，局限于同类产品的抄袭模仿、恶意竞争，热衷于为外地茶商收料贴牌，没有把精力真正放在改进生产工艺、提高产品质量方面。即使一些有实力、有创新意识的企业也对于产品包装、功能和文化定位等方面的品牌意识不强。为此，当地政府聘请行业专家为企业把脉问诊，进行质量体系和企业品牌建设指导；举办企业管理人员培训和各种行业规范培训班，以培养企业形象和品牌管理方面的专业技能。经过数年的持续发力，使当地的茉莉花产业品牌建设步入专业化轨道。

2006年，横县申报了第一批地理标志产品，拥有了"金花""郁江"等自主品牌，年创收数百万元。这些品牌曾在国际和国内重大茶文化节中获奖，是向国外出口的主要力量，是当地茉莉花产业进行品牌建设的初期回报。目前，横州市已有超过50家茉莉花企业拥有自主品牌，其中包括

"金花""顺来""春之森"等知名茉莉花公司，这些品牌的效应与影响力正持续提升。特别值得一提的是，春之森的"森茗雪芯"、金花茶业的"盛世金花"以及长海茶厂的"相茹怡茉"等优质产品，入选了中国—东盟博览会的国礼茶类，展现了横州市茉莉花产业的卓越品质与魅力。此外，横州市的多家茉莉花生产加工企业还成功获得了欧盟的认证，为其进一步开拓国际市场奠定了坚实的基础。①

五、横州市茉莉花产业化发展经验

（一）引智助农，科技兴业

40多年来，横州市能持续地将茉莉花产业发展壮大，与其实施的技术创新引领战略和倾力投入是分不开的。早在2003年，横县政府就前瞻性地投资了110万元，在校椅镇石井村精心打造了茉莉花专家大院。为了充分发挥大院的作用，政府聘请了十几位国内知名专家，通过"专家＋协会＋示范基地＋农户"模式以及"专家＋项目＋示范基地＋农户"模式，成功建立了示范基地和培训学校。② 这些基地和学校为基层技术人员和广大农民提供了实用技术培训和指导，有效推动了当地茉莉花产业发展。到了2005年，横县科技局进一步扩大了专家团队，再次聘请了14名国内外顶尖的花茶专家，通过"项目联结""学术讨论"和"专家咨询"等多种方式，不断推动"横县茉莉花专家大院"的建设和发展。③ 此外，还建立了40公顷的专家大院示范基地，这一举措不仅加强了专家与花农之间的直接联系，也为横县茉莉花产业的持续繁荣注入了新活力。与此同时，当地政府积极调动种植户的技术创新主动性，2004—2005年，横县六景镇、云表镇、

① 廖雅欣. 乡村振兴背景下横州茉莉花产业链政策优化研究［D］. 南宁：广西大学，2022：15.

② 陆波岸. 文化知识催开致富之花［N］. 南宁日报，2007-11-12（1）.

③ 蒙振. 技术转移视野下的广西横县茉莉花茶产业发展研究［D］. 南宁：广西民族大学，2010：35.

横州镇3个镇获"广西科技进步先进乡镇",2004年开始,横县连续3年获得"全国科技进步先进县"荣誉。① 近年来,横州市全力打造茉莉花产业技术平台,与中国科学院空天信息创新研究院、广西民族大学等多个科研机构开展合作,组建茉莉花产业研究院、国家茉莉花及制品质量监督检验中心等;2020年聘请陈宗懋、刘仲华两位院士担任茉莉花产业发展首席顾问,深化与中国农科院茶叶研究所、自治区农科院等科研机构合作,搭建了茉莉花"产学研用"一体化平台,初步形成了"体系主导、专家牵动、企业示范"的技术推广模式。②

（二）完善基础设施,襄助公共品牌

在基础设施建设方面,当地行政管理部门一方面完善排水和灌溉系统,提高抵御自然灾害的能力,另一方面加强道路交通设施建设,提升农产品流通效率,方便农户及时将采摘到的鲜花进行转运和销售。2013年,横县成功入选第五批中央财政小型农田水利重点县;2015年11月,获农业部（2018年与其他相关部门整合成农业农村部）批准建设高标准农田1600公顷,总投资3700万元。2019—2021年,完成了7300公顷的高标准农田建设任务,总投资1.723亿元,主要用于灌溉渠道、田间道路、机耕道及其他附属设施等。近年来,横州市不仅积极参与西部陆海新通道和粤港澳大湾区的建设,还借助西津水利枢纽二线船闸、南宁至玉林城际铁路等重大交通项目的实施,为本地特色产业的发展、经济基础的巩固以及外向型经济的推进提供了坚实支撑。③

在夯实产业基础的同时,政府还着力塑造本地产业品牌形象。为此,政府持续地组织大型茉莉花茶产业交流活动,进行品牌策划,加强推广宣

---

① 蒙振. 技术转移视野下的广西横县茉莉花茶产业发展研究［D］. 南宁:广西民族大学,2010:27.

② 何任朗,苏寒梅,陈国海. 科技赋能让"好一朵横州茉莉花"更出彩［N］. 南宁日报,2023-09-06（2）.

③ 何任朗,陈寿欢,苏寒梅,等. 横县茉莉花香飘四海融合发展绽芳华［N］. 南宁日报,2021-06-28（T19）.

传。1993年横县政府就举办了首届"花茶节"，邀请全国各地1300多名茶商参加。此后，县委、县政府出台了一系列政策吸引全国各地的茶商到横县生产、加工、销售茉莉花茶。1999年，在北京举办了中国茉莉花之都——广西横县茉莉花产业发展研讨会，此次活动向全国展示了横县的"中国茉莉花之都"风采，深入传播了其独特的"花都文化"。随着21世纪的到来，横州市（原横县）在茉莉花产业上的努力和成果得到了更广泛的认可，连续成功承办了12届全国茉莉花茶交易博览会和茉莉花文化节，以及4届世界茉莉花大会。这些活动的成功举办，不仅进一步巩固了横州市在茉莉花产业领域的领导地位，还取得了丰硕的经济和文化成果。2023年9月承办的第五届世界茉莉花大会暨第十三届全国茉莉花茶交易博览会成为中国—东盟博览会的官方议程，横州茉莉花品牌馆与众多国家馆、省馆和大企业馆并肩而立，是唯一的一个县市级大型特装展。[①] 这些成绩的背后离不开当地政府细致入微的指导，横州市委领导参与品牌农业大讲堂，参与项目讨论与决策，甚至一字、一句、一图、一物地对项目的细节进行推敲。

（三）数字赋能，推动产业升级

21世纪之初，横县就开展了电信宽带、信息采集应用、快速服务等内容的农村综合化信息网络建设，有力促进了茉莉花（茶）产业的规模化发展。2007年，横县成立了中国茉莉花电子商务平台，建立了茉莉花电子交易市场和茉莉花茶电子交易市场。2014年，茉莉花电商交易量达762.55吨，交易额1357.78万元；茉莉花茶电商交易量达1.64万吨，交易额7.62亿元。[②] 2015年，横县与阿里巴巴教育科技有限公司正式签署了电子商务人才培训的合作协议。根据协议内容，双方将携手每年举办20至30期的专业培训班，旨在培养更多具备专业技能和知识的电商人才，推动当地电子

---

① 神农岛. 第五届世界茉莉花大会召开，乡村振兴的"横州样板"来了！［EB/OL］. 网易. 2023-09-21.

② 广西横县："电商快车"助茉莉花茶香飘四方［EB/OL］. 新华网，2015-09-01.

商务产业的持续发展。2016年，横县电子商务产业园孵化中心（双创中心）投入使用，中心承担特色产品展销展示、电商培训、电商企业孵化、创客空间、产品溯源、仓储物流等功能。同年，横县在广西"国家电子商务进农村综合示范县"评选中荣获总分第一的好成绩，2020年再获此殊荣。

除了电子商务，数字技术还广泛应用于当地的实体产业。在横州市国家现代农业产业园的核心区名为"数字茉莉"的现代化大棚内，技术人员可以轻松通过手机APP操控种植区的各项设备。无论是为茉莉花进行吹风降温，还是进行精准的喷灌作业，都能通过这套智能系统高效完成。在智能控制状态下，传感器将采集到的光照、温度、湿度等数据实时传输到控制中心，工作人员根据获得的茉莉花生长状况和环境数据就可以分析出需要采取的措施，形成最适合茉莉花生长的环境条件。数字技术不仅提升了茉莉花的种植效率，也展示了现代农业的智能化魅力。[①] 目前，横州市初步形成了智慧农业云、数字茉莉、电子商务平台三大数据平台，整合了茉莉花种植、管理、加工、仓储、销售等各环节，有效推进了茉莉花全产业链的升级。

（四）做好产业规划

以上可以看出，横州市茉莉花产业之所以能持续地发展壮大与政府长期以来一以贯之的产业规划分不开，"精心谋划，持续发力"，是横州市茉莉花特色产业技术体系形成的关键。

20世纪80年代初，横县县委、县政府对外引茉莉花种植技术进行反复调研后，在第九次县党代会上决定把茉莉花茶产业作为未来的支柱产业，随后出台了一系列扶持政策。1999年，策划了在北京举办的中国茉莉花之都——广西横县茉莉花产业发展研讨会，与会的部门领导和行业专家提出了诸多具体建议，成为日后横县茉莉花产业发展的指南。2000年以来，横县政府在每个"五年规（计）划"中都要对本县的茉莉花（茶）产

---

① 苏寒梅. 横县：数字乡村建设为乡村振兴赋能增效［EB/OL］. 广西新闻网，2021-05-26.

业做出具体规划，保持产业政策的连续性、动态性和先进性。此外，横县政府还会根据茉莉花（茶）产业发展中出现的新情况、新问题、新趋向及时采取措施，出台有针对性的专项规划。2007年为了实现一、二、三产业间的有机融合，高标准建设茉莉花产业示范区，及时制定了《中华茉莉园总体规划》并予以实施；2008年针对当时产业（品）的标准化和规模化问题，出台了《2008年至2010年横县茉莉花（茶）产业发展实施方案》，组建了广西茉莉花（茶）产品质量监督检验中心、中国茉莉花茶电子商务平台。近年来出台的《关于加快横县茉莉花产业发展的意见（2018—2020年）》（2018）、《广西横县茉莉花复合栽培与文化系统保护与发展规划》（2018）、《南宁横州市茉莉花保护发展条例》（2021）、《横州市茉莉花产业发展（2023—2025）奖励扶持办法》（2023）等文件，对茉莉花产业的升级转型和高质量发展进行精准调控，为"1+9"（茉莉花＋花茶、盆栽、食品、旅游、用品、餐饮、药用、体育、康养）产业体系的协同发展提供了政策保障。

案例三：新疆滴灌技术的在地化创新

中国新疆地区属于温带大陆性气候，冬季寒冷干燥，夏季炎热缺水，昼夜温差大，白昼光照时间长。较长的光照时间使该地区十分有利于葡萄、棉花以及小麦等农作物生长，是中国棉花、小麦以及葡萄的主要产区。但是新疆地区气候干旱，降水量少，蒸发量大，水资源十分短缺，严重缺水对新疆地区农业的可持续发展造成了巨大影响。为了保障新疆地区农业的正常发展，开发应用新型、高效的节水灌溉技术已成为当务之急。近年来，在新疆地区经济社会发展步伐不断加快、水资源需求不断攀升的背景下，发展高效、节能、节水的农业灌溉技术系统的重要性更加突出。

一、滴灌技术及其引进

"滴灌技术"就是滴水灌溉技术，它是利用安装在输水管上的滴头、孔口或者滴灌带等灌水器，使灌溉水成水滴状，缓慢、均匀的滴入作物根部附近浸润根系区域的灌水方法。[①] 滴灌技术是一种重要的节水方法，在后来的推广应用中，人们发现滴灌技术除能够达到有效灌溉、节约用水外，还能使密植作物，如花、蔬菜和柑橘等提高产量和质量。[②]

滴灌技术是一位名叫希姆克·伯拉斯（Simcha Blass，1897—1982）的以色列农业工程师发明的，并于20世纪60年代开始商业化。由于此项技术在以色列和美国的应用取得了巨大成功，所以迅速在世界范围内得到推广，成为在干旱地区发展农业栽培技术的首选灌溉技术。中国于20世纪70年代开始从国外引进此项技术，并且在东北、华北、西北等地区进行了相关试验推广，根据试验应用情况还进行了适地化再创新。[③] 但是由于技术瓶颈制约，滴灌设备的生产成本和应用成本较高，并没有在中国得到大范围推广。

进入20世纪90年代，以色列等国更为先进的滴灌技术被引入中国国内，通过与先前积累起来的技术相结合，这项技术在中国的推广费用得以大幅度降低，同时对中国大田作物的适应性显著提高。在此背景下，1996年中国新疆地区开始引进滴灌技术，通过与当地大面积推广的薄膜覆盖技术相结合，开发出了膜下滴灌技术，[④] 随后展开的一系列试验性推广表明这项技术非常成功，可以在棉花、小麦以及葡萄种植方面进行大范围推广。

① 边金凤. 节水增效农田灌溉新技术：膜下滴灌 [J]. 农民致富之友，2009（3）：30.

② 赵喜云. 国内外滴灌技术的发展及应用 [J]. 山西水利，2009，25（5）：34-35.

③ 滴灌技术1974年从墨西哥引进。当时引进的滴灌技术造价很高，且与中国的大田种植模式不相适应，因此周恩来总理批示要对所引进的技术消化吸收，进一步研发出适合中国国情的滴灌技术。此后，北京燕山滴灌技术开发研究所承担了此任务，并取得了多项成果。

④ 膜下滴灌技术是中国新疆地区在传统覆膜种植基础上结合以色列滴灌技术研发出的一项新的农业灌溉技术。这种灌溉技术能够将水、肥料以及农药等通过灌溉系统直接作用于植物根系，再加上地膜的覆盖使得地表蒸发量变少，从而在提高节水效率的同时使作物生长条件优化。

滴灌技术之所以能够做到对灌溉用水的高效利用，主要是因为水流通过管道运输，极大减少了蒸发量，再加上水滴通过管孔直接作用于作物，渗入植物根系区域，减少了地表土壤吸收面积，从而减少了无效的水分蒸发。滴灌技术除高效率的用水外，还能够高效率地施肥，人们可根据作物不同生长期对肥料的需求，准确地随灌溉水施入相应的肥料，使作物生长于可控的水、肥环境中。由于滴灌系统的上述优点，所以滴灌技术成为目前最受欢迎的农业灌溉技术之一。

一个完整的滴灌系统通常由水源开关、水泵、水质过滤器、流量调节器和压力调节器、水肥混合箱、肥料补给器、管道系统和滴头等主要构件组成。除此之外，设置一个完整的滴灌系统还要求有灌区的地形图、地质构造剖面图、土壤土质资料、气候类型图、地表径流量数据、水流蒸发情况数据、水质以及植物覆盖率和水流含沙量资料，以便在选择滴头和管道时有效防止管道内堵塞及滴头无法出水的情况。

滴灌技术系统中，最基础的设备是管网与滴头。管网有"干管 + 支管 + 辅管 + 毛管""干管 + 支管 + 毛管"和"干管 + 长短支管 + 毛管"等多种组合模式。一般支管、辅管、毛管的直径会依次递减，具体数值因植物和水压而定。干管、支管一般用硬聚氯乙烯管制成，毛管一般用掺有煤灰的低密度聚乙烯制成，目的是防止管道内长水草，堵塞管道，从而降低灌溉效率。滴头的主要形式有通过式和端头式两种，它们的主要作用是保证水流在压力作用下定时定量地进行滴水灌溉。滴头通常用塑料制成（压力补偿滴头内有橡胶片），一般直接分布在农作物根系附近的地面上，不同作物的需水量和植株间距不同，因此滴头间距也会相应调整。[①]

二、滴灌技术在新疆的适应性创新

滴灌技术引入新疆之前，在国内其他地区主要应用于蔬菜、花卉、果树等经济价值较高的作物，在大田作物的应用上还没有成功的范例。1996

---

① 王春素. 自动化滴灌技术在新疆地区的应用与推广 [J]. 陕西水利，2015（2）：157-158.

年，新疆引入滴灌技术首先在石河子地区进行了棉花膜下滴灌技术试验，经过初试、小试和中试三个过程，增产节水效果十分明显。1996年，在农八师121团一块面积1.67公顷弃耕的次生盐渍化土壤上进行了大田棉花膜下滴灌试验，当年单产皮棉1335千克/公顷；1997年、1998年，在农八师10块条田上进行的棉花膜下滴灌试验均获得单产皮棉1800千克/公顷以上的产量。上述试验的初步成功树立了人们推广应用膜下滴灌技术的信心。

在上述范例的鼓舞下，1998年新疆生产建设兵团有关部门将"干旱区棉花膜下滴灌综合配套技术研究与示范"列为重大科技攻关项目，组织石河子大学、新疆农垦科学院、兵团农八师和农一师单位协作攻关，针对干旱区节水灌溉的特点，实行科学研究与大田示范相结合，经过3年努力，较好地完成了项目研究工作。在2001年1月组织的课题项目验收结果中，被鉴定为"在滴灌洗盐、水肥耦合及以滴灌为中心的棉花栽培管理模式上有所创新"，达到"国内领先水平"。[①] 此项科技攻关项目的完成意味着滴灌技术在新疆地区初步实现了"适地化"，为大面积推广棉花膜下滴灌技术奠定了基础。下一个任务就是如何降低推广应用该项技术的成本。1996—1998年所用滴灌系统以进口或内地厂家产品为主，每公顷一次性投入在18 000元以上，其中滴灌带所占投入的比例达70%~80%，高昂的费用成为膜下滴灌技术推广的障碍。在此情况下，新疆天业集团引进滴灌带生产线，实行在地化生产，使一次性投入成本降低至7500元/公顷左右，年均运行成本6000元/公顷左右。滴灌技术系统实现在地化生产后迅速推动了棉花膜下滴灌技术的推广，到2002年新疆兵团棉花膜下滴灌面积发展到12万公顷，约占兵团棉花种植面积的25%。[②] 目前，新疆全区棉花膜下滴灌面积已经占85%以上。

在大范围推广过程中，新疆棉花膜下滴灌技术不断进行创新发展，衍

① 马富裕，周治国，郑重，等. 新疆棉花膜下滴灌技术的发展与完善 [J]. 干旱地区农业研究，2004（3）：202-208.

② 马富裕，周治国，郑重，等. 新疆棉花膜下滴灌技术的发展与完善 [J]. 干旱地区农业研究，2004（3）：202-208.

生出诸种分支模式。如"完全滴灌"模式（棉花生长的全生育期均依靠滴灌系统进行棉田灌溉）、"播前沟灌＋滴灌"模式（在播种前采用地面沟灌的方式进行一次播前储备灌溉，适墒播种，从生育期开始采用滴灌方式），为与这两种模式相适应石河子大学还开发出相应的计算机推荐施肥系统。与此同时，为了适应棉花种植方式的多样性，发展出多种毛管田间布置模式，如"一膜两管四行""一膜一管四行""一膜两管六行"等。随着互联网和计算机控制技术的发展，新疆兵团各单位还相继引进和研发出棉花膜下滴灌条件下的水分管理自动控制系统，使滴灌技术系统朝着规模化、精细化、集成化、智能化方向发展。

新疆膜下滴灌技术的发展并非一帆风顺，随着该项技术的大范围应用，膜下滴灌地膜覆盖率空前增加，破损的残膜开始影响新疆地区生态环境和土壤肥力。不同组成成分的地膜对土壤的盐分、水分、有机物含量、氮含量等因素产生了明显影响：①残膜会降低土壤水盐分布的均匀性。随着残膜量增加，土壤浅层含水率高于深层含水率，阻碍了土壤水分下渗；②土壤盐分随水分迁移，高残膜处理会使土壤脱盐效果变差，出现盐分富集；③残膜还会引起土壤养分退化，土壤铵态氮、硝态氮和有效磷含量降低。上述日益严重的残膜污染问题成为新疆棉花可持续发展的主要障碍。[①]为了解决这些问题，人们开始探索更为科学的节水环保措施，其中之一就是开发"地下滴灌技术"，并使这项技术广泛应用于新疆地区的棉花和小麦种植，逐步达到对原有技术的替代更新。

地下滴灌技术是将灌溉系统中的管道埋入土壤中，并将水输送到植物根系附近的一种环保节水灌溉技术。由于地下滴灌技术是在灌溉时直接将水缓慢等量的作用于土壤，所以它对农田土壤的破坏性较小，保持了土壤的结构和肥力，有利于农作物生长环境的维护。地下滴灌技术由于避免了地膜覆盖，从根本上解决了大范围使用不可降解地膜对土壤造成的污染问

---

① 朱金儒，王振华，李文昊，等. 长期膜下滴灌棉田残膜对土壤水盐、养分和棉花生长的影响 [J]. 干旱区资源与环境，2021，35（5）：151–156.

题，因此对新疆地区的农业生态环境保护起到了举足轻重的作用。因此，从2002年开始，新疆生产建设兵团先后开始进行地下滴灌试验推广，总面积近400公顷，2003年地下滴灌总面积达到4667公顷。目前已经针对多种作物、多种土壤土质、多种地形条件及气候条件开发出多种地下滴灌技术新模式。[①]

随着信息化和人工智能技术的迅速发展，新疆地区为了提高农业生产效率，不断尝试通过新一代信息技术来促进本土灌溉技术体系的发展。2003年，新疆地区率先应用了智能化的自动滴灌技术，通过传感器、精准控制和计算机优化控制等技术逐步提升既有灌溉技术系统性能。之后，自动化滴灌技术系统开始与全球移动通信系统（Global System for Mobile Communication，GSM）连接起来，使用者通过使用移动网络来远程控制滴灌系统进行灌溉，实现了农业灌溉的智能化、自动化、精准化。到2005年，新疆兵团部分地区已经可以在棉田的自动化滴灌实验区内实现大面积自动化灌溉，先进的自动化滴灌技术不但可以高效节水，还可以根据土壤的需要自动调节供水量，极大提高了灌溉效率，节省了人力物力资源。不仅如此，自动化滴灌技术也很好地改善了新疆地区的土质，降低了恶劣的气候条件和缺水条件给新疆地区农作物带来的不利影响，对新疆地区的农业发展也起到了极大的推动作用。截至2013年年底，新疆地区累计建设自动化滴灌系统覆盖面积已达3000公顷，2017年新疆地区的自动化滴灌技术开始大面积推广应用，自动化滴灌系统建设面积达到27 000公顷。[②]"每条滴灌带都能为棉花'一对一'输送水肥，还能准确灵活地控制施肥和灌溉量。这些操作，在手机上就能完成。"这是在应用最新的棉田水肥一体化

---

① 由于地下滴灌技术具有容易堵塞滴头、对设备安装要求较高、不易操作和调节、管理制度不完善等原因，目前在大范围推广中还存在诸多困难，因此还需要进一步研发创新，开发出有针对性的、容易操作且成本低廉的技术。

② 杨婷. 自动化滴灌技术在新疆地区的应用研究［J］. 城市建设理论研究（电子版），2017（14）：158.

智能滴灌系统后，新疆兵团的种植户王存宝的感慨。①

三、滴灌技术设备的自主创新

近30年来，滴灌技术在中国新疆地区乃至全国的规模化发展，使中国的滴灌产业装备制造市场迅速发展起来，各种专业化的设备生产厂家应运而生。20世纪70年代，中国国内只有两三家企业和科研院所对滴灌技术进行研制，现已有五六百家企业和多家科研机构参与开发应用，其中不乏许多国外著名灌溉技术企业。在上述背景下，中国在引进、消化吸收基础上逐步研发出灌水器、过滤设备、施肥装置、控制计量装置等多种系列化灌溉产品，步入了滴灌设备研发的自主创新阶段。

以滴灌带生产为例。在20世纪90年代末，新疆地区利用引进的单翼迷宫滴灌带生产线开发出一次性低成本薄壁滴灌带，壁厚由0.6～0.8毫米减至0.1～0.3毫米，价格仅为国外同类型产品的1/4～1/3，滴灌系统的成本也由15 000元/公顷降至5100元/公顷。2000年前后基本实现了生产线、注塑机、数控机床等主要设备的国产化，逐步实现了各类型滴灌带的批量生产。②2005年，在引进学习国外关键技术设备基础上，进一步研发出滴头筛选排料和低功耗挤出等关键技术设备，完成了该类型滴灌带生产线的国产化，使我国滴灌带生产逐步走向技术自立。目前，中国已建成多家集计算机模拟与仿真、流体可视化、激光快速成型等先进技术的灌水器开发平台，其中包括新疆天业、甘肃大禹、黑龙江金土地、秦川节水等多家国内知名企业。天业节水"大田膜下滴灌系统"技术及产品已在国内29个省市区得到推广应用，累计面积超过8000万亩（约53 333.33平方千米），节水增产效果显著。新疆兵团膜下滴灌技术还输出到17个国家和地区，应用于棉花、

---

① 陈琼，赵优. 披绿生金，兵团高效节水技术有多"牛"？［N］. 兵团日报（汉），2023-11-05（1）.

② 李久生，栗岩峰，王军，等. 微灌在中国：历史、现状和未来［J］. 水利学报，2016，47（3）：372-381.

玉米、番茄等多种作物，累计推广面积16万亩（约106.67平方千米）。①

　　综上所述，外来的滴灌技术在中国新疆地区经过一系列"适地化"创新之后，逐渐发展出了膜下滴灌、地下滴灌和自动化滴灌等更加先进高效的灌溉方式。通过与新疆本地的自然地理环境、技术环境和人文社会环境相结合，其技术风格和功用已经具有明显的地方特色，形成了良好的技术发展生态。滴灌技术在新疆地区形成的特色技术链，与多种作物和土壤形成的复合技术系统，与当地农户和企业形成的技术—社会系统等，已然形成具有鲜明新疆特色的本土技术体系，为新疆特色农业的高质量发展提供了重要保障。

---

① 陈琼，赵优. 披绿生金，兵团高效节水技术有多"牛"？［N］. 兵团日报（汉），2023-11-05（1）.

参考文献

一、中文文献

（一）著作

［1］陈昌曙. 技术哲学引论［M］. 北京：科学出版社，1999.

［2］陈凡，张明国. 解析技术：技术、社会、文化的互动［M］. 福州：福建人民出版社，2002.

［3］陈翰笙. 帝国主义工业资本与中国农民［M］. 上海：复旦大学出版社，1984.

［4］方国瑜. 云南史料丛刊：第十二卷［M］. 昆明：云南大学出版社，2001.

［5］凤凰出版社，上海书店. 中国地方志集成·云南府县志辑·光绪蒙化乡土志［M］. 南京：凤凰出版社，2009.

［6］高铁见闻. 大国速度：中国高铁崛起之路［M］. 长沙：湖南科学技术出版社，2017.

［7］何芳川. 中外文化交流史［M］. 北京：国际文化出版公司，2008.

［8］何忠禄. 云烟奠基人徐天骝文选［M］. 昆明：云南民族出版社，2001.

［9］龚永辉. 民族理论政策讲习教程［M］. 北京：高等教育出版社，2017.

［10］管辂. 管氏地理指蒙［M］. 济南：齐鲁书社，2015.

［11］黄兴. 指南新证：中国古代指南针技术实证研究［M］. 济南：山东教育出版社，2020.

［12］兰茂. 滇南本草：第三卷［M］. 昆明：云南科技出版社，2011.

［13］李伯聪. 工程哲学引论：我造物故我在［M］. 郑州：大象出版社，2002.

［14］李耳，庄周. 老子·庄子［M］，北京：北京燕山出版社，2009.

［15］林惠祥. 文化人类学［M］. 上海：上海书店出版社，2011.

［16］刘文征. 滇志［M］. 昆明：云南教育出版社，1991.

［17］路风. 光变：一个企业及其工业史［M］. 北京：当代中国出版社，2016.

［18］路风. 新火：走向自主创新2［M］. 北京：中国人民大学出版社，2020.

［19］中共保山市委史志委，保山学院. 康熙《永昌府志》点校［M］. 昆明：云南人民出版社，2015.

［20］中共中央马克思恩格斯列宁斯大林著作编译局. 马克思恩格斯选集：第1卷［M］. 北京：人民出版社，1995.

［21］中共中央马克思恩格斯列宁斯大林著作编译局. 马克思恩格斯选集：第2卷［M］. 北京：人民出版社，1995.

［22］中共中央马克思恩格斯列宁斯大林著作编译局. 马克思恩格斯选集：第3卷［M］. 北京：人民出版社，2012.

［23］苗力田. 亚里士多德选集·伦理学卷［M］. 北京：中国人民大学出版社，1999.

［24］倪根金. 梁家勉农史文集［M］. 北京：中国农业出版社，2002.

［25］潘吉星. 中外科学技术交流史论［M］. 北京：中国社会科学出版社，2012.

［26］冉隆中，段平. 烟草王国的红色经典［M］. 昆明：云南民族出

版社,2010.

［27］武安隆. 文化的抉择与发展［M］. 天津:天津人民出版社,1993.

［28］吴国盛. 技术哲学讲演录［M］. 北京:中国人民大学出版社,2009.

［29］吴致远. 后现代技术观研究［M］. 南宁:广西人民出版社,2014.

［30］吴致远. 技术的后现代诠释［M］. 沈阳:东北大学出版社,2007.

［31］夏保华. 发明哲学思想史论［M］. 北京:人民出版社,2014.

［32］邢怀滨. 社会建构论的技术观［M］. 沈阳:东北大学出版社,2005.

［33］杨寿川. 云南烟草发展史［M］. 北京:社会科学文献出版社,2018.

［34］袁庭栋. 中国吸烟史话［M］. 北京:商务印书馆,1995.

［35］云南省烟草专卖局,云南省烟草公司. 云南省志·烟草志:上卷［M］. 昆明:云南人民出版社,2008.

［36］褚守庄. 云南烟草事业［M］. 昆明:新云南丛书社,1947.

（二）译著

［1］奥格本. 社会变迁:关于文化和先天的本质［M］. 王晓毅,陈育国,译. 杭州:浙江人民出版社,1989.

［2］巴萨拉. 技术发展简史［M］. 周光发,译. 上海:复旦大学出版社,2000.

［3］布莱克. 现代化的动力:一个比较史的研究［M］. 景跃进,张静,译. 杭州:浙江人民出版社,1989.

［4］芬伯格. 可选择的现代性［M］. 陆俊,严耕,等译. 北京:中国社会科学出版社,2003.

［5］格尔茨. 烛幽之光：哲学问题的人类学省思［M］. 甘会斌，译. 上海：上海人民出版社，2013.

［6］海德格尔. 海德格尔选集：下卷［M］. 上海：生活·读书·新知 上海三联书店，1996.

［7］怀特. 文化的科学：人类与文明研究［M］. 沈原，黄克克，黄玲伊，译. 济南：山东人民出版社，1988.

［8］劳斯. 知识与权力：走向科学的政治哲学［M］. 盛晓明，邱慧，孟强，译. 北京：北京大学出版社，2004.

［9］马林诺夫斯基. 文化之生命［M］// 斯密司，等. 文化的传播. 周骏章，译. 上海：上海文艺出版社，1991.

［10］摩尔根. 古代社会：上册［M］. 杨东莼，马雍，马巨，译. 上海：商务印书馆，2012.

［11］莫斯，涂尔干，于贝尔. 论技术、技艺与文明［M］. 蒙养山人，译. 北京：世界图书出版公司，2010.

［12］森谷正规. 日本的技术［M］. 徐鸣，陈慧琴，孙观华，等译. 上海：上海翻译出版公司，1985.

［13］斯蒂格勒. 技术与时间：爱比米修斯的过失［M］. 裴程，译. 南京：译林出版社，2000.

［14］斯密司，等. 文化的传播［M］. 周骏章，译. 上海：上海文艺出版社，1991.

［15］斯图尔德. 文化变迁论［M］. 谭卫华，译. 贵阳：贵州人民出版社，2013.

［16］塔尔德，克拉克. 传播与社会影响［M］. 何道宽，译. 北京：中国人民大学出版社，2005.

［17］泰勒. 人类学：人及其文化研究［M］. 连树声，译. 桂林：广西师范大学出版社，2004.

［18］汤因比. 文明经受着考验［M］. 沈辉，赵一飞，尹炜，译. 杭

州：浙江人民出版社，1988.

[19] 托夫勒. 第三次浪潮 [M]. 朱志焱，潘琪，张焱，译. 北京：生活·读书·新知三联书店，1984.

[20] 西敏司. 甜与权力：糖在近代历史上的地位 [M]. 王超，朱健刚，译. 上海：商务印书馆，2010.

[21] 小田切宏之，后藤晃. 日本的技术与产业发展：以学习、创新和公共政策提升能力 [M]. 周超，刘文武，肖丹，等译. 广州：广东人民出版社，2019.

[22] 中山秀太郎. 技术史入门 [M]. 姜振寰，译. 济南：山东教育出版社，2015.

（三）期刊

[1] 陈昌曙，远德玉. 也谈技术哲学的研究纲领：兼与张华夏、张志林教授商谈 [J]. 自然辩证法研究，2001（7）.

[2] 陈东林. 20世纪50—70年代中国的对外经济引进 [J]. 上海行政学院学报，2004（6）.

[3] 陈红兵，陈昌曙. 关于"技术是什么"的对话 [J]. 自然辩证法研究，2001（4）.

[4] 陈劲. 从技术引进到自主创新的学习模式 [J]. 科研管理，1994（2）.

[5] 陈雪. "土"与"洋"：烟草在云南的在地化及其意义 [J]. 民族研究，2019（1）.

[6] 戴木才. 论世界各国现代化的共同特征 [J]. 思想理论教育，2023（4）.

[7] 狄仁昆，曹观法. 雅克·埃吕尔的技术哲学 [J]. 国外社会科学，2002（4）.

[8] 拉普. 近代科学技术为何恰恰在欧洲兴起？ [J]. 自然科学哲学问题，1989（2）.

［9］贺俊，吕铁，黄阳华，等．技术赶超的激励结构与能力积累：中国高铁经验及其政策启示［J］．管理世界，2018，34（10）．

［10］康荣平．建立具有中国特色的技术体系：技术的民族性与民族化初探［J］．自然辩证法研究，1986（1）．

［11］刘荣刚．新中国三次大规模成套技术设备引进研究综述［J］．中共党史资料，2008（3）．

［12］李燕．青海藏毯产业发展现状研究［J］．柴达木开发研究，2018（6）．

［13］林柏．新中国第二次大规模引进技术与设备历史再考察［J］．中国经济史研究，2010（1）．

［14］罗意．地方性知识及其反思：当代西方生态人类学的新视野［J］．云南师范大学学报（哲学社会科学版），2015，47（5）．

［15］吕天择．对机械钟技术起源问题的考察［J］．自然辩证法研究，2017，33（12）．

［16］潘凤湖．论引进技术的消化吸收与创新［J］．中国高新技术企业评价，1997（4）．

［17］彭兆荣．"器二不匮"：中国传统农具文化的人类学透视［J］．西北民族研究，2019（4）．

［18］任玉凤，刘敏．社会建构论从科学研究到技术研究的延伸：以科学知识社会学（SSK）和技术的社会形成论（SST）为例［J］．内蒙古大学学报（人文社会科学版），2003（4）．

［19］吴彤．两种"地方性知识"：兼评吉尔兹和劳斯的观点［J］．自然辩证法研究，2007（11）．

［20］吴晓波，黄娟，郑素丽．从技术差距、吸收能力看FDI与中国的技术追赶［J］．科学学研究，2005（3）．

［21］吴晓波．二次创新的周期与企业组织学习模式［J］．管理世界，1995（3）．

［22］吴致远，樊道智，陈凤梅．中国古代藤甲制作工艺管窥：基于贵州安顺歪寨村的调查［J］．中国科技史杂志，2020，41（1）．

［23］吴致远．技术与现代性的形成［J］．自然辩证法研究，2012，28（3）．

［24］吴致远．科学实践哲学视域下的民族医药［J］．科技管理研究，2010，30（13）．

［25］吴致远．英美应用人类学视角下的本土知识研究［J］．中央民族大学学报（哲学社会科学版），2017，44（6）．

［26］王邵励．"地方性知识"何以可能：对格尔茨阐释人类学之认识论的分析［J］．思想战线，2008（1）．

［27］小林达也，张明国．日本引进西洋技术史中的文化对应［J］．北京化工大学学报（社会科学版），2006（3）．

［28］肖峰．技术的社会形成论（SST）及其与科学知识社会学（SSK）的关系［J］．自然辩证法通讯，2001（5）．

［29］肖峰．论技术的社会形成［J］．中国社会科学，2002（6）．

［30］肖峰．论技术演变的进化特征及其视界互补［J］．科学技术与辩证法，2007（6）．

［31］徐冠华．关于自主创新的几个重大问题［J］．中国科技产业，2006（5）．

［32］许开轶，方军．现代化模式的多样性与东亚现代化［J］．生产力研究，2008（23）．

［33］喻金田，凌丹，万君康．引进技术国产化水平评价研究［J］．国际商务（对外经济贸易大学学报），2000（3）．

［34］张华夏，张志林．关于技术和技术哲学的对话：也与陈昌曙、远德玉教授商谈［J］．自然辩证法研究，2002（1）．

［35］张连海．从现代人类学到后现代人类学：演进、转向与对垒［J］．民族研究，2013（6）．

［36］郑雨. 技术系统的结构：休斯的技术系统观评析［J］. 科学技术与辩证法，2008（2）.

［37］郑雨. 休斯的技术系统观评析［J］. 自然辩证法研究，2008（11）.

（四）论文

［1］刘婧雯. 西藏藏毯艺术元素在服装设计中的创新应用［D］. 北京：北京服装学院，2019.

［2］邵俊敏. 南京国民政府时期的工业经济分析（1927—1937）：基于资本、产出与市场的视阈［D］. 南京：南京大学，2013.

［3］王艳. 云南美烟的引进和推广研究（1939—1949）［D］. 昆明：云南师范大学，2018.

［4］谢华香. 清至民国时期云南经济作物的种植及影响［D］. 昆明：云南大学，2015.

二、英文文献

（一）著作

［1］BIJKER W E, CARLSON W B, PINCH T. Of Bicycles, Bakelites, and Bulbs：Toward a Theory of Sociotechnical Change［M］. Cambridge：The MIT Press，1995.

［2］BIJKER W E, HUGHES T P, PINCH T. The Social Construction of Technological Systems：New Directions in the Sociology and History of Technology［M］. Cambridge：The MIT Press，1987.

［3］CALLON M, LATOUR B.Unscrewing the Big Leviathan；or How Do Actors Macrostructure Reality，and How Sociologists Help Them To Do So?［M］//KNORR K. Advances in Social Theory and Methodology. London：Routledge，1981.

［4］GEERTZ C. The Interpretation of Cultures［M］. New York：Basic

Books，1973.

[5] GILFILLAN S C. The Sociology of Invention [M]. Chicago：Foblett Publishing Company，1935.

[6] GILLE B. Histoire des techniques [M]. Paris：Gallimard，1978.

[7] HUGHES A C，HUGHES T P. Systems，Experts and Computers：the Systems Approach in Management and Engineering，World War Ⅱ and After [M]. Cambridge：The MIT Press，2000.

[8] HUGHES T P. From Deterministic Dynamos to Seamless–Web Systems [M] //National Academy of Engineering，SLADOVICH H E. Engineering as a Social Enterprise. Washington，DC：The National Academies Press，1991.

[9] HUGHES T P. The Evolution of Large Technological Systems [M] // BIJKER W E，HUGHES T P，PINCH T. The Social Construction of Technological Systems. Cambridge：The MIT Press，1989.

[10] KUKLA A. Social Constructivism and the Philosophy of Science [M]. London：Routledge，2000.

[11] LATOUR B. We Have Never Been Modern [M]. Cambridge：Harvard University Press，1993.

[12] LEROI–GOURHAN A. Gesture and Speech [M]. Cambridge：The MIT Press，1993.

[13] MACKENZIE D，WAJCMAN J. The Social Shaping of Technology [M]. London：Open University Press，1999.

[14] MALINOWSKI B. A Diary in the Strict Sense of the Term [M]. London：The Athlone Press，1989.

[15] NEWTON–SMITH W H. A Companion to the Philosophy of Science [M]. Oxford：Blackwell Publishing Ltd，2000.

[16] TARDE G. The Law of Imitation [M]. New York：Henry Holt and Company，1903.

（二）期刊

［1］BIN X. Multinational Enterprises, Technology Diffusion, and Host Country Productivity Growth ［J］. Journal of Development Economics, 2000, 62（2）.

［2］CALLON M.Some Elements of a Sociology of Translation: Domestication of the Scallops and the Fishermen of St. Brieuc Bay ［J］. The Sociological Review, 1984, 32（S1）.

［3］COHEN W M, LEVINTHAL D A. Absorptive Capacity: A New Perspective on Learning and Innovation ［J］. Administrative Science Quarterly, 1990, 35（1）.

［4］DORE R. Technology in a World of National Frontiers ［J］. World Development, 1989, 17（11）.

［5］LAW J. Power, Action and Belief: A New Sociology of Knowledge?［M］. London: Routledge Kegan & Paul, 1986.

［6］AUDOUZE F. Leroi-Gourhan, A Philosopher of Technique and Evolution ［J］. Journal of Archaeological Research, 2002, 10（4）.

［7］SCHOT J, RIP A. The Past and Future of Constructive Technology Assessment［J］. Technological Forecasting and Social Change, 1997, 54（2-3）.

后　记

　　在本书行将完稿之际，笔者有必要对本书的来龙去脉做个交代，谓之"后记"。后记之时，有种如释重负的感觉，因为一段较长时期的辛劳就要结束，可以暂时放松一下，做些无关紧要的杂事了。

　　本书选题来源于笔者的学术经历，是在进行技术哲学、技术人类学教学与科研过程中自然而然形成的一个思想：技术是属人的行为，人是生活在一定地域和历史传统中的，具有自然与社会的双重属性，因此技术也必然具有自然与社会的双重属性，与特定的人群相联系，从而具有群体性、民族性。民族群体处于历史流变之中，技术的民族性也自然不是一成不变，必然会随着民族变迁、民族互动而处于演变之中，因此就会有技术的"民族化"过程。古代技术使然，现代技术也不例外，只是二者发生作用的范围和方式会有所不同而已。上述思想最初只是一种学理逻辑，在接触了大量人类学、民族学材料后我开始相信，并试图具体阐明民族性维度的技术演进机理。在逐步深入的过程中，西方技术与中国古老文明交汇时所产生的风云激荡史自然进入了论题之中，以"技术"为主线的中国现代化史、改革开放史就成为本研究最鲜活生动的材料，同时也是匡正有关论点的"试金石"。当一种学术思想能自然而然地与中国百多年来的国运史和当下现实联系起来的时候，成就感油然而生，即使不能转化为直接的社会生产力，也可以为国家的大政方针和治理举措提供某种学理依据，增强治学的动力和信心！

　　还有一点需要说明的是，本书选题曾经入选2015年国家哲学社会科学基金项目，产生了若干学术成果，课题评审也顺利通过。虽然如此，但其中的不足本人"冷暖自知",所以又用了较长时间进行修改,算是达到了阶段性满意。有些问题虽然在书中没有充分展开,但已经触及了问题的关键所在,如环境改变时技术进化与生物进化究竟有何异同?技术从引进学习到自主创新的阈值条件有哪些?技术自主创新从个别突破到群体涌现的机制是什么?这些问题期望在后续专题研究中能有所突破。

　　最后,需要感谢写作过程中几位学生的帮助。杨朝川同学协助撰写了案例"中国古代指南针的发明与演变",罗润秋同学参与撰写了案例"青海藏毯特色产业技术的发展",黄群芳同学参与撰写了案例"新疆滴灌技术的在地化创新",李岚、赵慧婷、刘今超同学参与了文本校订,一并致谢!